KB079968

건축 생산 역사 1

건축 생산 역사 1

박인석

고대의 단절과 고딕 전통의 형성

마티

1권 차례

3 중세 유럽 형성기의 건축 생산
(5~10세기)

4 봉건제 확립기의 건축 생산
(로마네스크, 10~12세기)

5 봉건제 성숙기의 건축 생산
(고딕, 12~13세기)

6 중세 사회질서의 해체와 새로운 문화

(르네상스, 14~16세기)

7 절대주의체제와 시민 계급의 성장

(17~18세기)

8 시민 계급의 팽창과 신고전주의 건축

(18세기 후반)

3권 차례

일러두기

인명 등의 외래어 표기는 국립국어원의 원칙을 따르는 것을 기본으로 했으나, 이미 굳어진 한국어 표기가 있는 경우에는 이를 따랐다.
예) 피터 아이젠먼→피터 아이젠만, 헤릿 릿펠트→헤릿 리트펠트

머리말

왜 '건축 생산 역사'인가

항상 역사화하라(Always historicize)! 프레드릭 제임슨의 경구대로, 어떤 텍스트나 담론을 읽는 일에는 '역사적' 관점이 필수적이다. 그것을 독립된 사실이나 명제가 아니라 당시 여건 속에서, 지배관계를 포함한 정치-경제적 혹은 사회적 관계 속에서 이루어진 상대적이고 조건 의존적인 '역사적 구성물'로 읽어야 한다. 과거에 대한 사료적 기술이든 이를 둘러싼 담론이든 누군가 사료를 '선택'하고 '해석'한 것일 터이기 때문이다. 그리고 그 '누구' 역시 특정한 정치-경제적 계급과 관계 속에 존재했을 것이기 때문이다.

읽어야 할 대상이 서양 건축 역사라면 '역사적인' 관점의 필요성이 보다 긴요해진다. 오늘날 모든 사회의 제도와 사고체계는 서양 근대체제 개념틀이 지배하고 있으니 건축 또한 예외일 수 없다. 한국 사회에서 건축 생산과 이를 둘러싼 담론에는 서양발 건축 역사-담론이, 더 정확하게는 이에 대한 우리 사회의 이해가 필연적으로 개입한다. 그러니 한국 사회 건축의 작동 요인을 해석하고 실천 논리를 탐색하는 데에는 서양 건축 역사에 대한 이해가 불가결하다. 그리고 이때의 '이해'는 당대 서양 사회 상황 속에서의 이해, 즉 '역사적인' 이해이어야 함이 당연하다.

문제는, 서양 건축 역사-담론을 읽는 한국 사회의 작업들 속에 '역사적'이라 할 수 없는 태도, 즉 그것을 절대적인 진리 혹은 범접할 수 없는 권위로 수용하는 분위기가 매우 진하다는 것이다. 개중에는 서양 건축 역사-담론에 대해 진지한 공부를 쌓아나가는 작업도 있고, 서구의 담론을 기초로 한국 건축 상황에 대해 논구하는 작업도 있다. 그러나 그 작업들 대부분에는 서양의 건축 역사-담론을 당연히 수용해야 할 교본으로 전제하는 태도가 깔려있다.

물론 한편에는 비판적 성찰도 있다. 서양 중심 세계관에 기초한 건축 역사-담론이 아니라 한국 시각에서 이해한 서양 건축 역사 서술이 필요하다는 주장이 대표적이라 할만하다. 그러나 아직 구체적인 작업 성과는 보이지 않는다. "서양 건축이 아니라 한국 사회 건축을 소재로 한 담론 만들기가 과제"라는 제안도 있으나 이 또한 순조롭지 않아 보인다. 이미 서구 근대체제가 지배하는 사회임을 인정한다면, 서양 건축 역사-담론에 대한 객관적 이해 없이는 한국의 건축 현실을 진단하는 일 역시 가능하지 않다고 해야 하기 때문이다. 한국 건축 담론의 발화와 축적은 서양 건축 역사-담론을 '역사화'하고 객관화하는 일과 동시에 진행해야 할 과제일 수밖에 없는 것이다.

서양의 건축 역사학은 18~19세기에 성립한 근대 역사학의 한 줄기로 형성되었다. 당시는 유럽이 경제-군사-정치 모든 면에서 세계 최강 세력으로 확장해가던 때였다. 사회 지배 세력을 이루던 왕-귀족-부르주아 계급의 목표는 그들이 합의하는 법제도로 경영되는 새로운 국민국가체제 구축으로 모아졌고, 이는 인간 이성이(즉, 지배 계급의 이성이) '역사 발전'을 이끈다는 이념을 통해 정당화되었다. 물론 이들의 '역사 발전' 관념은 유럽 사회에만 해당하는 것으로, 이들의 생각에 유럽 외 지역, 가령 아시아 지역은 전쟁과 왕조의 교체가 영원히 반복되는 '정체' 상태에 있을 뿐이었다.

18~19세기 근대 역사학, 그 파생물인 건축 역사학은 이러한 관념의 산물이다. 이를 만들어낸 주체는 당연히 지배 계급 지식인들이었다. 야만 상태의 세계를 계몽하고 인류 역사 발전을 이끄는 주인공은 유럽 각국 지배 계급의 이성이었으니 모든 역사는 이 주인공 계급의 성장과 활약의 기록이었다. 여기에 이들의 자의적이고 편파적인 해석과 믿음이 개입하는 것은 당연하고 자연스러운 일이다.

그렇다고 해서 서양의 건축 역사를 객관적으로 입증된 사실들과 사료들로 재구성하자는 얘기가 아니다. 그것은 서구 사회가 챙겨야 할 서구의 과제다. 편파적이라고 비판하거나 비서구 건축까지도 포괄한 '공정한' 역사 서술이 필요하다고 조언할 수는 있을지언정 우리가 하겠다고 나설 일이 아니다. 정작 필요한 일은 서양 건축 역사-담론 자체를 객관적으로 이해하는 것이다. 그것이 자의적이고 편파적이라는 사실까지를 포함하여 그것이 생산되고 성립된 경위를 '역사적으로' 이해하는 일이다.

이러한 일에는 자못 심각한 쟁점이 제기된다. 한국에서 건축을 생산하고 담론을 생산하는 일 역시 '역사적인', 즉 상황 종속적인 사건이다. 서양 건축 역사-담론에 지나친 권위를 부여하는 현상, 그 역사-담론이 한국 건축에 심대한 영향을 미치는 현상 자체가 정치-경제-문화적 맥락을 갖는 '역사적인' 일인 것이다. 우리는 이미-항상 '역사적인' 상황 속에 놓여 있고 그 속에서 사고하고 행동한다. 이 책을 쓰는 일 역시 예외일 수 없다. 이 속에서 객관적 이해가 가능한가? 서양 건축 역사-담론이 개념틀을 지배하고 있는 '역사적인' 상황 속에서 그 상황을 객관적으로 인식하는 것이 가능한가?

그러나 '역사적인' 관점은 이러한 자못 구조주의적인 궁지를 극복하려는 각성과 실천(praxis)까지를 포함한다. 어떤 상황을 '역사적으로 인식하겠다'는 언명 자체가 자신이 이미-항상 상황 종속적 상태에 있다는 '각성' 없이는 성립할 수 없는 것이다. 이것이 없다면 남는 것은 구조주의적 결정론뿐이고 구조 자체를 벗어나려는 힘과 실천은 원천적으로 불가능해진다. 이러한 각성과 실천이 바로 이 책이 딛고 서 있는 지점이다.

이 책 제목을 '건축 생산의 역사'라 하고, '건축'보다는 '건축 생산'에 주목하는 것은 이 때문이다. 건축(architecture) 개념이 '어떤 본질적 가치를 담지하는 것'으로 통용되는 상황에서 '건축'은 이미 '역사적으로 구성된 텍스트'라는 혐의에서 자유롭지 못하다. 역사적 구성물을 '역사적으로' 이해하기 위해서는 그것이 생산-성립된 조건과 경위를 이해하는 작업이 필요하다. 중요한 것은 서양 건축의 형태적 특징이나 그것들에 부여되어온 '의미'가 아니다. 건축물은 물론이고 그들의 건축 역사-담론이 어떤 상황에서 어떤 경위로 성립하였는가, 다시 말해서 누가, 어떤 건축을, 어떤 담론을, 어떻게, 누구를 위해서 '생산'하였는가를 이해하는 일이다.

서양 건축 생산의 역사를 이해하는 데에 우선적으로 염두에 두어야 할 몇 가지 사안을 짚어보자. 이는 이 책이 견지하는 관점들이기도 하다.

첫째, 현재의 주류 서양 건축 역사는 유럽 중심 발전사관에 따라 서술된 것이다. 유럽 중에서도 서유럽, 그중에서도 프랑스·영국·독일 지역이 중심이다. 이들 지역은 18세기 이래 세계 최강 국가체제가 성립한 곳으로, 이때쯤부터 스스로 자신들을 주인공으로 세계 역사를 써내려갔고 그것을 근대 역사학으로 정식화한 곳이다. 근대 역사학은, 세계 역사는 유럽 근대 부르주아 세계를 정점으로 발전해왔다는 역사 발전 이념을 전제로 한다. 이를 예술 역사에 기계적으로 대응시켜서 예술 역시 자신들의 시대와 체제를 정점으로 발전해왔다는 것이 근대 예술사학이고 그 분파로 성립한 것이 근대 건축사학이다. 서양 건축 역사에 대한 이해는 이러한 역사 서술의 맥락을 이해하는 것에서부터 시작해야 한다.

둘째, 주류 건축 역사 담론은 당대 사회 지배 세력의 건축을 대상으로 구성된다. 고대 그리스·로마의 신전·경기장이 그렇고 중세의 교회당, 절대왕정기의 궁전, 산업혁명기 산업 건축과 박물관·도서관 등 공공건축 또한 그렇다. 소위 기념비적 건축이라 불리는 것들은 모두 당대 정치-경제를 지배하는 계급의 필요와 요구에 따라 생산된 건축물들이다. 대부분의 건축 역사 서술은 이들 지배 계급의 건축물을 둘러싼 이야기로 채워진다.

어느 시대든 지배 계급 건축보다는 일반 민중의 주거 건축 생산이 훨씬 보편적인 일이었을 것이다. 그러나 건축 담론은 지배 세력 엘리트 계층이 생산하는 건축 위주로 형성되었다. 일반 민중의 주거 건축 생산이 엘리트 계층의 관심 영역에 편입된 것은 20세기 이후의 일이다. 노동 운동 성장과 보통 선거제도 확산으로 일반 민중이 국가권력 성립에 일단의 영향력을 갖게 되면서, 그들의 필요와 요구에 민감해진 정치 세력이 이를 주요한 과제로 다루게 된 것이다.

지배 계급의 건축은 당시 구사 가능한 최고의 기술과 재료, 그리고 이를 실현하는 데 필요한 막대한 노동력과 재화를 동원할 수 있는 세력이 생산해낸 것이다. 즉, 당대 최고 수준의 건축 생산활동 결과다. 건축 역사-담론들은 여기에 의미를 부여하고 이를 지지하기 위해 만들어진 '역사적 구성물'이다. 따라서 서양 건축 생산과 이를 둘러싼 담론을 읽는 일은 당대 정치-경제 지배체제의 사회관계 속에서 그 담론을 구성-생산한 요인들을 이해하는 일이어야 한다.

셋째, '건축의 본질' 혹은 이를 전제로 하는 '건축이 갖는 의미체계'라는 개념은 서양 근대 세계에서 생산된 역사적 구성물일 뿐이다. 마르크스와 엥겔스가 『공산당 선언』(1848)에서 논파한, "단단한 모든 것은 공기 속으로 녹아 사라진다"는 말은 '역사적 구성물로서의 의미체계'를 잘 설명해준다. 이 말은 자본주의체제가 진전하면서 사회 가치체계가 송두리째 변화한 사태를 가리키는 것이다. 화폐 가치가 모든 것을 압도하면서 여러 사물들과 사회적 관습·규범들에 대해 이제껏 사람들이 공유하고 있던 믿음들, 즉 다종다양한 가치와 의미가 얽혀 있는 총합적 의미체계가 붕괴되어 버렸다는 것이다. 무너져버린 의미체계의 잔해 속에서 소중한 가치와 의미를 다시 건져 올리려는 시도들은 필연적으로 '분절적'인 작업이 될 수밖에 없다. 서로 얽혀 있던 의미들의 총체로부터 하나하나의 가치를 건져내서 개별적인 개념과 의미를 부여하며 호명할 수밖에 없기 때문이다. 총체성을 복원하려는 일조차 분절을 고착화하는 일이 되어버리는 것이다. 그야말로 모든 단단한 것, 즉 세상의 사물들과 사회적 관습과 제도와 규범에 스며 있던 총체적 의미체계가 녹아 사라진다고 할 만하다.

이렇게 따지고 든다면, 자본주의 이전 시대라 해서 '총체적' 의미체계가 온전히 지속되었다고 할 수도 없다. 모든 사회체제에는 나름대로 중요하게 공유되는 가치가 있기 마련이다. 중세 봉건체제라면 신의 권능과 영주의 토지 통치권이 중심적 가치였을 것이고, 절대왕정체제라면 여기에 영토국가 왕권 가계의 영광이 더해졌을 것이다. 이러한 가치들은 그 사회의 생활세계를 규정하는 여러 규범과 제도에 반영되고 사회 구성원들은 그 속에서 느끼는 의미를 공유하며 생활하기 마련이다. 사회체제가 바뀌고 지배세력의 성격이 달라지면 그 사회가 중요시 하는 가치도 달라진다. 당연히 기존 의미체계는 분절되고 재편되기를 거듭한다.

많은 건축 지식인들이 놓지 못하고 연연해 마지않는 소위 '건축의 본질'이라는 것은 없다. 있다면 그것은 시대마다 사회마다 건축에 부여되어온 '매번 다른' 의미체계일 것이다. 한국 건축에도 이미-항상 존재해왔고 존재하고 있을 그런 의미체계 말이다. 서양 건축 담론에서 '건축의 본질'이라는 것이 존재하는 양 거론되곤 하는 것은 그 사회의 지배 세력이 그것을 '본질'인 양 권력화했기 때문이다. 그러니 서양 건축 역사-담론을 건축의 '본질', 혹은 본질적 '의미체계'를 담고 있거나 표상하는 것으로 대하는 것은 부질없는 일이다. 탐구해야 할 것은 있지도 않은 '본질'이 아니라 그것이 '본질'연하는 담론이 생산된 경위와 연유이어야 할 것이다. 독자들은 이 책에서 그 신화가 형성되고 붕괴하는 과정, 새로운 신화로서 모더니즘 건축 규범이 생산되고 또다시 붕괴하는 과정을 목도하게 될 것이다.

요컨대 서양 건축 역사 속에 등장하는 건축 담론이나 이론은 절대적 진리도 아니고 지고한 이론도 아니다. 당시 건축 생산 여건 속에서, 지배관계를 포함한 사회관계 속에서, 생산-성립된 담론일 뿐이다. 예를 들어, 고전주의 건축 규범은 재료(석재) 조건 아래 '크기-비례-재료 강도' 관계 속에서 생산-성립된 규범일 뿐이다. 그것이 사회적 권위와 권력에 의해 '본질' 혹은 절대적 의미체계로 신화화한 것이다.

규범과 담론은 물적 현실과의 관계 속에서 성립하고 변화한다. 규범·담론은 복잡다단한 물적 현실의 흐름에서 일부 대상과 속성들을 절단-채취하여 만들어진다. 그리고 이를 현실 세상에 지침으로 지시한다. 물론 그렇다고 해서 복잡다단한 현실 세상이 규범에 따라 일사불란하게 정리될 리 없다. 규범의 개입으로 물적 현실의 작동 양상이 변화하긴 하지만 그저 '다른 양상의' 복잡다단함으로 변화할 뿐이다. 다시 물적 현실의 일부를 절단-채취한 새로운 규범·담론이 만들어진다. 규범·담론은 다시 물적 현실을 변화시키고…. 헤겔이라면 변증법적 발전, 니체라면 영원회귀, 들뢰즈라면 차이의 반복이라 했을 일이 규범과 현실 사이에서 작동하는 것이다.

우리 사회의 물적 현실은, 비록 전 지구적 자본주의체제 아래 공통적 속성이 적지 않겠지만, 서구의 그것과 같을 리 없다. 각각의 사회는 생활세계를 규정하는 각각의 물적 체계의, 즉 정치-경제 체제나 건축 생산 체제의, 모순과 불합리를 고쳐 나아가야 할 각각의 전선들이기도 하다. 사회마다 체계와 생활세계가 다르니 모순과 불합리의 발현 양상도 다르다. 당연히 고쳐야 할 대상도 방법도 다를 수밖에 없다. 한국 사회의 물적 현실을 반영하고 그것의 향방에 개입하고 영향을 미칠 건축 담론 또한 서구의 그것과 같을 수 없다. 굳이 서양 건축 담론을 살피는 것은, 그것을 따르기 위함이 아니라, 서양 건축 담론이 물적 현실 속에서 어떻게 성립하고 변화해왔는가를 살피고 이를 우리 상황과 견주어 참조하기 위함이다.

이 책에서 서양의 건축 생산 역사를 정리하고 기술하는 방식은 이러한 문제의식에 따른 것이다. 시대 구분은 통상적인 서양 건축사에서의 구분을 따르지만, 관심의 초점은 각 지역-국가의 정치-경제 체제가 변화해온 과정에, 그 각각의 시대와 지역-국가에서 발화한 사회-철학 담론들의 성립과 변화에, 그리고 이들 정치-경제 체제와 사회-철학 담론과의 관계 속에서 성립하고 변화하는 건축 생산 체제와 건축 담론에 맞추어져 있다. 건축 생산에 작동한 사회적 조건과 관계를 읽어내고, 그 건축 생산 속에서 사회체제 변화에 얽힌 실천적 함의를 읽어내려는 것이다.

+

그간 내 관심과 작업은 대부분 건축을 매개로 한 사회적 의제를 만들고 제기하는 일이었다. 시민들의 거주 공간과 시설을 개인이 부담하고 조달하도록 하는 사회체계와 그 반영물로서의 주거 건축 공간 형식 문제, 특히 개인의 삶터와 공공공간의 직접적 접속-소통을 어렵게 하는 아파트단지 개발-건축 방식의 문제, 그리고 건축 실천의 장 자체를 옥죄고 좁히는 반(反)건축적 건설 정책과 제도 문제 등이 나의 주된 공부 주제이자 실천 소재였다. 건축 역사나 이론 등 건축계 내부의 지식이나 내향적 담론을 겨냥한 작업은 별로 없었다. 이는 나의 '전공 분야'가 대중의 삶 문제와 직접적으로 연루된 주거 건축이었기 때문이기도 했다.

물론 주거 건축 분야 공부에서도 중심은 '역사적 맥락'이므로 역사 공부가 없었을 리 없고 이와 연결된 철학-사회학 담론들에 대한 독서가 없었을 리 없다. 그러나 어쨌든 나는 건축 역사를 전공 분야 삼아 공부한 사람이 아니다. 대학과 대학원 과정에서 수강하며 공부한 것이 거의 전부였다. 1980년대 국내에 유입된 만프레도 타푸리와 빌 리제베로의 건축 역사-담론을 통해 주류 서양 건축 역사서들에 대한 다소 거친 비판의식을 더하고 있었을 뿐이다. 그런데 대학으로 자리를 옮긴 내게 주어진 강의 과목 중에 '건축생산기술사'라는 이름의 과목이 포함되어 있었다. 서양 건축 역사를 건축 재료·구법 등 생산기술 중심으로 다룬다는 취지로 기획된 과목이었다. 나의 전공 분야와 거리가 있을 뿐만 아니라 다른 대학들에서도 찾아보기 힘든 독특한 과목이었다. 대학의 교수 인력이 충분치 않았던 당시에는 교수에게, 특히 신임 교수에게 배정되는 과목의 폭이 매우 넓었다. 건축계획 전공 교수에게 구조, 시공 등 공학 과목을 맡기는 경우조차 있곤 했다.

아무튼 '건축생산기술사' 강의를 맡고 나자 "이왕 할 바에야…"라는 나름의 욕심이 생겼다. 우선 과목 이름을 '건축생산의 역사'로 바꾸었다. 기술적 사안만이 아니라 건축 생산을 둘러싼 정치-경제적 관계를 다루어볼 요량에서였다. 물론 여기에는 한국 건축계가 서양 건축 역사와 건축 이론-담론을 절대적인 것으로 따르고 의존하고 있다는 평소의 비판의식이 깔려 있었다. 건축 형태 중심의 양식사에 함몰된 채 그것을 생산해내는 사회체제의 조건들에는 무심한 형식주의 담론들, 약한 논거를 철학-미학 담론들로 채우려는 아리송한 사설들, 사회체제 상황과는 별개로 개진되는 형식주의 담론들의 적절성-정당성에 대해 가타부타 논의조차 없는 건축 역사학계. 이 모든 형국이 못마땅했기 때문이다. 강의를 듣는 학생들 입장에서도 건축이 생산되어온 정치-경제-기술의 맥락을 이해할 때 비로소 건축 역사를 이해할 수 있게 될 것이라고 생각했다.

강의를 거듭하면서 참고한 문헌과 자료들이 늘어났고 강의 노트도 점점 두꺼워졌다. 학생들에게서도 제법 좋은 평판과 인기를 얻어가면서 어느덧 20여 년의 역사를 갖는 강의가 되었다. 두꺼워진 강의 노트는 책자로 정리해야겠다는 생각이 들었다. 처음에는 '서양 건축 생산 100 장면' 정도의 짧은 글 모음으로 정리할 생각으로 메모를 시작했다. 그러나 장면마다 독립적인 내용으로 구성하기 쉽지 않아 곧 통사 형식으로 방향을 바꾸었다.

강의 노트라는 자못 든든한 바탕이 있긴 했지만 보완하고 추가해야 할 내용들이 계속 늘어났고 이를 위해 찾고 읽어야 할 문헌과 자료 또한 늘어났다. 2차 문헌을 통해 알고 있던 내용을 다시 확인하기 위해 원저자의 저작물을 찾아 살피는 일도 계속되었다. 이 모든 일이 가능했던 것은 인터넷 세상 덕택이었다. 불과 몇 해 전에 비해 놀라울 정도로 풍성해진 각국 위키피디아(wikipedia), 인터넷 아카이브(archive.org)를 필두로 여러 비영리 사이트에 연결된 수많은 원문 자료들 덕에 많은 것을 찾고 보충할 수 있었다.

초고를 마친 뒤에도 계속된 자료 확인과 보완작업 탓에 이곳저곳 첨삭이 이어졌다. 거친 글을 어르고 다듬어 훌륭하게 묶어준, 편집 작업 내내 이런저런 지적과 제안으로 긴장의 끈을 놓지 못하게 한, 마티의 편집팀, 그리고 정희경 대표에게 감사드린다.

2022년 봄
죽전 살구나무 윗집에서
박인석

1

고대 이집트와 메소포타미아의 건축 생산

원시시대, 비계급 공동체 사회

원시시대가 구체적으로 어느 시기를 가리키는지는 분명치 않다. 그 시작은 인류가 지구상에서 활동을 시작한 때부터겠지만 그 끝이 언제까지였는지는 분명하게 말하기 쉽지 않다. 원시시대라는 개념은 시기의 성격과 특성을 기준으로 다른 시기와 구분한 것이라기보다는 고대국가 성립 이전 시기를 통틀어서 이름 붙인 것으로 볼 수 있을 것이다. 종종 원시시대를 선사시대(先史時代, prehistory)와 혼용하기도 한다. 문자 기록을 통해 그 시대상을 파악할 수 있는 역사시대(recorded history) 이전을 가리키는 것이다. 지역에 따라 고대국가가 성립한 시점이 다르고 문자로 기록을 시작한 시점도 다르므로, 원시시대나 선사시대의 구체적 시기 역시 지역별로 다르다. 고대 이집트는 기원전 3200년쯤까지가 선사시대이지만 뉴기니의 어느 지역은 1900년께까지가 선사시대일 수 있다. 유럽의 경우 고대 그리스와 로마의 기록이 있는 시대라도 주변 다른 족속들에 대한 그 시대의 기록은 없을 것이므로 유럽 전체를 대상으로 한다면 어디까지를 선사시대라 해야 할지 모호하다.• 선사시대를 보통 석기시대, 청동기시대, 철기시대로 구분하는데 이 역시 지역에 따라 적절

• 중국의 경우 하나라(기원전 21~17세기)를 경계로, 한반도는 고조선(기원전 24~2세기)을 경계로 선사시대와 역사시대를 구분하는 것이 통례이나 이와 관련해서도 학설과 주장이 분분하다.

치 않은 경우도 많다.

원시시대를 원시공동체사회라고 부르기도 한다. 이는 마르크스와 엥겔스가 제시한 개념으로서 사회 전체의 생산력 수준이 낮아서 특정 계층의 사람들이 다른 사람들을 착취하는 구조가 없었던 시기, 즉 지배-피지배 계급 구조가 없었던 비계급 사회를 말한다. 농경에 의한 식량 생산과 정착 생활이 시작되는 신석기시대 이전 시기, 즉 수렵·채취 생활을 하던 구석기시대까지가 해당되지만, 농경이 시작되었더라도 생산력 수준이 낮아 잉여생산량이 미미했던 원시시대 전체를 뜻하기도 한다. 이 시기 인간 사회는 수렵·채취, 즉 사냥과 식물 채취로 먹을 것을 구하는 것이 하루 일과였다. 텔레비전 프로그램 「동물의 왕국」에 나오는 동물들의 하루와 별반 다르지 않았다. 먹을 것을 미리 축적해둔다 해도 기껏해야 며칠 분량이었다. 다른 사람의 것을 빼앗는다는 것은 곧 그를 굶주림과 죽음으로 몰아넣는 일이었으니, 간혹 있는 일이기는 했겠지만 사회 전체로 구조화할 수는 없었다.

건축 생산활동 역시 마찬가지였다. 농경에 의한 식량 생산과 정착 생활이 아직 시작되지 않았던 이 시기의 건축은 비바람이나 추위, 맹수의 공격으로부터 자신을 보호하기 위한 임시적인 은신처(shelter)를 만드는 일이 전부였다.• 흔히 원시시대 주거로 일컫는 동굴 주거가 이에 해당되며 그 이후 시기의 수혈(豎穴) 주거, 즉 움집 역시 이에 해당된다.

• 1994년에 발굴된, 신석기시대 시작기인 기원전 1만 년 무렵의 것으로 추정되는 튀르키예의 괴베클리 테페(Göbekli Tepe) 유적은 수렵·채취 경제와 정착 생활 간의 관계에 대한 해명이 아직 정리되지 못한 상태임을 보여준다. T자 형태 돌기둥 200개 이상이 스무 겹으로 원을 이루며 서 있고 가장 높은 기둥은 5.5미터에 달한다. 정착생활이나 권력관계가 없는 사회에서 이 정도 규모의 건축 생산활동이 가능했다고 보기는 어렵다. 이는 원시시대 건축 생산활동이 은신처에 국한한 것이었다는 통설에 대한 의문으로 이어진다.

고대 사회의 성립 농경과 가축 기르기로 정착 생활이 시작된 신석기 혁명(기원전 1만 년경) 이후 비로소 당장 먹을 양보다 많은 먹거리를 생산하고 이를 저장하는 것이 가능해졌다. 이른바 잉여생산이 시작된 것이다. 잉여생산물에 대한 소유를 둘러싸고 내 것과 네 것을 구분하는 사유재산 개념이 생겼고 힘센 자가 남의 것을 착취하는 지배-피지배 관계가 형성되었다. 사람들이 집단으로 거주하는 마을의 유적이나 상징적 목적을 갖는 지배 계급의 무덤·고인돌 등은 모두 이 시기 이후에 생산된 것이다.••

본격적인 계급 사회는 기원전 3000년 무렵 오리엔트 지역, 즉 이집트와 메소포타미아 지역 일대에서 고대 왕권국가들이 성립하면서 시작되었다. 나일강 유역은 주변에 다른 부족들이 거의 없었던 지역으로, 기원전 6000년 무렵 도시국가 형태의 초기 국가(predynastic culture)들이 출현하여 기원전 3100년쯤에 이집트 통일왕권국가가 성립했다.••• 이에 비해 메소포타미아 지역은 주위의 산악지대과 초원지대에 발흥한 부족들의 할거 속에 여러 왕국이 흥망성쇠를 거듭했다. 기원전 3200년 무렵 수메르문명이라 일컫는 도시 규모 초기 국가가 성립하기 시작하여 아카드왕국(기원전 2350~2100)을 필두로, 아시리아(기원전

•• 키프로스섬의 키로키티아 마을 유적(기원전 9000년경), 팔레스타인의 예리코 성벽 유적(기원전 8000년경), 영국 솔즈베리 평원의 스톤헨지(기원전 3000년경) 유적 등이 대표적 사례다.

••• 고왕국(기원전 3400~2180)-중왕국(기원전 2040~1782)-신왕국(기원전 1570~1070) 시기를 거쳐 기원전 525년 페르시아에 의해 멸망할 때까지 지속되었다. 기원전 330년 페르시아제국이 알렉산드로스에 의해 멸망하면서 이집트 역시 알렉산드로스 제국에 편입되었다. 알렉산드로스가 죽은 후 그의 신하 프톨레마이오스가 통치하며 이집트 왕조 전통에 따른 프톨레마이오스 왕조가 성립해 클레오파트라 7세(재위 기원전 51~30)까지 지속되었다.

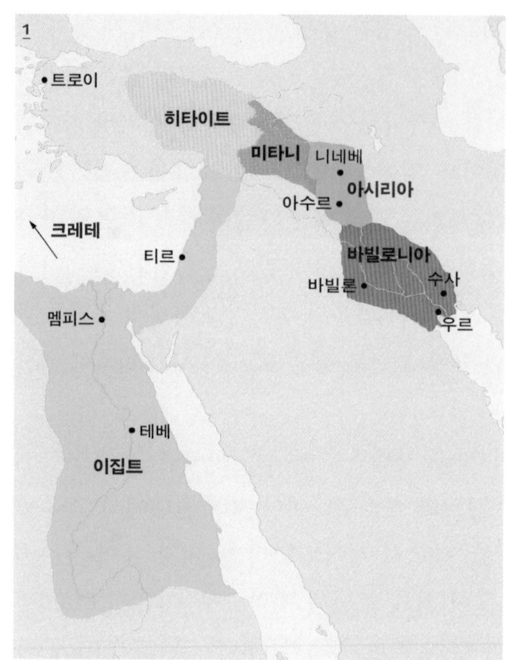

1 기원전 1450년경 이집트와 메소포타미아 지역의 고대 국가

2000~1500), 바빌로니아(기원전 1895~1595), 히타이트(기원전 1800~1180) 등의 왕권국가들이 생겼다.•

이는 농경과 가축 사육으로 식량을 생산하는 사람들이 수백 명, 혹은 수천 명 규모로 모여 사는 부족 부락들이 형성되었다는 뜻이다. 동시에 이 속에서 다른 사람들이 생산한 식량을 폭력으로 빼앗는 힘 있는 세력과 이들에게 빼앗기는 농민 사이의 지배-피지배 권력관계가 성립했음을 뜻한다. 이들 부락 단위 지배 세력들은 다른 지배 부락을 빼앗기 위해, 혹은 자신의 부락을 지키기 위해 폭력조직을 늘리고 체계화했다. 싸움에서 승리한 세력은 관할하는 부락과 농민이 많아졌다. 또한 싸움에서 진 부락의 부족민을 노예로 삼아 자신들의 땅을 경작하는 노동력으로 사용했다. 농경기술이나 농기구의 발달 수준이 낮았으므로 생산을 늘리는 데 가장 중요한 수단은 노동력, 즉 노예의 숫

• 이후 이 지역은 중기아시리아(기원전 14~11세기), 신히타이트(기원전 11~7세기), 신아시리아(기원전 10~7세기), 신바빌로니아왕국(기원전 7~6세기) 등이 할거하다가 페르시아제국(기원전 550~330)에 통합되었다. 기원전 330년 알렉산드로스제국에 병합되어 헬레니즘을 계승한 셀레우코스제국(기원전 305~60)에 통치되다가 파르티아제국(기원전 247~기원후 224), 사산조 페르시아제국(226~651)을 거쳐 이슬람제국의 통치로 이어진다.

자였다. 초기 국가들 사이의 싸움이나 전쟁이 목표로 한 것은 갈취할 농민들, 그리고 지배 세력이 직접 소유하며 부릴 노예의 수를 늘리는 것이었다.

통일왕권국가의 성립은 이러한 초기 국가들 중 강대한 세력이 넓은 지역에 걸쳐서 많은 부락을 점령하고 그 지배 세력의 우두머리가 권력을 세습하는 왕조를 이루며, 수십 혹은 수백 년 동안 지속적으로 지배하는 지역이 출현했다는 뜻이다. 수십, 수백 개 부락을 지배하는 세력이 지속되기 위해서는 그만큼 많은 폭력조직과 체계적인 지배 방식을 갖추어야 한다. 지배와 전쟁 수단인 폭력조직은 위계를 갖춘 군사조직으로 변화했고 농민의 생산물을 빼앗는 방식은 나름대로 기준을 갖춘 조세제도로 체계화되었다.

이집트나 메소포타미아 지역의 고대 왕국들의 정치체제는 중앙집권적인 전제왕정이었다. 비록 넓은 지역에 대한 통제의 밀도는 높지 못했지만 모든 생산물은 국가, 즉 중앙 지배 권력이 직할했다. 경제적 생산활동의 중심은 농업이었고 경작 노동을 담당한 것은 예속적 소작농과 공노예였다. 왕과 관료들이 지배 계급을 이루고 일반 농민들은 지배 계급에게 생산물의 상당 부분을 바치는 소작농이었으며, 상당수 포로노예는 최고 지배 계급이 소유하고 관장하면서 건축 생산 노동이나 가사 노동 등에 사용했다.

도시의 출현과 대규모 건축 생산의 시작

고대 통일왕권국가에서 가장 중요한 현상은 넓은 지역에 걸친 여러 농경 부락을 지배하기 위한 거점으로서 도시가 출현한 것이었다. 지배하는 부락들이 늘어나면서 왕과 관료 등 지배 세력과 그 일가, 이들이 부리는 노예, 그리고 주둔하는 군사의 수도 늘어났다. 각 부락에서 거둬들이는 생산물의 양과 종류가 많아지자 이들을 교환하고 거래하는 시장이 형성되었고 여기에 종사하는 상인들이 모여들었다. 거주 인구가 늘어나면서 이들의 소비생활에 필요한 물품(그릇, 직물, 가구, 장신구 등)을 제작하고 판매하는 수공업 공방들도 생겨났다. 또한 도시는 대립하는 다른 세력들과의 전쟁을 위한 군사기지였다. 유사시 적들의 공격을 막는 요새이자 전투력 유지를 위한 병참기지였다.

이 모든 일에는 건축 생산활동이 따랐다. 물론 통일왕국 이전 부족 부락에서도 주거시설 등의 건축 생산이 없었을 리 없다. 그러나 통일왕국 거점 도시에서의 건축 생산은 양적으로나 질적으로 부락 단위의 그것과는 전혀 달랐다. 도시에서 거주하고 생활하는 사람들의 주거시설을 비롯한 많은 양의 건축 생산이 일정한 공간 범위에서 집중적으로 지속되었다. 특히 몇몇 특별한 대규모 건축 생산은 고대 도시에서 비로소 시작된, 그리고 이후 인류 역사에서 지속적으로 진전될 전례 없는 생산활동이었다. 군사적 필요에 의한 성곽, 왕가의 거처이자 요새로서의 궁성이나 궁전, 그리고 지배 권력의 초월적 권능을 상징하기 위한 신전과 분묘 등이 그것이었다.

고대 도시에서 대규모 신전과 분묘가 건설되었다는 것은 엄청난 양의 건축 자재와 노동력, 그리고 당대 최고 건축 기술을 동원할 수 있는 강력한 힘을 갖춘 지배 권력이 존재했음을 뜻한다. 비록 당시의 생산력 수준이 낮고 잉여생산 규모가 크지 않았지만 그것을 특정 소수 지배 계층을 위해 집중시킬 만한 강력한 권력이 있었던 것이다. 생산된 건축물들은 당연히 그 지배 권력이 체제를 유지하기 위해, 혹은 권력의 향유를 위해 필요로 한 것이었다. 즉, 한 시대와 사회를 대표하는 건축물은 그 시대 그 사회의 권력관계가 만들어낸 생산물인 것이다.

2 이집트 제3왕조 시기 조세르왕의 계단식 피라미드, 이집트 사카라, 기원전 2670~2650년경

3 이집트 제4왕조 시기 쿠푸왕의 피라미드, 이집트 기자, 기원전 2500년경

지배 계급이 필요로 하는 건축 생산에는 숙련된 장인 집단인 석공들의 건축기술과 포로노예 및 소작농민의 노동력이 동원되었다. 건축 재료와 구법을 세세하게 다루는 일은 숙련 장인들이 담당했지만 건축물의 전체적 기획이나 공사 계획 등은 지식관료가 수행했다.• 예컨대 고대 이집트의 피라미드 건축을 관장한 인물로 알려진 임호테프는 최고 권력 계급인 대제사장이었다. 고대 왕국의 지배 계급이 주력한 건축 생산 과제는 신전과 지배 계급의 분묘, 성곽, 궁전 등이었다.

• 이는 건축 재료와 구법이 제한적이었던 시대에 공통되는 현상이었다. 가령 조선 시대 퇴계 이황(1502~71)이 자신의 서원인 도산서원 계획도를 그리는 일이 가능했던 것은 한옥의 모듈인 칸의 수와 배치만 구상하면 되었기 때문이다. 실제 건축물 시공법은 칸을 단위로 부재와 구법이 정형화되어 있었고 이의 실현은 숙련 장인인 목수에게 맡겼다.

고대 이집트와 메소포타미아의 건축 생산

이집트 지역에는 목재가 부족했으나 가공이 용이한 석회암이 풍부했다. 지배 권력이 충분히 강하지 않고 인구가 적어 노동력도 충분치 않았던 초기에는 목재나 점토, 흙벽돌을 사용한 건축 생산이 이루어졌다. 왕국의 세력이 커지고 구리 가공기술의 발달로 석재 가공 도구가 발전하면서 내구성이 중요한 주요 건축물에 석회암 사용이 늘어나기 시작했다. 분묘 건축으로는 제3왕조 시기의 조세르왕의 계단식 피라미드(기원전 2670~2650년경)를 시작으로 제4왕조 이후 사용하는 석재가 커지면서 규모가 더 큰 피라미드들이 건축되었다. 발견된 피라미드 130여 개 중 가장 큰 것은 쿠푸왕의 피라미드(기원전 2500년경)로 높이가 146미터에 이른다.

고대 이집트 석조 건축의 특징을 잘 보여주는 것은 신전 건축이다. 카르나크의 콘스 신전(기원전 2000~30), 룩소르 신전(기원전 1400) 등은 거대한 석재를 단순보 구조로 축조한 구조물이다. 높이 24미터에 둘레 10미터에 이르는 엄청난 크기의 기둥 수십 개가 불과 3~4미터의 짧은 간격으로 빽빽이 서 있다. 짧은 스팬(span)밖에 견디지 못하는 석재 단순보의 구조적 한계 때문이다. 기둥 간격을 늘릴 수 있는 아치나 볼트(vault) 구법이 없지는 않았지만, 본격적으로 발달하지 않은 채 소규모 형태로만 사용되었다. 대규모 아치나 볼트 축조에 필요한 대량의 가설 목재를 조달하기가 곤란하기도 했겠지만, 당시 이집트 지배 계급은 재료 조달의 어려움을 감수하면서까지 기둥 간격이 큰 대규모 내부공간을 건축할 필요를 느끼지 않았다고 할 수 있다.

메소포타미아 지역 역시 목재가 부족하기는 마찬가지였다. 이집트와 달리 석재도 풍부하지 못해 주로 점토를 재료로 한 건축 생산이 이루어졌다. 점토를 햇볕에 말려 만든 진흙벽돌을 사용했으며 중요한 건물은 내구성 강화를 위해

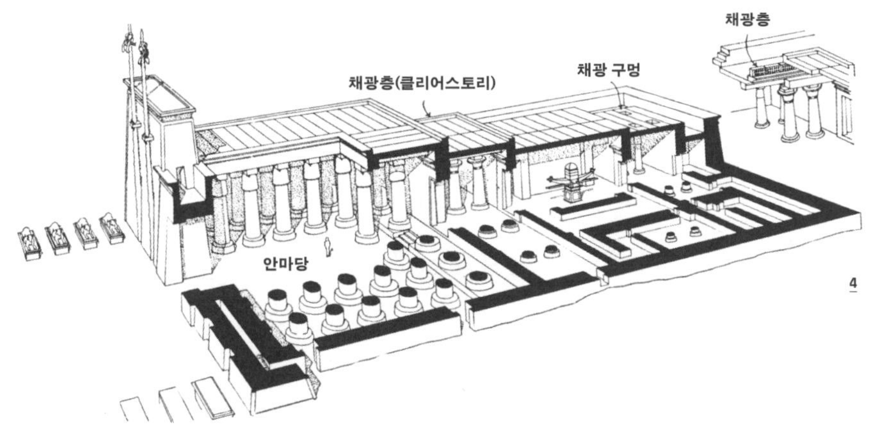

4 콘스 신전, 이집트 카르나크, 기원전 2000~30

5 콘스 신전의 천장을 받치던 기둥들

6 기원전 3000년경 우루크에 지어진 백색 신전 복원도

7 대지구라트, 우르, 기원전 2100년경

8 가레우스 신전 아치 출입문, 우루크

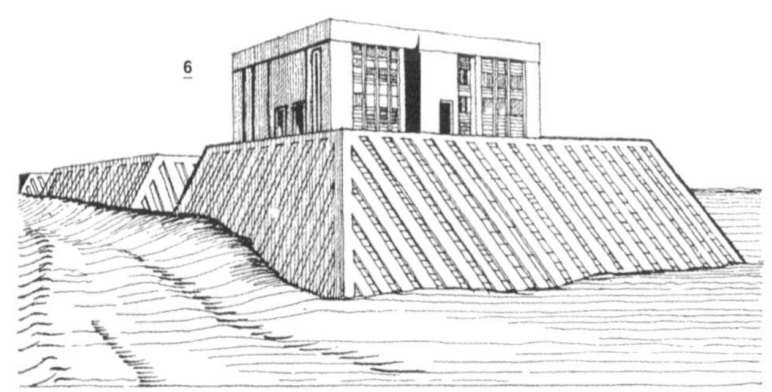

구운 점토 타일이나 석재로 외피를 마감했다. 석재보다 내구성이 약한 점토를 사용한 탓에 메소포타미아 지역에 남아 있는 고대왕국 건축 유적은 이집트에 비해 적다. 현재 남아 있는 대표적인 건축 유적은 우루크의 백색 신전(기원전 3000년경)과 우르의 대(大)지구라트(기원전 2100년경) 등이다. 신바빌로니아 시대(기원전 7~6세기)에는 요업이 발달하여 유약을 발라 구운 채색 유약벽돌이 사용되었다.

메소포타미아 지역 국가들은 흙벽돌을 이용함으로써 건축 생산 효율을 크게 높일 수 있었다. 건축 생산에 직접 투입되는 인력과는 별도의 인력으로 농한기를 이용해서 벽돌을 생산함으로써 건축 현장의 노동력과 공기를 크게 줄일 수 있었다. 흙벽돌 사용은 건축 생산기술 발전에 중요한 의미를 갖는다. 미리 생산하는 흙벽돌은 자연히 규격화되었고 그 덕분에 일정한 패턴으로 균일한 두께의 벽체를 쌓는 일이 가능해졌다. 벽체 두께 및 조적 방식에 따라 벽체가 견딜 수 있는 하중에 대한 경험적 지식도 쌓였다. 이는 섬세한 조적기술의 발전으로 이어졌다. 아치·볼트 축조기술이 발전했고, 벽체 하중 보강을 위한 부축벽(buttress) 역시 이 지역에서 시작되었다. 훗날 고대 로마 건축기술의 근간이 되는 아치와 볼트, 돔 구조의 축조기술이 여기에서부터 비롯되었음을 쉽게 짐작할 수 있다.

고대 오리엔트 시대의 유럽

서양 건축의 역사를 다룬 문헌들은 대부분 고대 이집트와 메소포타미아의 건축 생산활동을 첫머리에 배치한다. 비단 건축의 역사만이 아니라 일반적인 서양사를 다루는 문헌들 역시 마찬가지다. 본 책 역시 이러한 상궤를 따르고 있다. 그러나 이집트와 메소포타미아 지역은 지리적으로 유럽, 즉 서양에 속하지 않는다. 이 지역을 칭하는 '오리엔트'(Orient)라는 용어 자체가 고대 로마인들 입장에서 볼 때 동쪽에 위치한 이방이라는 의미다. 그런데도 이집트와 메소포타미아 건축이 서양 건축사의 첫머리를 장식하는 이유는 뭘까?

이에 대한 한 가지 유력한 설명은 '당시 유럽 지역은 아직 선사시대를 벗어나지 못한 상태라서 역사로서 다룰 만한 내용이 마땅치 않기 때문'이라는 것이다. 오리엔트에서 통일왕권국가들이 성립한 기원전 3000년 무렵의 유럽 지역은 대부분 원시공동체 부락 사회에 머물러 있었다. 켈트족이 기원전 7세기쯤까지도 갈리아(현재 프랑스) 지역을 중심으로 씨족사회 형태로 생활했고, 북유럽에 거주하던 게르만족은 기원전 1세기쯤에서야 라인강 유역으로 내려와 정착했다. 이들은 로마제국 시대에도 여전히 부족국가 수준에 머물러 있었다. 중세 유럽의 주인공이 되는 프랑크족은 3세기 이후에나 그 명칭이 등장한다. 이런 사정이니 그보다 훨씬 전인 기원전 3000년 무렵에 유럽 지역은 건축 생산을 거론할 만한 사회가 아니었던 것이다.

그리스·로마 지역은 어땠을까? 오리엔트의 농경문화가 유럽으로 전파되는 길목이었던 이 지역에서는 중부 유럽에 비해 일찍부터 지배 권력체제가 자리 잡았다. 에게해의 키클라데스제도에서 발견되는 기원전 3000~2000년 시기의 신석기문명과 초기 청동기문명을 시작으로, 크레타섬의 미노스문명(기원전 2700~1500), 그리스 본토의 미케네문명(기원전 1600~1200)이 이어졌다. 비슷한 시기에 튀르키예반도 쪽에 히타이트제국(기원전 1800~1180)이 성립하고 있었으니 에게해를 사이에 두고 대립·병존했을 것이다. 그러나 미케네문명은 기원전 1200년쯤 소멸하고 그리스 지역은 이렇다 할 문명이 성립하지 않고 아무런 문자기록이 남아 있지 않은 400년의 암흑기(기원전 1200~800)에 들어갔다. 암흑기 그리스에는 원시적 부락 공동체들과 국지적인 부족국가들이 잔존하며 서서히 도시국가(polis)들이 세워졌을 것으로 추측된다. 폴리스들이 등장하는 8세기를 고대 그리스 문명의 시작으로 본다. 로마는 그리스보다 훨씬 나중인 기원전 14세기에야 언덕에 주거지가 형성되기 시작했으며, 로물루스 형제 전설에 따르더라도 기원전 8세기에야 소규모 도시라 할 만한 것이 세워진다. 그러니 기원전 3000년 무렵에는 문명, 혹은 도시라 할 만한 생활이 없었다고 해야 할 것이다.

암흑기에 해당되는 미노스문명이나 미케네문명에 대한 기록은 거의 전해지지 않는다. 역사학계는 트로이전쟁 등 기원전 8세기에 쓰였다고 추정되는 호메로스(기원전 800?~750?)의 서사시 『일리아스』와 『오디세이아』의 내용을 여전히 반신반의한다. 유적 발굴도 뒤늦게 시작되어 19세기 말에야 이들이 '상당한' 규모였음을 보여주는 몇몇 유적이 발견되었을 뿐이다. 이 중에서 크레타섬의 크노소스궁전(기원전 1650~1450)의 유적 정도가 가장 오래된 지배권력체제의 흔적이다.• 그러나 이 정도로는 서양문명의 발생적 정통성을 맡길 원류로 삼기에는 턱없이 부족하다. 바로 옆 이집트와 메소포타미아 지역에 크레타섬과는 비교가 안 되는 엄청난 규모의 통일왕권국가들의 유적과 기록이 즐비하니 말이다. 더욱이 이들 지역은 인류 최초의 문명 발상지로 공인된 곳이기도 하지 않은가.

• 미케네는 1876년 독일 고고학자 하인리히 슐리만에 의해 크레타섬의 크노소스는 1900년 영국 고고학자 아서 에번스에 의해 발굴이 시작되었다. 크노소스궁전을 발굴한 에번스는 고증이 부족한 상태에서 자의적으로 복원 공사를 진행해 비난을 받았다. 채색된 기둥들과 방들이 있는 크노소스궁전의 사진들이 바로 에번스의 '작품'이다. 이러한 원형 훼손과 복원의 자의성 때문에 유네스코 문화유산으로 등재되지 못하고 있다.

9 미케네문명의 주요 요새와 거주지, 기원전 1400~1100년경

10 크노소스궁전, 북측 포티코, 그리스 크레타, 기원전 1650~1450년경

서양 역사의 첫머리를 고대 오리엔트 지역이 차지하게 된 것은 이러한 사정 때문이다. 유럽 바로 옆에 있을 뿐 아니라 한때 고대 그리스와 로마가 점령하기도 했고, 유럽문명에 직간접적인 영향을 미친 것을 부정할 수 없는 이 지역의 역사를 서양문명의 원류로 인정한 것이다. 그런데 문제는 서양사나 서양 건축사에서 이 지역의 역사는 고대 그리스 앞 시기에만 다뤄질 뿐 그 이후 시기의 역사 서술에서는 언급이 전혀 없다는 것이다. 이러한 태도는 역사적으로 이 지역에서 가장 강대한 권력체제가 성립해왔다는 사실에 비추어볼 때 논란의 여지가 크다. 가령 기원전 6세기 지중해와 에게해 일대를 장악한 패권 국가였던 페르시아의 건축을 다루지 않는 이유는 무엇일까? 답은 간단하다. 당시에는 서양 고대사의 주인공인 그리스가 있기 때문이다. 비잔틴 건축과 이슬람 건축을 로마네스크 이전인 6~8세기까지만 짧게 다루는 태도도 마찬가지다. 5세기 후반 서로마가 몰락한 이후 10세기경까지 유럽에는 이렇다 할 국가권력체제가 부재하는 공백기였으니 그 대신 이 지역의 상황을 다루는 것이다. 이 시기를 넘어가면 서양 중세 역사의 주인공인 서유럽 국가들이 있으니 더 이상 비잔틴이나 이슬람은 관심 대상이 아니다. 당대 가장 강력한 권력체제가 성립했던 이들 지역의 정치·경제·문화, 그리고 건축 생산이 유럽 지역에 영향을 미치지 않았을 리 없을 것임에도 말이다. 결국 서양 건축사에서 고대 오리엔트 건축이 등장하는 것은 유럽에서 건축 생산이 부재하던 시기, 즉 건축 생산 역사의 공백기를 처리하기 위해 등장시킨 막간극일 뿐이다.

서양 건축사에 오리엔트 건축은 없다

오리엔트 역사를 서양사의 첫머리에 배치하는 이유에 대한 보다 일반적인 설명은 서양문명이 태어난 곳이 바로 고대 이집트와 메소포타미아 문명이기 때문이라는 것이다. 더구나 오리엔트는 문자(알파벳)와 종교(그리스도교)까지 서양 세계에 전파했으니 이곳이 서양문명의 씨앗이라는 것이다.• 예술사 분야에서도 이 지역의 건축, 특히 이집트 건축이 고대 그리스 건축에 영향을 주었다는 주장이 오래전부터 제기되어왔다.

이러한 주장이나 이에 대한 연구는 고고학이나 역사학적 관심에서라면 당연히 필요한 일일 것이다. 그러나 현재 작동하고 있는, 그리고 지금도 생산되고 있는 서양 건축 역사 담론을 객관화하는 것을 목적으로 하는 이 책의 입장에서는 고대 이집트와 메소포타미아 지역의 건축은 사실 관심 밖의 일이다. 이후에 지속적으로 밝히겠지만 서양 건축사(라는 담론 혹은 지식체계)는 고대 그리스·로마의 건축 전통을 규범화하는 것을 주축으로 삼고 있는데, 이는 15~16세기 르네상스 시기에 시작된, 즉 유럽인들이 고대 이집트와 메소포타미아의 건축을 '발견'하기 훨씬 이전에 이루어진 일이기 때문이다.

1798년 나폴레옹의 이집트·시리아 원정이 있기 전까지 고대 오리엔트문명은 유럽인들에게 전설적인 대상이었다. 이집트와 메소포타미아 지역은 고대 이래 줄곧 페르시아제국, 이슬람제국 등 강력한 세력이 점령하고 있어서 유럽인

• 마틴 버낼은 『블랙 아테나: 서양 고전문명의 아프리카 아시아적 뿌리』에서 이보다 훨씬 더 나아가, 그리스문명은 고대 이집트의 식민활동으로 파생된 문명이라는 주장으로 서구 역사학계를 뒤흔들었다. 고대 그리스문명은 고대 이집트의 영향으로 성립한 것이라는 이해가 18세기 말까지 일반적이었는데, 18~19세기에 유럽 중심적 진보사관과 인종주의가 득세하면서 '독자적으로 성립한 그리스문명'이 날조되었다는 것이다. 서구 강단 학자들은 버낼의 주장에 대해 "고고학적 실증 자료 없는 신화에 기댄 추론일 뿐"이라고 비판했고, 이에 버낼의 반박이 이어졌다.

들은 선불리 접근할 수 없었다. 18세기 중반이 되어서야 몇몇 탐험가들에 의한 고고학적 탐사가 시작되었을 뿐이다. 나폴레옹 원정 당시에 이 지역은 당시 강대국 중 하나였던 오스만제국이 지배하고 있었다. 나폴레옹의 이집트 원정에는 167명의 과학자와 예술가, 건축기술자로 구성된 학술조사단이 동행했다. 이집트 상형문자 해독의 열쇠가 된 로제타석의 발견(1799)이 이들의 성과였다는 것은 잘 알려진 일이다. 룩소르의 카르나크 신전과 왕들의 계곡에 관한 최초의 학술적 기록이 이때 이루어졌다.

나폴레옹 원정 이후 조사단에 참여했던 학자들이 이집트 유적과 장식 등을 소개한 책자들을 발간하면서 비로소 서구 사회에서 이집트 문화에 대한 이해와 관심이 생겨나기 시작했다. 1830년쯤에는 이집트 상형문자와 메소포타미아 쐐기문자가 해독되었다. 이 지역으로 여행 가는 학자나 예술가도 늘어났고 이들이 예술적·상업적 성과를 얻어내면서 오리엔트풍 상품이 인기를 끌었다. 이집트풍 장식품과 기호 상품이 유행했고 이집트풍 건축물도 심심치 않게 지어졌다. 당시 각종 양식을 선택적으로 혹은 혼합하여 사용하던 절충주의 건축이 득세하던 상황에서 이집트 복고 건축이라는 이름의 사조가 등장할 정도였다. 런던의 이집트 홀(1812), 미국 버지니아주의 이집트 빌딩(1845) 등이 대표적인 예다.

그러나 이는 모두 19세기에 일어난 일이었다. 19세기 이전에는 이집트와 오리엔트의 건축은 서양 건축 담론의 사정권 밖에 있었다. 19세기 이후에도 고고학적으로는 진지한 탐구 대상이었을지 몰라도 건축적·예술적으로는 호기심과 흥미의 대상이었을 뿐이다. 영국의 화가 데이비드 로버츠(1796~1864)의 여행담과 그가 남긴 그림은 이를 잘 보여준다. 그는 1832년에 1년여 동안 스페인 지역을 여행하면서 이

11

12

13

11 피터 프레더릭 로빈슨, 이집트홀, 런던, 1812(1905년 철거)

12 데이비드 로버츠, 「스핑크스」, 1838

13 데이비드 로버츠, 「에드푸의 호루스 신전」, 1838

슬람 건축물을 그린 그림과 석판화를 판매하여 상당한 수익을 거두었다. 당시 유럽에 성행하던 오리엔트풍의 유행 덕택이었다. 그는 1838년에 다시 약 1년간 이집트와 팔레스타인 일대를 답사했다. 이 여행의 목적 역시 판매용 그림과 석판화 제작을 위한 풍경 및 건축 유적 스케치였다. 그가 그린 이집트 풍경화 중 상당수가 사막의 모래에 덮이거나 반쯤 무너진 채 방치된 건축물을 묘사한 것이었다. 이 그림들은 호기심과 동경 속에 인기리에 팔렸다.

정리하자면, 이집트와 메소포타미아 등 고대 오리엔트 건축에 관한 서양인들의 이해와 지식은 19세기에 시작된 것이다. 그들은 15~16세기에 이미 고대 로마 건축을 교본으로 고전주의 건축 담론과 규범을 만들어냈고, 18세기에는 이를 고대 그리스 건축 버전으로 개정한 신고전주의 건축 담론과 규범으로 새롭게 다듬었다. 서양 건축의 고전적 전통이 확립되는 이러한 과정은 모두 이집트와 메소포타미아 건축에 대한 관심과 이해가 전혀 없는 상태에서 진행되었다. 따라서 서양 건축 역사에 대한 담론의 객관화, 즉 그것이 언제, 누구에 의해서, 왜, 어떤 과정을 거쳐 형성된 것인가를 밝히는 일을 관심사로 하는 경우 고대 오리엔트 건축을 깊이 파헤칠 이유가 없어진다. 비록 파피루스 장식 주두 석재 기둥과 석재 보로 이루어진 이집트 건축의 단순보 구법이 고대 그리스 신전 건축에 영향을 미쳤고, 메소포타미아의 조적기술이 고대 로마 건축의 근간이 되었다는 주장이 사실이라 하더라도 이는 서양 건축 담론과 전통으로서의 규범이 완성된 이후에야 밝혀진 일이기 때문이다.

2

고대 그리스·로마의 건축 생산

(고전고대, 기원전 8~기원후 5세기)

고대와 고전고대

서양 역사학에서는 원시시대 이후 그리스·로마시대까지를 (정확히는 서로마가 멸망하는 476년까지) 고대 사회로 구분하는 것이 일반적이다.* 고대-중세-근대의 구분이 역사학에서 절대적인 시대 구분 기준은 아니지만, 유럽에서는 그리스·로마시대까지를 고대로 보는 것이 주류다. 그런데 고대 중에서도 그리스·로마시대는 특별히 고전시대, 즉 고전고대(Classical Antiquity)**로 특정하여 구분한다. 서양에서 그리스·로마시대를 고전고대로 특별 취급하는 이유는 무엇일까?

15~17세기 르네상스 인문주의는 그리스·로마 문화의 계승을 지향했다. 인문주의자들이 자신들의 앞 시대를 일컬은 '중세'(Middle Age)라는 말 자체가 그리스·로마시대와 자신들 시대를 단절시키면서 그 사이에 있었던 시대라는 의미다. 르네상스(Renaissance, 재탄생, 부흥)는 천 년 동안 이어진 중세를 거치며 단절되었던 그리스·로마세계를 다시 이어가겠다는 뜻이다. 르네상스시대 유럽인들은 자신들의 시대를 그리스·로마시대의 연속으로 보았다. 그리고 그 찬란

- * 다른 주장도 있다. 529년 플라톤 아카데미아의 폐쇄, 565년 유스티니아누스 대제의 사망, 610년 이슬람의 창시, 800년 전후 샤를마뉴 대제의 부상 등을 고대가 끝나는 시점으로 보기도 한다.
- ** 그리스 최초의 올림픽경기가 열린 기원전 776년부터 서로마제국이 멸망한 476년까지의 기간이다.

했던 문화를 규범으로, 전통으로 되살리고자 했다.

르네상스시대에는 현재 자신들의 사회가 과거 사회와는 다르다는 인식, 따라서 미래 사회 또한 지금의 사회와 달라질 것이라는 '시간적 변화에 기반한 역사의식'은 아직 뚜렷하지 않았다. 17세기 이후 자연과학과 고고학의 발전으로 고대 그리스·로마와는 '다른' 고대 사회들이 있었다는 사실이 밝혀지면서 그리스·로마의 문화가 절대적인 것이 아니라는 인식이 피어났다. 비로소 과거를 현재와 '다른' 것으로 파악하고 그 변화 동인과 법칙을 따지는, 그리고 미래의 사회를 예견하려 하는 '역사의식'이 생겨난 것이다. 18세기에 성립하는 서양 근대역사학의 시작이다.

그 역사의식 속에서도 그리스·로마를 특별한 시대로 보는 태도는 지속되었다. 단지 특별했던 과거가 아니라 결코 뛰어넘을 수 없는 위대한 시대로 인식했다. '로마는 가장 위대하다. 로마의 지식이 지상에서 최고의 지식이다'라는 신념이 보편적이었다. 대서양 무역이 확대되며 유럽 경제가 성장하고 자연과학이 혁명적으로 진전한 17세기 후반에야 이성에 의한 사회의 진보를 강조하는(따라서 전통적 관습·의례·도덕에 대한 비판적 사고를 핵심으로 하는) 계몽주의가 전개되면서 절대적이었던 고대 그리스·로마 문화의 위상과 권위가 다소 약해지기 시작했다. 하지만 고대인과 현세인의 우열을 놓고 다투는 신구논쟁•이 보여주듯이 고대에 대한 선망은 여전히 강력했다.

계몽주의가 진전되고 자신들이 주도하는 '이성에 의한 국가 경영'을 꿈꾸기 시작한 부르주아 계급이 고대 그리스의 민주정을 이상적 정치체제로 떠받들었고, 이는 고대·그리스 문화에 대한 새삼스러운 찬미와 동경으로 이어졌다. 18세기 후반 그리스 예술을 전범으로 하는 신고전주의는 건축에도 뚜렷한 영향을 미쳤다. 19세기 초 헤겔과 베토벤(둘 모두 1770년생이다)을 위시한 독일 지식인들과 예술가들은 낡은 신성로마제국이 지배하는 독일 땅에서도 프랑스 시민혁명이 재현되기를 고대하면서 그리스 정신과 그리스 예술을 이상적인 것으로 찬미했다. 오늘날에도 플라톤과 아리스토텔레스로 대표되는 그리스 철학은 서양 철학의 시작이자 근간으로, 그리스 민주정은 민주주의 정치체제의 원형으로 간주된다. 한마디로 고대 그리스는 서양 정신문화의 원류이자 규범인 것이다.

건축에서도 고전시대의 의미는 각별하다. '서양 건축의 (고딕, 로마네스크나 낭만주의를 제외한) 거의 모든 시대가 고전주의적 성격을 지닌다', '서양 건축사는 근대 이전까지 여러 양식 변모와 공간 개념 변화가 있었지만 형태상으로 보자면 고대의 모티프와 주두 형식을 원형으로 삼는 보편언어의 반복과 변형의 역사에 불과하다' 등 서양 건축에서 고전주의(classicism)는 단순한 양식(style) 이상의 것으로 간주되어왔다. 고전시대의 정신은 물론 고전시대의 건축과 장식의 형태까지도 서양 문화에 영원히 지속될 유산으로 여겨져왔다.••

• 17세기 후반에 프랑스와 영국에서 일어난 문학 논쟁이다. 그리스·로마의 고전문학과 근대 문학 간의 우열, 진보 이념 등을 놓고 논쟁했다. 1687년 샤를 페로가 근대 시인이 고대 그리스·로마 시인보다 뛰어나다고 표현한 시를 발표하면서 프랑스 아카데미에서 논쟁이 시작되어 30년간 지속되었다. 논쟁은 영국으로도 확산되었다.

•• 예컨대 알렉산더 초니스와 리안 르페브르는 『고전 건축의 시학』에서 "고전 건축이 비서구세계와는 관계없는 보수적이고 폐쇄된 체계가 아니며, 양식으로만 이해되어서도 안 된다"고 말한다. 고전 건축은 "유클리드 기하학, 풍수, 역경, 상대성 이론과 마찬가지로, 특정한 역사적 시간과 장소적 조건을 초월하는 하나의 방식"이며, "이들과 같은 환경을 조직하기 위한 정신적 도구를 넘어서, 정신 작용에 대한 반성의 도구일 뿐 아니라 이를 통해 창조성을 증진시킬 수 있는, 심오한 가치와 원리를 갖는 도구"라고 이들은 주장한다.

고전주의, 15세기 이후의 발명품

고대 그리스·로마 건축은 고전주의 건축인가? 고전주의 원리와 규범에 따라 건축되었는가? 당연히 그러한가? 결론부터 말한다면 별로 당연하지 않다. '고전'(classic)이라는 개념은 17세기에, 고전주의(classicism)라는 개념은 19세기에나 만들어진 것이다.• 고대인이 자신들의 사회를 고대라고 인식하거나 개념화하지 않았으리라는 것은 당연하다. 마찬가지로 그리스·로마인은 자신들의 시대를 고전시대라고 인식하지 않았고 자신들의 문화와 건축을 고전주의라고 개념화하지도 않았다.

게다가 서로마 멸망 이후 10세기까지 5백여 년간 서유럽에는 이렇다 할 건축 규범이 존재하지 않았다. 8세기 말~9세기경 흥기했던 프랑크족 카롤링거 왕조 시기에 약간의 로마적 건축 생산이 있었던 것을 제외하고는 말이다. 11세기부터 14세기까지는 고전주의와는 거리가 먼 로마네스크와 고딕이 건축 원리로 자리 잡았다. 중세 천 년간 고대 로마 건축물들은, 380년 기독교 국교화 이후 건축되기 시작한 교회당을 제외하고는 대부분 약탈되거나 파괴된 채 방치되었다. 중세 기독교회가 이교도 문화인 고대 로마 건축에 대해 거부감이 있었기 때문이다. 많은 로마 건축물이 주거 용도로 점유되며 변형되고 증축되었고, 일부는 쓰레기를 쌓아두는 하치장이 된 채 석조 부재들을 떼어다 쓰는 일종의 채석장으로 취급되었다. 로마가 콘스탄티노플로 수도를 옮긴 후에는 도시 건설을 위해 로마에서 건축 부재를 해체하여 운반하는 일이 대대적으로 행해졌다. 심지어 런던의 웨스트민스터 사원

• '고전'이라는 말은 '로마의 최상위 계급에 관련된'이라는 뜻의 라틴어 '클라시쿠스'(classicus)를 어원으로 한다. 17세기부터 그리스나 로마의 작가나 작품이라는 뜻으로 사용되기 시작했다. '고전주의'라는 용어는 19세기에 낭만주의 경향과 대비되는 18세기 그리스주의를 지칭했다.

1 조반니 바티스타 피라네시가 묘사한 포룸 로마눔, 동판화, 1775

건축에도 로마의 건축 부재를 가져다 사용했다는 기록이 있다. 몇몇 건축물은 지배자들에 의해 보호되거나 복구되기도 했고 귀족 가문의 수중에 들어가 요새로 사용되기도 했다. 판테온은 교회당이 아닌 건축물로서 원형이 보전된 드문 사례다. 물론 이 역시도 교회당으로 개축되었기에 가능했다.••

한때 백만에 달했다는 로마의 인구는 중세를 지나면서 감소하며 14세기쯤에는 2만 명 정도로 줄어들었다. 도시 영역도 산 피에트로 대성당 근처 거리 몇 개 정도의 범위로 축소되었다. 인구와 도시 영역이 줄어드는 대신에 고대 로마는

•• 609년 교황 보니파시오 4세는 동로마제국 황제 포카스의 승인 아래 판테온을 교회당으로 개축했다. 교황은 판테온 안의 로마신상을 모두 철거하고 산타 마리아 아드 마르티레스 성당으로 봉헌했다.

점차 신화화되었다. 옛 로마제국 영토에 산재한 건축 유적과 조각상 들은 당시로서는 모방조차 불가능한 경지의 것들로 고대 문화에 대한 경외감과 신비감을 주기에 충분했다. 로마는 신비로운 고대 문화의 중심지이자 기독교 성지로서 순례자들이 집중하는 장소였다. 로마교회가 처음으로 희년(jubilee)으로 선포한 1300년에는 산 피에트로 대성당을 참배하려고 로마를 방문한 사람의 수가 2백만 명을 넘었다고 한다.• 로마 여행이 성행할수록 로마를 둘러싼 신비주의가 드세졌고 이는 고대 그리스·로마시대 전체에 대한 신화화로 이어졌다. 즉, 중세 천 년간 유럽 땅에 즐비한 고대 로마 건축 유적들은 경외와 신비의 대상일지언정 건축 원리로서 참조되거나 규범으로 작동하지는 않았던 것이다.

당시 유럽인들에게 고대 그리스는 더욱 먼 대상이었다. 그리스는 13세기까지는 비잔티움제국의 영역이었다. 비잔티움제국은 유럽인에게는 지리적으로 멀고 정치·군사적으로도 불편한 관계였다. 서유럽세계를 이슬람 세력으로부터 보호해준다는 명분과 실질적 보호 역할이 없지 않았지만 종종 서유럽 지배 세력에 간섭하고 때로는 대립했다. 종교적으로도 동로마교회는 로마 교황과 지속적으로 갈등을 빚었다. 그리스 지역은 14세기 이후 이슬람 세력인 오스만제국의 영역이 되면서 유럽인들로부터 더욱 먼 곳이 되어버렸다. 그리스가 유럽인들에게 열린 것은 18세기 중반이나 되어서였다.

14세기 이탈리아 자치도시들의 상인 계급을 중심으로

• 희년은 50년마다 공포된 안식의 해로, 7년에 한 번 땅을 쉬게 하는 안식년이 일곱 번 지난 다음 해, 즉 50년째 해를 뜻한다. 노예에게 자유를 주고, 가난 때문에 빼앗겼던 조상의 재산을 다시 나눠주고, 땅을 쉬게 한다. 원래 유대교의 전통인데 로마교회에서 1300년에 처음으로 희년을 선포했다. 실제로는 특별 희년을 선포하는 경우가 많아 50년 주기가 지켜지지 않고 있다.

현세적 지식을 추구하는 인문주의가 태동하면서 고대 문화에 대한 관심이 커져갔다. 교황의 아비뇽 유수(1309~78)로 교황권이 약해진 것도 이러한 경향을 부추겼다. 자치도시를 이끈 상인 계급은 고대 로마 공화정을 동경했고, 고대 사회의 문헌·유적 발굴과 수집, 그리고 이에 대한 학습 열기가 커져갔다.[••] 문헌 발굴·수집 부문에서는 로마의 문헌은 물론 비잔틴과 이슬람을 통해 수집된 그리스 문헌이 큰 비중을 차지했다. 아리스토텔레스 철학에 주목했던 중세와 달리 플라톤에 대한 관심이 커져 플라톤과 플로티노스의 문헌들이 번역되었다.

문헌 연구는 전 유럽 수도원들의 도서관에 소장되어 있던 라틴어와 그리스어로 쓰인 문학·역사·철학·연설문 등에 집중됐지만 건축 유적이나 조각상의 발굴·조사활동은 로마에 집중되었다. 철학 등 학문이나 사상에서는 로마보다 그리스를 원류로 보았던 것과는 달리, 그리스 건축은 로마 건축으로 완성된 전(前)로마적인 것으로 간주했다. 피렌체에서 르네상스 초기 건축을 일군 필리포 브루넬레스키(1377~1446)는 1402년 로마로 이주하여 15년 동안이나 로마 건축을 연구한 후 피렌체로 복귀하기도 했다.

•• 14세기 이후에도 로마 유적에 대한 약탈과 파괴가 계속되었다. 1471년 교황 식스토 4세(재위 1471~84)는 바티칸 도서관 건축을 위해 모든 종류의 석재 채굴을 허가했으며, 알렉산데르 6세(재위 1492~1503)는 포룸 로마눔과 콜로세움을 경매에 부치기도 했다. 1527년에는 신성로마제국 황제 카를 5세가 로마를 침공하여 대대적인 약탈을 자행했다. 산 피에트로 대성당 건축 기간(1506~1626)에는 석재 채취를 위한 유적 약탈을 허가했으며, 로마 개조계획을 세웠던 교황 식스토 5세(재위 1585~90)는 장애가 되는 유적을 파괴하기로 결정하기도 했다. 로마에 대한 파괴와 약탈은 1798년 나폴레옹군의 로마 침공 때까지 계속되었고 19세기에야 로마 유적에 대한 약탈과 반출이 법으로 금지되었다.

그리스·로마 건축은 고전주의가 아니다

그러던 중 1414년 스위스 장크트 갈렌 수도원에서 비트루비우스(기원전 80/70~15)의 『건축십서』(*De Architectura*) 양피지 필사본이 발견되었다.• 설명을 돕는 도판도 없는 조잡한 필사본으로(현재 출판되는 『건축십서』에 실린 도판들은 15세기 이후 첨가된 것이다) 매우 추상적이고 불충분한 내용이었지만•• 이론으로 설파할 수 있는 건축의 규범을 찾던 르네상스 건축가들을 흥분시키기에 충분했다. '고대 로마인들이 건축의 규범을 갖고 있었다'는 사실을 확인한 것이다. 사실 비트루비우스의 『건축십서』는 이때 처음 발견된 것이 아니었다. 이 글은 중세에도 여러 곳에서 필사되고 읽혔으나 보편적인 규범으로 담론화되지는 않았다.••• 8~12세기에 여러 물품들의 제조법을 기록했던 글•••• 중의 하나로 취급되며 일부 사람들에게만 비전되며 이곳저곳에 소장되어왔다.

• 피렌체 인문주의자로서 당시 로마 교황 비서관으로 있던 포조 브라촐리니(1380~1459)가 콘스탄츠 공의회(1414~18)에 참석하면서 인근에 있던 장크트 갈렌 수도원 도서관을 뒤져서 찾아냈다. 독일·스위스·프랑스 지역 수도원 도서관을 찾아 고전 문헌 발굴을 계속해온 그는 『건축십서』 외에도 루크레티우스, 키케로 등의 저술을 발굴했다. 피렌체의 가난한 약종상 아들이었던 그는 피렌체 대학에서 코시모 메디치(1389~1464)와 함께 고고학을 연구하며 어울리기도 했던 인물이었다.

•• 미국의 역사학자 조지 허시는 「비트루비우스와 오더의 기원」(1987)에서 "비트루비우스는 당대의 중요한 건물들을 무시했으며, 그가 보지 못했음이 분명한 그리스 건물들에 대해 잘못된 내용으로 기술했다. 그가 인용하거나 해석한, 지금은 사라져버린 그리스 건축 문헌들에 대한 그의 지식은 2차 자료에 의한 것으로 보이며, 그의 글에는 혼란스러운 부분이 자주 보인다"고 지적했다.

••• 브라촐리니가 발견한 『건축십서』는 원본이 아니라 필사본이다. 『건축십서』는 9세기 초 프랑크왕국 샤를마뉴 대제의 고문서 필사 정책에 의해 필사본이 만들어진 이래로 중세에 여러 필사본과 요약본이 만들어져 소장되어왔다. 그러나 라틴어로 쓰여 있고 삽화가 전혀 없어 내용을 이해하기 곤란했던 탓에 널리 주목을 받지 못한 채 여기저기 보관되어왔을 뿐이었다. 1414년 이후에도 비트루비우스 원고의 필사본들이 추가로 발견되어 메디치가 도서관 등에 소장되었다.

그러다 1414년 새로 발견한 필사본이 당시 고대 문헌 연구에 열심이던 피렌체 인문주의자들에게 전해지면서 큰 관심과 흥분을 불러일으키게 된 것이다.

비트루비우스는 『건축십서』에서 건축의 온갖 부분에서 지켜져야 할 비례 원칙들을 열거했다. 기둥 두께와 주초(柱礎) 높이의 비례, 기둥 두께와 기둥 간격의 비례, 기둥 높이와 아키트레이브(architrave) 높이의 비례 관계 등인데, 예컨대 이런 식이다.

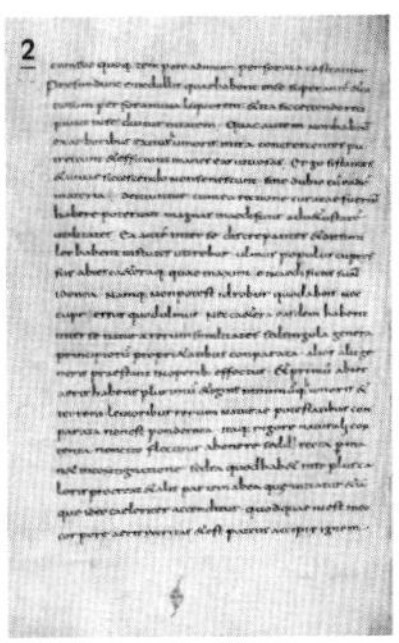

2
비트루비우스, 『건축십서』
양피지 필사본,
800년경으로 추정

> 아키트레이브를 구성하는 원칙은 다음과 같다. 기둥 높이가 12~15피트라면 아키트레이브 높이는 기둥 하부 굵기의 반과 같아야 하며, 15~20피트에서는 기둥 높이의 13분의 1, 20~25피트에서는 기둥 높이의 12.5분의 1, 25~30피트에서는 기둥 높이의 12분의 1과 같아야 한다. 기둥이 더 높을 때는 같은 방법으로 기둥 높이에 비례해서 아키트레이브의 높이를 구해야 한다.
>
> —『건축십서』 3서 5장 8항

별다른 근거 없이 선언적으로 열거된 비트루비우스의 이러한 '비례 원칙'들이 그리스나 로마인이 보편적으로 따르던 규범이었는지 비트루비우스가 만들어낸 것인지는 알 수 없다. 비트루비우스가 『건축십서』 4서 서언에서 "황제 폐하, 저는 이제까지 건축에 관한 논설이나 비평서를 많이 보아왔습니다. 그러나 그것들은 주제에 대한 체계적 완성도 없이

●●●● 『마파에 클라비쿨라』(*Mappae clavicula*). 중세에 금속·유리·모자이크·염료 등 희귀한 물품을 제조하는 비법을 기록한 라틴어 텍스트이다. 8~12세기에 많이 쓰인 것으로 알려진다.

단지 시작만 했을 뿐 마치 흩어진 조각처럼 정리가 안 된 것들이었습니다"라는 문장으로 미루어본다면, 그리스나 로마 사회에 이런저런 건축 노하우들을 적은 글이 여럿 있었고 당연히 그것들은 대부분 건축 생산 경험에 따른 지식이었음을 예상할 수 있다. 사실 비트루비우스가 주장하는 '비례 원칙'들도 '경험에 의한 치수'를 모아놓은 것에 불과하다고 할 수 있다. 그러나 르네상스인에게 중요한 것은 '고대 로마인이 규범을 갖고 있었다'는 사실이었다. 비트루비우스의 '규범'은 르네상스인들에 의해 다듬어지고 보충되었다. 레온 바티스타 알베르티의 『건축론』(1450)에서 시작하여 세바스티아노 세를리오의 『건축칠서』(1537~51), 안드레아 팔라디오의 『건축사서』(1570) 등은 르네상스 건축가들이 나름대로 고대 로마 선인들의 건축 규범을 보완하여 완성시키려 한 작업들이었다.

16세기 이후 고대 로마 문화는 유럽의 '이상'이 되었다. 교황과 왕 들은 이를 경쟁적으로 탐닉했다. 궁전과 박물관을 고대 유물로 가득 채우는 것이 자랑거리였고 고대 신화와 유적을 소재로 한 회화와 조각물 제작이 크게 늘어났다. 그리고 르네상스 건축가들이 고대 로마 건축을 교본삼아 다듬어낸 이론들은 건축 생산의 실질적이고 확고한 규범의 자리를 차지했다. 유럽 전체가 고전주의 규범이 지배하는 세계가 된 것이다.

18세기 신고전주의자들이 보여준 그리스 예술에 대한 과장은 서양의 고전주의에 대한 숭상의 정점이었다. 요한 요하임 빙켈만(1717~68)이 찬미한 "고귀한 순전성과 고요한 위대함"(edle Einfalt und stille Größe)은 그리스의 백색 석회암과 대리석으로 빚어낸 건축과 조각을 가리킨 것이었다. 그러나 19세기에 서양인들은 그리스 조각과 건축이 원래는 화려하게 채색되어 있었다는 사실을 발견했다.* 그들은 당황했다. '위대한 고대 그리스인들이 그랬으니 우리도 채색해야 하는가?' 그러나 그들은 칠하지 않았다. 그렇다고 '고귀한 순전성과 고요한 위대함'이라는 찬미를 거둬들이지도 않았다. 이 자못 황당한 에피소드는 고전주의가 고대 그리스·로마시대부터 연속적으로 이어져 내려온 것이 아니라 2천 년 가까이 지난 후에 '발명된' 것이기 때문에 벌어진 일이었다.

그러니 그리스·로마 건축은 '고전주의 건축'이 아니다. 고전주의 건축 규범은 그리스·로마시대의 산물이 아니라 15세기 이후에 '만들어진' 것이기 때문이다. 15~17세기 르네상스시대에 이탈리아 인문주의 건축가들을 시작으로 고대 로마 건축 유적을 교본으로 삼아 질서(order) 있는 건축을 위한 담론과 규범을 만들고 다듬어냈다. 그리고 18세기 후반에는 프랑스와 독일 계몽주의 건축가와 예술사가 들이 고대 그리스 건축 유적을 새로운 교본으로 삼아 다시금 이성적인 건축을 위한 신고전주의 건축 규범과 담론을 다듬어냈다. 그러니 그리스·로마 건축은 고전주의 건축이 아니라 '고전주의 건축의 원형'이라 해야 한다. 물론 그것도 최소한 채색은 제외할 때 성립하는 말이지만.

이상주의로서 고전주의

18세기까지의 서양 회화는 현실에는 존재하지 않는 신화의 한 장면, 혹은 성서의 한 장면을 그린 것이 대부분이다. 19세기 회화 사조들인 신고전주의·자연주의·사실주의는 모두

* 프랑스 건축가 자크 이냐스 이토르프와 앙리 라브루스트가 각각 1824년과 1829년에 채색된 그리스 신전 복원도를 전시했다. 이를 통해 빙켈만이 이상적인 아름다움으로 극찬한 '순수한 백색 조각과 건축물'은 전혀 허구적인 관념이었음이 밝혀졌다.

사실적인 형상에 기초한 구상미술이다. 그러나 구상미술이기는 하지만 실재하지 않는 장면을 그린다는 점에서 신고전주의는 현실세계의 실제 모습을 그리는 자연주의 및 사실주의와 다르다.• 고전주의는 '있는 것'이 아니라 '있어야 할 것'(본질)을 추구하고 표현하기 때문이다. 고전주의는 항상 권력을 가진 지배 계급의 예술이었고, 그들은 고전주의 예술을 통해 자신들이 이상과 본질을 지향하는 중요하고도 올바른 일을 하는 중이라고 말했다.

플라톤 철학의 핵심인 이데아론은 플라톤 개인의 사상이라기보다는 그리스 사회의 사고체계를 정리한 것으로 이해해야 한다. 플라톤은 펠로폰네소스전쟁(기원전 431~404)으로 아테네가 스파르타에 패배하여 쇠퇴하던 시대를 살았다. 당시 아테네 사회는 부패한 정치권력 아래 소피스트들의 현세적이고 상대주의적 사변이 성행하고 있었다. 플라톤은 이런 상황에서 세상에는 추구해야 할 진정한 본질과 가치가 있음을 주장했으며 이것이 이데아론이었다.

이데아론의 요체는 '모든 것에는 (진정한) 본질이 있다. 본질로서의 이데아가 불완전한 상태로 재현된 것이 자연이고 현실세계다'라는 것이다. 이게 무슨 얘기인가. 가짜(라고 플라톤이 생각한 것으)로 가득한 당시 아테네 현실 속에서 진정한 가치를 찾으려는 플라톤의 고뇌가 묻어 있긴 하지만, 사실 이데아에 대한 발상은 인간의 추상 능력에 따른 자

• 19세기 미술 사조에는 낭만주의도 있었다. 낭만주의 역시 고전주의와 마찬가지로 대부분 실재하지 않는 장면을 그린다. 본질적이고 이성적 세계를 지향하는 고전주의는 절대적 아름다움이나 대의를 위한 영웅담이 주된 표현 주제다. 이에 비해 낭만주의는 비주류적인 이국적 풍경이나 개인적 정열·욕망이 주된 제재다. 낭만주의는 이성적 세계가 일궈낸 19세기 산업사회에 대한 비판과 좌절에서 나온 경향이기 때문이다. 고전주의는 미래에 대한 낙관과 의지를, 낭만주의는 현실은 물론 미래에 대한 좌절과 비관을 기조로 한다.

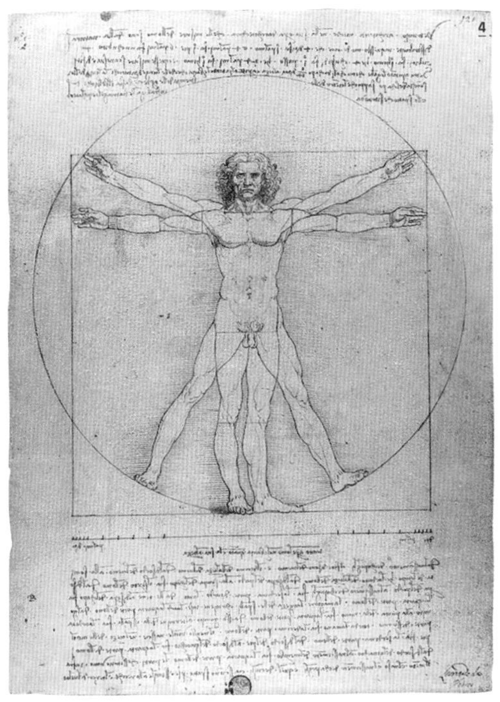

3 자크 이냐스 이토르프, 채색된 그리스 신전, 1824 전시/1851 출판

4 레오나르도 다빈치, 비트루비우스 맨, 1490년경

연스러운 것이다. 개개의 나무는 모두 다르지만 우리는 이것들을 모두 '나무'라고 부른다. 나무와 비슷하게 생겼더라도 가로등은 나무라고 부르지 않는다. 우리는 무엇을 기준으로 '나무인지 아닌지'를 판단하는가? 서로 다른 개개의 나무가 아닌 보편적 '나무'라는 개념의 정체는 무엇인가? 그것은 어떤 속성과 형상으로 정의할 수 있는가? 플라톤은 이를 따지고 든 것이다. '나무'라는 보편적 개념이 나무의 '본질'로서 실재하고, 현실세계 속 개개의 나무는 이것의 불완전한 반영물이라고 생각한 것이 이데아론이다. 플라톤은 모든 사물과 추상적 개념에까지 이데아론을 적용했다. 이것도 사랑이고 저것도 사랑이라고들 하는데 '사랑'이라는 개념의 본질은 무엇일까, '부모와 자식 관계'라는 개념의 본질은 무엇일까 등등. 이러한 '본질'은 자연스럽게 '완전함'으로 연결된다. 자연의 나무들은 제각각이지만 '본질적인 나무'는 당연히 '완전한 나무'일 것이다. 다른 모든 것도 마찬가지다. 완전한 사랑, 완전한 부모-자식 관계, 완전한 국가•, 그리고 완전한 인간! 이 '완전한 인간'을 그린 것이 그 유명한 레오나르도 다빈치(1452~1519)의 「비트루비우스 맨」(1478년경)이다.

우주가 '완전한 본질'과 그것의 불완전한 반영물로 나뉜다면 지식이 추구해야 할 가치는 당연히 '본질'일 것이다. 고전주의 예술은 바로 이 '본질', 즉 '있어야 할 것', '완전한 것'을 표현하려 한 것이다.

• 플라톤을 비롯한 그리스인들이 이데아론을 통해 궁극적으로 지향했던 것은 '완전한 국가', 즉 이상국가였다. '이상적으로 통치되는 폴리스'에 대한 그들의 고민이 반영된 것이다. '완전한 인간'은 이상국가를 위해 필요한 인간상에 대한 고민이 낳은 개념이었다.

그리스의 자연주의와 이상주의

세계 각 지역의 옛 인체 조각상이나 그림을 보면 새삼스러운 사실을 알 수 있다. 고대 그리스·로마시대의 조각상들이 다른 문화권에 비해 유난히 사실적으로 표현되어 있다는 것이다. 고대 이집트의 벽화나 부조는 그렇게까지 사실적이지 않고 고대 중국의 그림도, 인도나 마야문명의 조각도 마찬가지다. 추상적이라고 말하기는 힘들지만 적지 않은 부분을 간략하게 묘사한 것이 대부분이다. 이에 비해 그리스·로마의 조각상은 머리카락, 근육, 옷자락 하나하나를 놓칠세라 정교하다. 이러한 태도가 후대 르네상스 예술에서 더욱 강해지면서 '완전한 인간상'을 추구하는 이상주의로서의 고전주의와 연결된다.

왜 그리스·로마 미술은 유난히 '사실적'일까. 답하기 쉽지 않은 의문이지만 자연주의와 이상주의가 혼재한 그리스 사회의 성격에서 그 연유를 찾는 예술사회학자 아르놀트 하우저의 견해에 귀 기울여볼 만하다. 시민들의 민회를 최고 의사결정기구로 하는 민주주의 정치체제를 갖고 있었던 그리스는 다른 고대 사회와 마찬가지로 노예제 사회였다. 고대 사회 중에서도 극도로 노예제가 발전한 사회였다. 전쟁과 식민지 확대에 의한 노예 획득이 생산력 증대의 수단이었고, 획득한 노예는 시민들에게 사유재산으로 분배되었다. 페리클레스 시대(기원전 457~429) 아테네 총인구 25~30만 명 중 시민이 4만 5천여 명, 노예가 8~10만 명으로 추산되고 있다. 다른 고대 사회들이 예속적 소작농을 주축으로 일부 대지배 계급이 관장하는 공노예 제도를 갖는 사회였던 데에 비해 그리스는 모든 시민이 개인 재산으로서 노예를 소유하는 보편적 노예제 사회였다. '국가는 반드시 많은 수의 노예를 거느려야 한다'거나 '토지 경작에는 기질이 사납지 않은(부지런히 일하고 반란의 소지가 없는) 노예들이 이상적이다',

또 '최상의 국가에서는 시민이 육체 노동자가 되어서는 안 된다' 등 아리스토텔레스가 『정치학』에서 한 얘기들은 비단 아리스토텔레스의 개인적 견해가 아니라 그리스 사회의 보편적 견해로 보아야 할 것이다. 그리스의 또 다른 철학자 크세노폰은 '아테네 시민 모두에게 세 명의 노예가 돌아갈 때까지 노예를 확대해야 한다'고 주장했다.

사유 노예제는 자유시민 계급이 문화활동을 할 수 있는 여가 시간을 가능케 했다. 자유로운 경쟁과 개인적 부의 축적이 가능한 그리스 시민들이 건설한 문화와 지적 세계에는 현세의 인간에 기초한 인간적(개인적)이고 자연주의적인 요소가 발현되었다. 그러나 그리스 자유시민이라 해서 모두 평등한 것은 아니었다. 시민 계급 안에서도 점차 빈부 차이가 심해지며 계층화가 진행되었고 과거 귀족 출신의 상류 시민 계급도 여전히 존속했다.• 예컨대 민회(ecclesia)에서 선출하는 아르콘(Archon, 집정관)의 피선거권은 상류 시민 계급에게만 주어졌고, 전직 아르콘들로 구성되는 아레이오스 파고스(Areios Pagos)가 내각의 역할을 했다. 그만큼 상류 시민 계급의 정치적 영향력이 컸다. 엘리트 상류 계급은 시민 대중에 의한 민주정체제를 불안해했다. 그들은 자신들이 사회를 제대로 이끌 수 있고 이끌어야 한다고 여겼으며, 이상적인 인간상과 세계상을 정치사상적으로 주장하고 예술적으로 표현했다. 플라톤의 이데아론 역시 이의 반영이라고 해야 할 것이다. 플라톤에 따르면 현실은 이데아의 반영물로서 불

• 그리스의 폴리스들은 기원전 8세기경 부족국가적 왕권을 혁파하고 성립한 귀족정의 도시들이었다. 기원전 7~6세기에 등장한 참주정 역시 귀족 계급 지배체제였다. 기원전 590년쯤 솔론의 개혁으로 평민들의 권리와 경제 능력이 커졌으나 이후에도 참주정이 지속되었다. 민주정이 공표된 것은 기원전 508년이었다. 즉, 그리스 사회는 오랜 기간 귀족 계급이 평민 계급을 지배하던 사회였다.

완전함을 포함하고 있으니 좋은 정치는 이데아를 인식하여 그것을 현실세계에 완전한 모습으로 재현하는 것이어야 한다. 예술에서도 마찬가지 생각이 전개된다. 불완전한 현실을 모방하는 예술은 현실보다 불완전함이 더한 것이 될 수밖에 없다는 플라톤의 비판은 아리스토텔레스에 이르러, 불완전한 현실의 모습이 아니라 본질의 완벽한 재현(미메시스)을 지향하는 예술 개념으로 진전한다. 완전한 인체의 묘사, 즉 여성이 아니라 남성의 누드상이 그리스의 중요한 주제가 된 이유다. 완전한 인간이란 남성이어야 하니 말이다. 경제활동의 개인주의와 시민 민주정이 낳은 인간적 자연주의가 이상주의와 만나는 지점이다.

그리스의 이상주의는 당연히 직접 민주주의라는 정치체제와 충돌한다. 모든 시민의 지적 수준이 동일할 리 없으니 고매한 이상은 결국 완전한 인간에 가까운 지적 수준이 높은 엘리트에게 맡겨져야 한다는 논리로 귀결된다. 소크라테스, 플라톤, 아리스토텔레스 등 그리스 철학자들이 대중에 의한 지배를 우려하면서 민주정에 대해 비판적 태도를 취한 것, 옛 귀족 출신 상류 시민 계급의 과두정에 동조하며 완전한 인간이 지도하는 철인정치를 주장한 것도 이런 맥락에서 이해할 수 있다.

로마제국에서는 그리스 이상주의가 쇠퇴하고 현세적 자연주의 경향이 강해졌다. 그리스와 달리 대제국이었던 로마는 광대한 지역에 걸쳐 여러 족속을 통치하는 데 필요한 현실적인 기술의 필요성이 훨씬 컸고 구성원들의 출세 경쟁 역시 훨씬 치열했다는 것이 그 이유로 제시되곤 한다. 실제로 로마시대의 건축 사례에서는 구법·형태·공간구성에서 일정한 규범이나 관례에 따르지 않은 다양한 형식들이 발견된다. 그러나 이는 그리스에 비해 상대적으로 그런 경향이

5 독일어 백과사전 『마이어스 렉시콘』(라이프치히와 빈, 1892)에 수록된 고전주의 기둥 양식 일람

6 안드레아 팔라디오, 『건축사서』 (베네치아, 1640년 출판본)

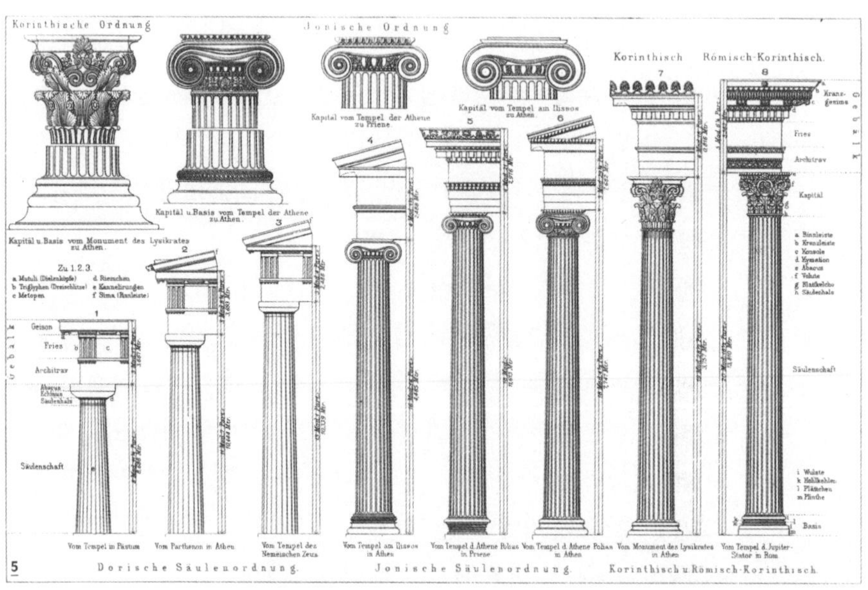

5

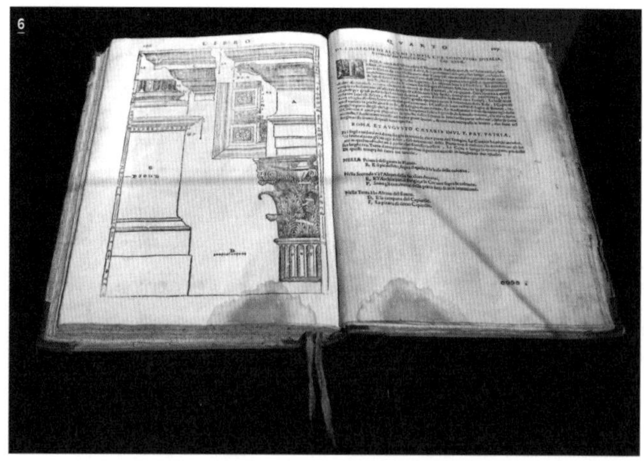

6

있었다는 것으로 이해해야 한다. 고대 로마 사회에서도 이상주의는 지속되었다. 더욱이 로마 사회는 그리스와 달리 시민 계급 대다수가 무산 계급이었고 대토지를 소유한 귀족 계급에 의한 지배가 노골적이었던 사회였다. 극장·경기장·목욕장 등 현세적 욕망을 다독이는 통치기술로서의 지배 장치들이 많아졌을 뿐, 엘리트 귀족 계급의 이상주의가 사회 전체를 지배한 사회이기는 마찬가지였다. 로마시대를 관통한 철학이 플로티노스의 플라톤주의였음은 괜한 일이 아니었다. 그리스 이상주의는 로마로 계승되었다. 그리고 후대에 로마의 이상주의를 되살려 규범화한 것이 15~17세기 르네상스인들의 고전주의였다.

오더, 이상으로서의 질서

고대 로마 건축가 비트루비우스는 『건축십서』에서 건축은 조화로운 비례 원칙에 따라 구성되어야 한다고 하면서, 그 근거로 인체의 비례를 거론한다. 자연이 인체 각 부분을 조화로운 비례 관계로 구성했으니 건축도 이와 같이 각 부분이 전체와 조화로운 비례 관계로 구성되어야 한다는 것이다. 이러한 비트루비우스의 생각은 그리스 이데아론을 중심으로 한 이상주의적 사고 방식에 따른 것이다. 그리스 철학을 다시 공부하고 부흥시키려 한 15세기 르네상스인들은 환호하면서 이 생각을 '다시 정리'했다.

고전주의 건축 규범이 기초하는 세계관은 '코스모스'(cosmos), 즉 질서 잡힌 우주다. 부분과 전체가 조화를 이루는 것이 우주와 자연의 법칙이다. 르네상스인은 인간이 만들어내는 건축물 역시 우주처럼 질서 있는 법칙을 따라야 한다는 믿음 아래 건축의 질서, 즉 오더(order)를 만들어냈다. 그것은 신전의 '주초(柱礎)부터 지붕까지' 각 구성 요소를 비례를 지켜 구축해 조화로운 전체를 이루도록 하는 법칙이

7 도리스 오더의 각부 명칭

엔타블러처

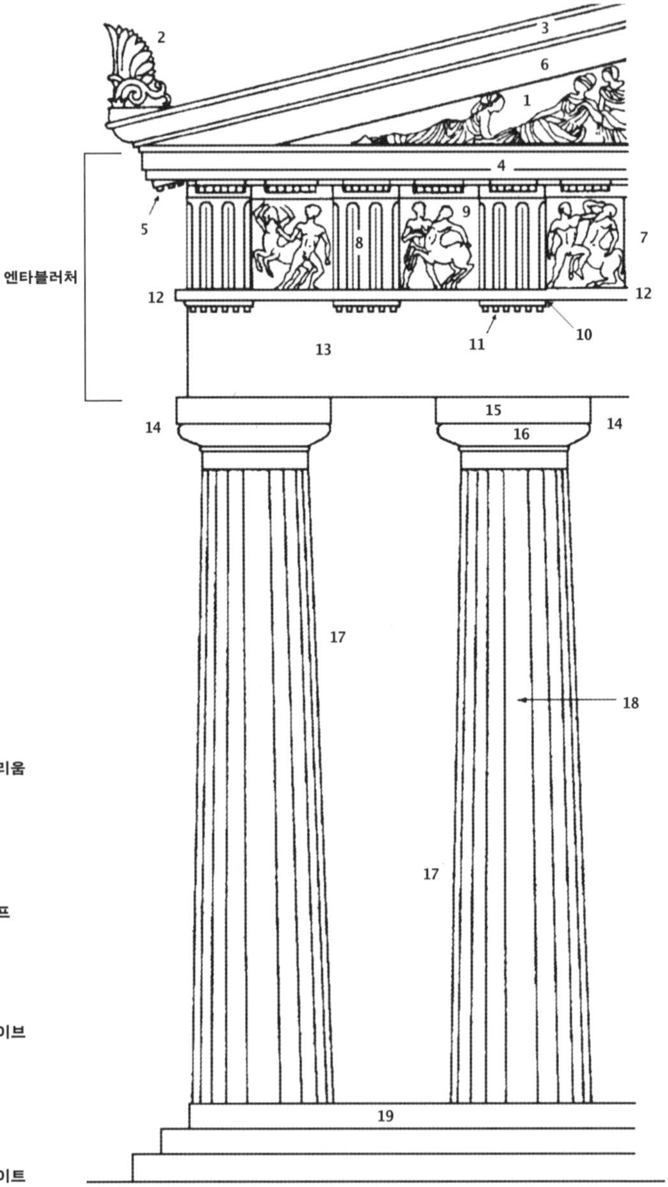

1 팀파눔
2 아크로테리움
3 시마
4 코니스
5 뮤툴
6 게이손
7 프리즈
8 트리글리프
9 메토프
10 레굴라
11 구타
12 테니아
13 아키트레이브
14 주두
15 아바쿠스
16 에키누스
17 기둥
18 플루팅
19 스틸로베이트

다. 표준화된 다섯 종류의 오더• 외에도 문·창·벽·몰딩·열주 등의 처리 방식이 규범으로 정리되었고, 기둥과 기둥 사이 창문의 크기 통일, 평면과 입면의 대칭 등 세세한 법칙들이 정리되었다. 예를 들어, 기둥을 벽체와 결합시키는 방법이 분리기둥, 4분의 3기둥, 반기둥, 벽기둥 등 네 가지로 규범화되고, 기둥 사이의 간격은 기둥 직경의 배수로 법칙화되었다.

비례와 법칙에 대한 이들의 집착은 이데아 개념에서 비롯한다. 건축 역시 이데아가 존재한다. 현실세계의 건축은 이 이데아에 최대한 가깝게 모방-재현(미메시스)되어야 한다. 이를 보장하는 것이 바로 오더다. 오더는 우주의 질서가 그렇듯이 부분과 전체의 비례 관계로 구성된다. 오더를 따른 건축은 건축의 이데아를 재현하는 것이므로 '완전성'을 획득하는 것이다. 즉, 오더는 건축의 필수 덕목(이라고 비트루비우스가 말한) 실용성·견고함·아름다움을 모두 갖추도록 하는 규범이다. 알베르티는 건축은 우주의 보편적 질서와 그로부터 비롯되는 아름다움을 표상하는 것이라고 했다. 그런데 이때의 '아름다움'은 단순히 시각적 아름다움만을 의미하지 않는다. 진선미를 포괄하는, 즉 완전함으로서의 아름다움이다.•• 다시 말해서 건축 규범, 즉 오더는 구조적 안정성과 기능적 실용성, 그리고 아름다움(진선미를 통합한 것

• 비트루비우스의 책에는 토스카나식, 도리스식, 이오니아식, 코린트식 등 네 가지 기둥 형식이 있었다. 알베르티가 『건축론』 7권에서 여기에 더해 콤포지트(복합식)를 언급했고, 세를리오가 『건축칠서』 4권에서 다섯 개 기둥 형식으로 정리했다. 이에 이어 자코모 바로치 다 비뇰라가 『건축의 다섯 오더의 원칙』(1562)에서 '오더' 개념의 설명과 함께 다섯 가지 오더를 재정리했다. 로마식 오더인 토스카나식, 콤포지트를 빼고 그리스 오더인 도리스식, 이오니아식, 코린트식만으로 고전주의 건축의 오더를 설명하는 경우가 많은데, 이는 18세기 중반 이후 그리스 건축을 전범으로 삼은 신고전주의자들에 의한 것이다.

으로서의 아름다움)을 모두 보장하는 것으로 이해되었다.

황당해 보이기도 하는 이런 오더 개념은 근대 이전의 건축 생산 상황을 고려하면 이해할 만하다. 당시에는 건축물의 재료와 구축 방식이 정형화되어 있었다. '주초부터 지붕까지' 구성 요소들의 구축체계가 정형화되어 있었고 전체 건축물은 이들 부분적 구축체계의 조합이었다. 따라서 건축물 전체와 부분적 구성 요소들은 당연히 통합적 관계로 얽혔다. 한국 전통 건축에서도 기둥-보-공포 결합 방식 등 부분적 구축체계들이 정형화되어 있다. 그리고 결합된 부분들이 조합되어 전체 건축물이 되는 부분-전체 통합적 구축체계가 형성된다. 이렇게 본다면 서구 고전주의 건축에서 '오더'를 구조적 안정성과 기능적 실용성을 포괄하는 '완전함'으로서의 아름다움을 보장하는 것으로 간주했다는 사실을 이해 못할 바 아니다. 오히려 그것은 건축물 구축 재료와 방식이 한정되어 있었던 근대 이전 시기에는 어느 사회에서나 공통된 현상이었을 것이다. 유독 서구 고전주의 건축에 국한된 현상이 아니라는 말이다.

다만 유럽 고전주의 건축에서 특별한 점은, 한국 등 다른 지역과는 달리, 이 부분적 구축체계들이 '오더'라는 개념으로 규범화되고 여기에 갖가지 가치와 의미가 부여되면서 사회적 권위를 갖는 장치로서 '권력관계'에 포섭되었다는 것이다. 따라서 서구 고전주의 건축 생산에서 주목해야 할

•• 진선미 각각의 범주가 구분되고 이론적으로 정리된 것은 18세기 이마누엘 칸트의 철학에서였다. 그의 3대 주저인 『순수이성비판』, 『실천이성비판』, 『판단력비판』은 각각 인식론(진), 윤리학(선), 미학(미)에 대응하여 이를 철학적 범주로 구분한 것이었다. 이때부터 비로소 진리가 악하거나 추할 수도 있다는 관념이 보편화되었다. 이전까지는 비록 진선미 개념의 구분은 있었다 해도 이 셋은 항상 합체된 것으로 이해되었다. 즉, 진리는 선하고 아름다운 것이며, 마찬가지로 아름다운 것은 진리이고 선한 것으로 간주되었다.

것은 오더 자체보다는, 오더를 둘러싸고 권위와 권력관계를 성립시킨 역사 과정과 주체 세력들이다.

오더로 대표되는 건축 규범은 17~18세기에 왕립 아카데미에 의해 국가적 차원의 권력 장치로까지 지위가 강화된다. 그러나 곧이어 등장한 새로운 건축 재료(철)와 진전된 건축 생산기술로 인해 건축의 '재료와 구축 방식'이 변화하기 시작했다. 그 상황에서 정형화된 구축 방식을 전제로 했던 건축 규범, 즉 오더의 권위가 점차 근거를 잃고 무력화한 것은 필연이었다. 그리고 이는 새로운 건축 규범을 찾는 19세기 상황으로 이어진다.

고대 그리스 사회와 건축 생산

그리스를 여행해본 사람이라면 대번에 그리스가 농업에 그리 유리하지 않은 조건을 갖고 있음을 알 수 있을 것이다. 석회암이 드러난 구릉지에 나무라고는 작달막한 올리브나무와 오렌지나무가 전부다. 그리스는 척박한 땅이다. 농업만으로 경제를 영위하기에는 곤란한 여건이다. 게다가 육지와 바다가 복잡하게 얽혀 육로 교통이 쉽지 않다. 자연히 통일된 정치체제보다는 수많은 소규모 폴리스가 독립적 정치·경제체제로 운영되었다. 많은 폴리스들이 서로 해상무역으로 거래했고 안정적인 농업 경영을 위해 에게해 건너 아나톨리아(튀르키예반도)에 식민지를 건설하기도 했다. 고대의 해상무역이란 상시적인 해적질과 침략행위를 동반하는 일이었으니 폴리스들 간에는 크고 작은 전쟁이 끊이지 않았다.

폴리스는 통상 도시(국가)로 번역되지만 원래 뜻은 성채(citadel)였다. 폴리스마다 전쟁용 요새로 구축한 아크로폴리스가 있었다. 아크로폴리스(Acropolis)는 '높은 폴리스', 즉 높은 지대에 구축된 성채를 뜻한다. 아테네의 아크로폴리스 역시 깎아지른 절벽과 성벽으로 둘러싸인 요새로서는 전쟁을 치렀던 그리스 사회의 징표였다.• 또한 전쟁으로 획득한 수많은 노예의 노동 아래 주인인 자유시민들이 이룬 직접 민주주의 사회의 상징이기도 했다. 그리스 사회의 가장 중요한 건축 생산 과제는 폴리스와 식민도시 건설이었다. 도시를 적의 공격으로부터 지키기 위한 성곽 건축이 무엇보다 우선적인 과제였으며 시민들의 정치활동과 공적 생활을 위한 아고라·경기장·원형극장, 그리고 신전 등의 공공건축물 건설도 주요 과제였다.

그리스 건축의 주류는 석회암을 재료로 기둥과 단순보 구조로 구축한 석조 건축이었다. 물론 생산력 수준이 낮았던 초기에는 목재를 사용한 목조 건축이 많았으나 점차 석조로 바뀌었다. 목재가 부족하고 석회암이 풍부한 자연환경 조건에 따른 변화였고, 고대 이집트 건축에서 보듯이 석회암이 석재 중에서는 비교적 가공이 쉬운 재료였기 때문이다. 그리스 건축이 초기에 목조였다는 것은 그리스 석조 건축의 형태에 남아 있는 목조 건축 형태 요소에서 잘 드러난다. 예컨대 도리스식 신전에서 페디먼트(pediment)는 박공벽의 형태를 석재로 표현한 것이고, 아키트레이브는 테두리보를, 코니스(cornice)는 서까래 지지부재(도리)를, 트리글리프(triglyph)는 보의 마구리 형상을 표현한 것이다. 목조 건축에서는 구조부재로 쓰였던 것들이 석조 건축에서는 구조적 기능은 없이 장식적 역할로 지속된 것이다.

석재, 즉 돌은 압축력은 충분히 강하지만 인장력은 기대할 수 없는 재료다. 이를 '기둥-단순보' 구조로 사용한다는 것은 사실 지극히 비효율적이고 현명치 못한 방식이다. 늘어

• 아테네가 페르시아전쟁(기원전 499~449)에서 승리하며 세력이 강대해진 기원전 490년경부터 파르테논 신전 등이 건축되면서 성소 성격이 큰 장소로 변했다.

8 고전기 그리스 주요 폴리스와 지역 언어 분포도

9 성채 아크로폴리스 전경, 그리스 아테네

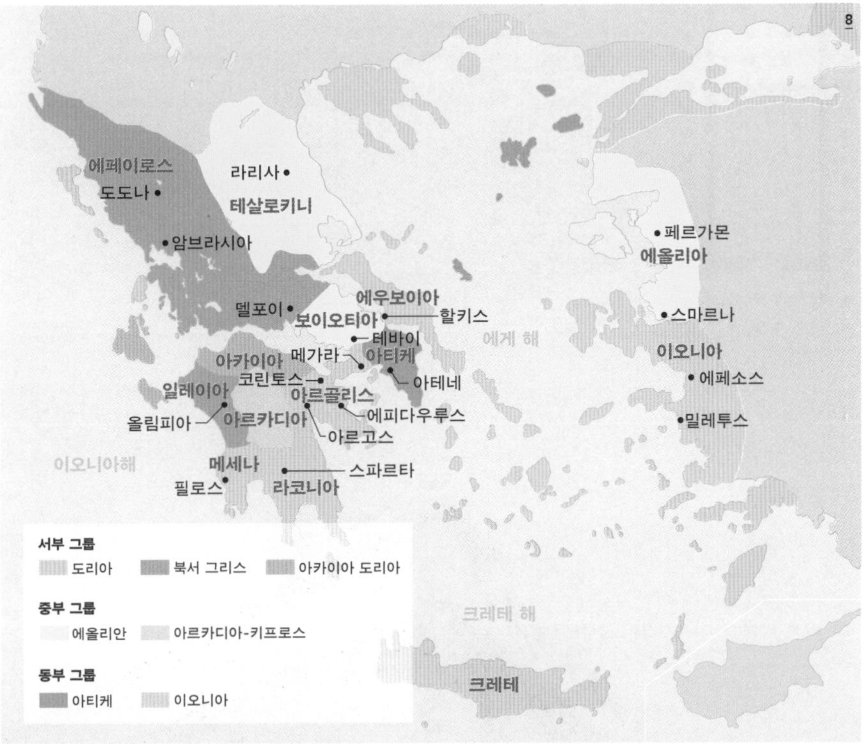

10

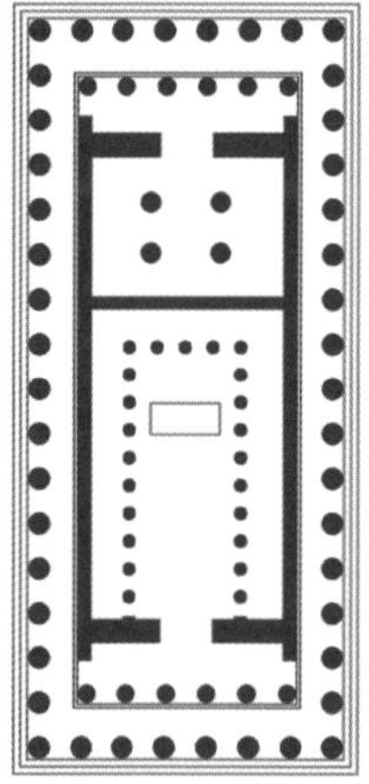

11

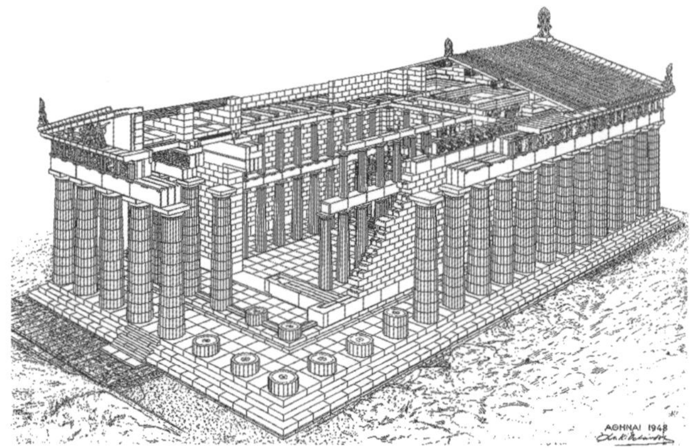

12

10 파르테논 신전 평면도

11 그리스 신전의 구성(파르테논 신전)

12 파르테논 신전 전경, 그리스 아테네

나려는 힘에 견디는 인장력이 약한 석재로는 보의 길이, 즉 기둥과 기둥 사이의 간격을 넓힐 수 없다. 기둥이 빽빽이 들어서는 것이 불가피해 넓은 내부공간을 얻기가 불가능하다. 따라서 석재 기둥-보 구법은 실용적 건물보다는 주로 대규모 기념비 건축물, 즉 신전이나 아고라 등에 사용되었다. 이들 공공건축물은 그리스에서 생산되는 목재의 양으로는 감당할 수 없는 큰 규모와 기념비적 표현을 필요로 했다. 온화하고 건조한 기후 덕에 신전 의식이 외부에서 진행돼 내부공간의 필요성이 크지 않았으므로 외부공간의 배경이자 그늘을 만들어주는 역할이면 충분했을 것이다. 단순보 열주랑이 이에 제격이었음은 쉽게 짐작할 수 있다. 한편, 주거 건물 등 내부공간이 필요한 기능적 건축물들은 내력벽 조적 구조에 목조 지붕과 테라코타 기와를 사용했다. 그리스 신전 역시 목조 지붕틀에 테라코타 기와를 덮었고, 내부에 신상을 모시는 공간은 내력벽 구조로 되어 있다. 그럼에도 불구하고 그리스 건축의 주인공은 단연 기둥-단순보 구조의 그리스 신전이다. 그것이 그리스 지배 계층의 대표적 건축 과제 중 하나였을 뿐 아니라 지금까지 이어지는 그리스의 이상주의를 가장 잘 표현하고 있다고 믿기 때문이다.

석재 기둥-보 구조 건축의 필연적 한계는 짧은 기둥 간격이다. 파르테논 신전(기원전 447~438)의 경우 불과 4.3미터 정도이며 기둥 두께를 빼고 남는 간격은 3미터가 채 안 된다. 기둥 상부에 놓인 석재 보 대부분은 중앙에 균열이 나 있다. 보 양끝이 다른 부재에 밀착되어서 무너지지 않고 지탱하고 있을 뿐이다. 더 큰 신전을 건축하려면 당연히 더 넓은 스팬이 필요하다. 그래서 그리스 신전에는 스팬을 확대하려는 눈물겨운 노력이 점철되어 있다. 주두(capital)는 스팬을 조금이라도 크게 하려는 노력의 결과로 나온 것이다. 보

13 히에론 신전의 삼각형 석재보, 그리스 사모트라케, 기원전 4세기

14 프로필레아 철 막대 삽입 석재보*, 그리스 아테네, 기원전 432~437

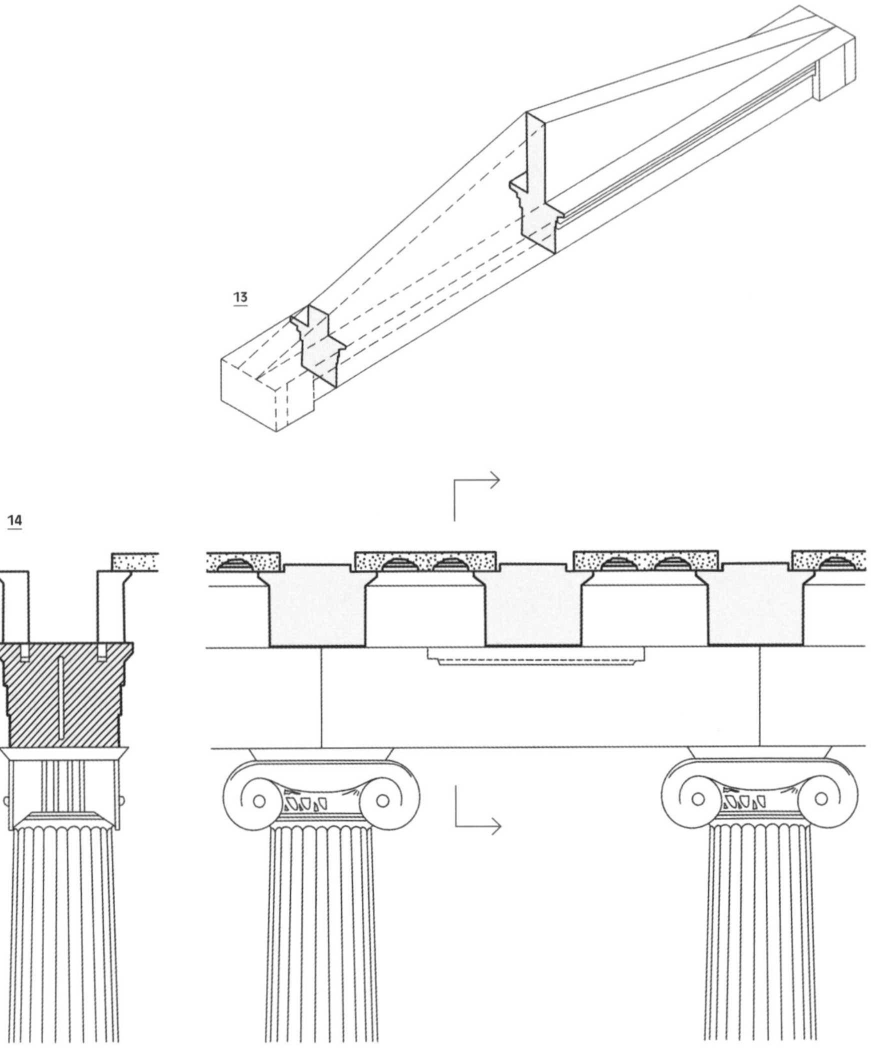

* 두께 51센티미터, 길이 183센티미터 대리석 두 개를 겹쳐 만든 보 윗면에 홈(길이 91센티미터, 깊이 14센티미터, 폭 7.6센티미터이고 양끝에 턱이 있다)을 파고, 이 홈의 양쪽 턱에 철 막대를 걸치도록 배치했다. 보 중앙에 부담하는 천장 구조물의 하중이 철막대를 통해 기둥 쪽으로 전달되도록 하려는 장치다. 프로필레아에는 이런 철 막대가 16개 사용되었다. 발견 당시 철 막대는 모두 부식되어 사라지고 녹슨 흔적만 남아 있었다.

를 지지하는 기둥 윗면을 가급적 넓혀서 기둥 간격을 조금이라도 넓히려 한 것이다. 석재 보를 만드는 데도 엄청난 노력이 들어가 있다. 파르테논에서는 판석을 세워서 세 켜를 겹친 보를 사용했으며, 사모트라케섬의 히에론 신전(기원전 4세기)에서는 삼각형 석재 보를 사용한 사례도 있다. 모두 석재 보 중앙의 균열 현상을 줄이려는 노력의 결과다. 가장 정교한 사례는 아테네 아크로폴리스의 프로필레아(기원전 432~437)에서 발견되었다. 석재 보 상부 중앙에 홈을 파고 위에 철 막대를 묻어서 보 중앙에 작용하는 하중이 최대한 기둥 쪽에 걸리도록 했다.

그리스 신전은 잘 짜인 비례와 그 비례감을 시각적으로 유지하기 위한 정교한 조정으로 유명하다. 이는 그리스 건축의 우월함을 증명하는 가장 유력한 근거로 거론된다. 그중에는 과장된 것도 적지 않다. 도리스식 신전(파르테논)에서 모서리 쪽 기둥 간격을 약간 좁힌 것은 시각적 균형감 때문이 아니라 트리글리프의 간격을 일치시키기 위한 불가피한 선택이었다.• 비트루비우스는 트리글리프가 있는 도리스식 기둥 사용이 불가피한 경우 이 문제를 해결하기 위한 방법을 자세히 기술하고 있다. 기둥의 배흘림(entasis)도 여러 지역에서 흔히 쓰인 수법으로 그리 대단한 것이라 할 수 없다. 파르테논이 황금비율을 기초로 설계되었다는 주장도 별로 근거 없는 것이라는 반증들이 나오고 있다. 그러나 열주들이

• 모서리 기둥에서 트리글리프를 기둥의 중심에 맞추면 트리글리프가 아키트레이브 모서리에 일치하지 않는 문제가 발생한다. 기둥 간격을 유지한 채 트리글리프를 아키트레이브 모서리에 맞추면 트리글리프 간격이 모서리 쪽에서만 넓어지는 문제가 생긴다. 트리글리프 간격을 일정하게 두고 모서리에 맞추려면 마지막 기둥 간격을 약간 짧게 하는 수밖에 없다. 파르테논 건축가는 후자를 선택했다. 트리글리프 간격이 달라지는 것보다는 기둥 간격이 달라지는 것이 눈에 덜 띄기 때문이다.

받치고 있는 보들이 이루는 긴 수평적 형태 때문에 중앙이 처져 보이는 시각적 왜곡을 막으려고 중앙부 높이를 약간 높여 곡선형으로 건축한 정교함은 놀랄 만하다. 파르테논의 경우 각각 69.6미터, 30.9미터인 장단변 기단 면과 아키트레이브는 정확한 수평이 아니라 중앙부가 몇 센티미터(단변 쪽으로는 6센티미터, 장변 쪽으로는 11센티미터) 미세하게 높은 곡선으로 설계되어 있다. 이 곡률은 신전의 기단 바닥에서부터 같은 높이의 기둥들을 지나 상부구조인 엔타블러처 전체에 적용된다. 기단 바닥이 미세하게 경사져 있으므로 기둥과 내부 벽체, 상부구조를 구성하는 모든 부재가 미세하게 이 곡률에 맞추어 가공되어 있다. 모든 부재가 미세하게 다른 형상으로 가공되었다는 얘기다. 이 때문에 파르테논 복원 작업에서 아크로폴리스에 뒹굴던 부재 각각의 원래 위치를 정확히 찾을 수 있었다 한다. 이러한 미세한 조정은 엄청난 노력과 비용 없이는 할 수 없는 일이다. 현대의 건축 생산에서도 정교한 설계 아래 값비싼 건축비를 감수해야 한다. 요즘에 비한다면 생산력 수준이 형편없이 낮은 수준이었던 고대 그리스에서 이것이 어떻게 가능했을까?

원래 파르테논 신전은 페르시아전쟁의 결정적 전투였던 마라톤 전투에서 아테네가 승리한 직후인 기원전 488년에 건설되기 시작했으나, 다시 침공한 페르시아에 의해 기원전 480년 파괴되었다. 이후 계속된 페르시아와의 전쟁에서 아테네가 최종적으로 승리한 후인 기원전 447년 당시 아테네 정치를 이끌던 페리클레스의 주도로 지금의 파르테논으로 재축되었다. 파르테논을 위시한 아테네 재건 비용은 당시 전쟁 승리로 델로스동맹의 맹주로서 위세가 정점에 달했던 아테네가 동맹 폴리스들로부터 받아낸 것이다. 결국 파르테논의 비례감과 정교한 형태 조정은 아테네 사회의 경제를 떠

15 도리스식 오더 신전에서의 모서리 처리 문제

16 파르테논 신전의 시각적 형태 보정을 위한 높이-기울기 조절

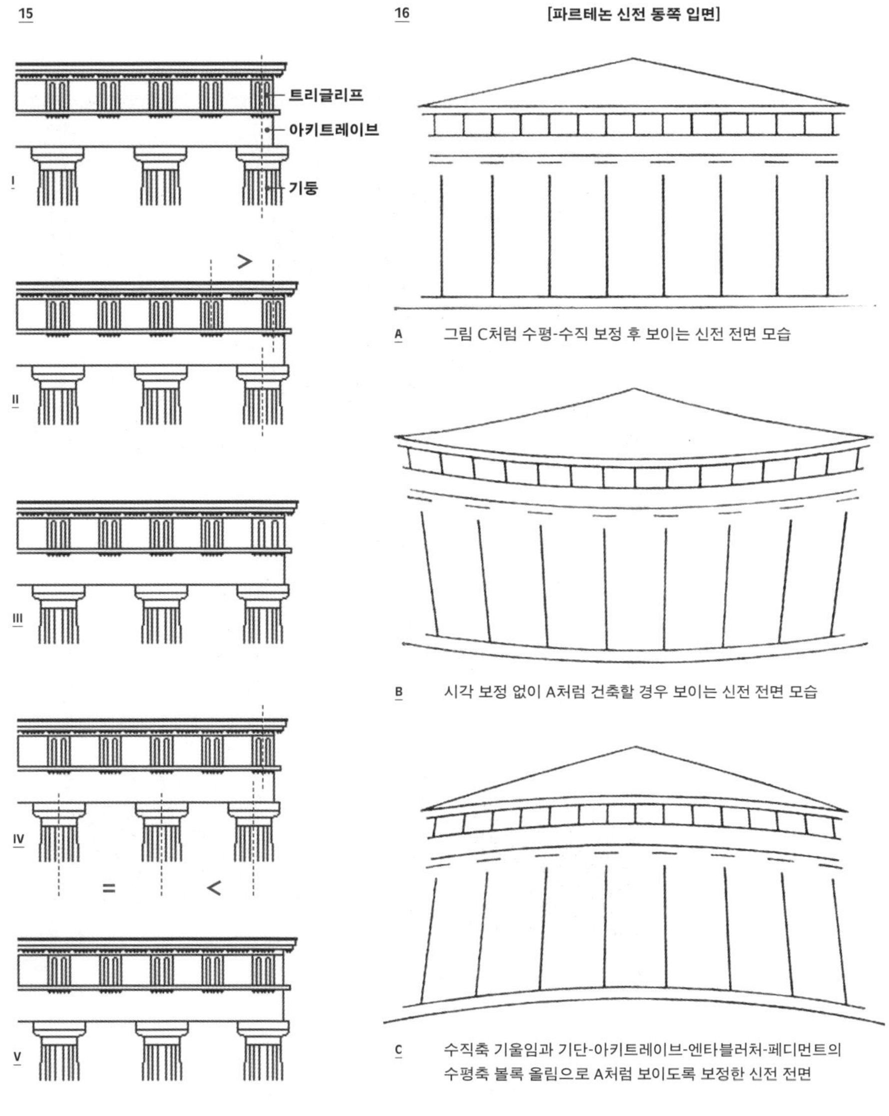

A 그림 C처럼 수평-수직 보정 후 보이는 신전 전면 모습

B 시각 보정 없이 A처럼 건축할 경우 보이는 신전 전면 모습

C 수직축 기울임과 기단-아키트레이브-엔타블러처-페디먼트의 수평축 볼록 올림으로 A처럼 보이도록 보정한 신전 전면

17 파르테논 신전 내부 아테네상 복원 모형, 로열 온타리오 박물관, 캐나다 토론토

받치는 노예제도와 동맹 폴리스들에 대한 수탈을 통해 이룩한 것이었다. 그럼에도 그것이 놀랄 만한 성취였다는 사실은 변함없지만 말이다.

‘크기-비례-재료 강도’의 삼각관계: 고전주의 건축 규범의 기초

그리스 신전 건축으로 대표되는 비례는 고전주의 건축 담론의 핵심을 이루는 가장 중요한 규범이다. 부분과 전체의 조화를 원리로 하는 우주의 구성 법칙, 그로 인해 획득되는 완전한 아름다움을 건축에서 재현할 수 있도록 해주는, 혹은 그렇다고 믿는 최고의 규범이다. 이 비례 규범은 서양 건축의 전통적 가치로 인정되며 한국 건축계에서는 ‘우리는 갖지 못한 유산’이라는 부러움 속에 많은 건축학도들을 부지불식간에 주눅 들게 하는 원천이기도 하다.

그런데 비례는 정답이 정해져 있는 것이 아니다. 세상의 모든 건축은 서로 다른 비례를 갖고 있다. 이 수많은 비례 중에서 어떤 비례가 ‘완전한 아름다움’을 구현하는 비례라는 말인가? 어떤 특정 비례가 다른 비례에 비해 아름다움과 완전함을 보장하는 규범이 되는 근거는 무엇인가? 그런 것이 있기는 한가? 예컨대 기둥 간격과 기둥 두께의 비례가 1:2이면 아름답고 1:5라면 아름답지 않은 이유나 근거는 무엇인가? 그리스·로마 건축의, 아니 정확히는 로마 건축을 전범으로 고전주의 규범을 만들어낸 르네상스인들은 무엇을 근거로 이런 비례 규범을 만들었을까?

이 문제를 따져보기 위해서는 우선 사물의 ‘크기’와 ‘비례’, 그리고 그 사물을 구성하는 ‘재료의 강도’ 사이의 관계를 이해해야 한다. 소인국에 간 걸리버의 키는 소인국 사람들의 몇 배나 될까? 걸리버는 거인국에도 간다. 거인국 사람들의 키는 걸리버의 몇 배일까? 그림책이나 영화마다 다르지만 편의상 10배라고 치자. 키가 10배라면 몸무게는 몇 배

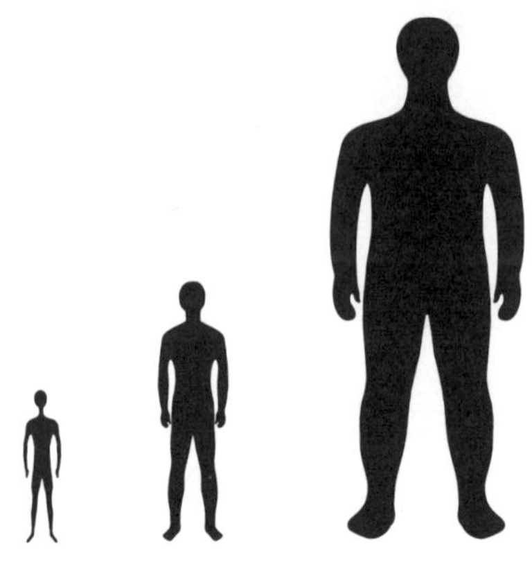

18 키 차이에 따른 신체 비례 변화

일까? 사람의 몸은 부피를 갖는 입체다. 입체를 10배로 확대하면 높이(길이)는 10배가 되지만 밑변 면적은 100배가 되고 부피는 1000배가 된다. 거인들의 키가 걸리버의 10배라면 몸무게는 1000배다. 문제는 여기에 있다. 키가 10배이니 다리 두께, 즉 다리 단면의 지름도 10배이고 다리 단면적은 100배다. 100배의 다리 단면적으로 1000배의 몸무게를 버티려면 어떻게 해야 할까? 거인의 다리, 즉 뼈와 근육이 걸리버의 그것에 비해 10배 강해야 한다. 물론 무릎 관절이 버틸 수 있는 허용 강도도 10배여야 한다. 걸리버 여행기에 거인국이나 소인국 주민의 뼈와 근육의 강도에 대한 설명까지는 나오지 않지만 내용으로 보아 신체 크기만 다를 뿐 동일한 영장류로 보는 것이 상식일 듯하다. 다리 뼈와 근육의 재료도 걸리버와 같고 그 강도도 같다고 봐야 한다. 그렇다면 걸리버 여행기 그림책과 영화에 나오는 거인이나 소인의 모습은 죄다 잘못된 것이다. 거인들의 다리와 무릎은 100배밖에 안 되는 단면적으로 1000배나 되는 몸무게를 버틸 수 없을 것이니 서 있는 것조차 불가능할 것이다. 소인들은 거꾸로 (그들의 키가 걸리버의 10분의 1이라 치면) 몸무게가 걸리버의 1000분의 1밖에 안되는데 다리 단면적은 그 10배인 100분의 1이니 지나치게 굵은 다리를 갖고 있는 셈이다.

이 오류를 제대로 잡으려면 어떻게 해야 할까? 당연히 거인의 다리 단면적은 걸리버의 1000배가 되어야 하고 다리의 굵기, 즉 지름은 31.6배(루트 1000배)가 되어야 한다. 키는 10배인데 다리 굵기는 31.6배이니 거인의 몸은 곰보다도 훨씬 퉁퉁한 비례여야 한다. 소인은 거꾸로 다리가 31.6분의 1로 가늘어져야 합리적이다. 이것이 구조역학적으로 합리적이고 인간을 포함한 모든 자연물의 형상은 이러한 원리에 따르고 있다. 곰이나 코끼리의 몸이 인체에 비해 퉁퉁한 비례인 것은 그들이 인간보다 키가 크기 때문이다. 몸무게는 키(길이)의 세제곱에 비례하니 다리 단면적 역시 이에 맞추어 커져야 하므로 키와 다리 두께의 비례가 인간의 그것보다 훨씬 퉁퉁해진다. 거꾸로 인간보다 작은 동물의 몸은 인간보다 홀쭉하다. 방아깨비의 몸과 다리 두께 비례를 인체의 비례와 비교해보라.

자연물의 비례는 그것의 크기와 그것을 구성하는 재료의 강도에 따라 결정된다. 인간 신체의 비례는 인간의 키와 인체 재료(뼈와 근육) 강도의 역학적 관계의 결과물인 셈이다. 인간이 휴먼스케일에서 편안함이나 친근감을 느끼고, 특정한 인체 비례(팔등신!)에서 균형감을 느끼는 것은 순전히 인체의 '크기-비례-재료 강도'의 관계에서 결정된 비례감에 근거한 것이다. 코끼리나 방아깨비 입장에서라면 그들은 전혀 다른 스케일과 비례에서 편안함과 균형감을 느낄 것이다.

다시 고전주의 비례 규범으로 돌아가보자. 그리스·로마인들, 르네상스인들이 규범화한 비례 법칙의 근거는 무엇일까? 그리스·로마시대부터 르네상스시대를 지나 18세기까지 서양의 주요 건축 재료는 석재였다. 그리스에서는 석재를 단순보 구조로 구축했고 이는 석재 보 길이, 즉 기둥 간격의 한계가 불가피함을 의미한다. 즉, 석재 기둥-보 구조의 건축은 기둥 간격의 한계가 3~4미터로 정해져 있다. 기둥 높이 역시 한계가 있다. 높은 기둥일수록 두께가 두꺼워져야 하는데(기둥 무게를 견뎌야 하기 때문이 아니다. 석재는 압축강도가 충분히 크므로 무게[압축력]를 견디는 것은 별문제 없다. 기둥이 높을수록 수평 방향 하중, 즉 기둥을 넘어뜨리려는 힘이 커지므로 이를 견디기 위해서는 자중이 커져야 하기 때문이다. 이에 대해서는 '고대 로마 사회와 건축 생산' 이하 내용에서 상술한다) 두껍고 큰 석재를 구하거나 가공하는 데에 한계가 있기 때문이다. 결국 석재 단순보 구조인 그리스 건축은 기둥 간격과 높이에 일정한 한계를 갖는 것이 불가피하다. 그리스 건축에 대규모 건축이 없는 이유다.

이러한 '크기-비례-재료 강도' 삼각관계는 서양 건축 역사 속 여러 현상을 설명해준다. 고대 이집트 신전은 그리스와 동일하게 석재 단순보 구조를 사용했기 때문에 기둥 간격도 비슷하게 좁다. 그러나 기둥 높이와 두께는 훨씬 높고 두껍다. 이는 이집트 왕권이 그리스에 비해 훨씬 큰 석재를 채취하고 가공할 수 있는 능력이 있었기 때문이다. 결과적으로 그리스 건축과 기둥 간격은 같지만 기둥 두께와 높이가 다른 비례를 갖는다. '크기-비례-재료 강도' 삼각관계에서 '크기'에 대한 구현 능력이 달랐기 때문에 비례가 달라진 것이다.

그리스인들이라 해서 큰 규모의 건축물을 지으려는 욕망이 없었을 리 없다. 가장 규모가 큰 그리스 신전은 기원전 5세기 시실리 아그리젠토에 지어진 올림피아 제우스 신전(기원전 500~460)이다. 전쟁 때문에 준공을 못하고 파괴된 것으로 알려진 이 신전은 현재 기단부만 남은 상태인데, 기단 넓이가 가로세로 51.3미터, 112.7미터이고 높이가 약 20미터로 그리스 신전 중 최대 규모다. 파르테논이 30.9미터, 60.5미터에 높이 13.7미터인 것과 비교하면 길이로 거의 2배(무게는 8배) 가까이 큰 규모다. 그러나 재료가 석재이기는 마찬가지다. 이 높이의 신전을 파르테논과 동일한 비례로 건축하려면 파르테논보다 더 두꺼운 기둥을 더 큰 간격으로 세워야 한다. 하지만 기둥 간격, 즉 석재 보 길이는 더 길게 할 수 없으니 같은 간격으로 세운다면 파르테논과는 전혀 다른 이집트 신전에 가까운 비례가 될 터이다. 그러나 그리스인들은 이집트인들처럼 하지 않았다. 기둥 간격을 7.5미터(기둥 안목길이 약 4미터)로 확대했다. 높아진 만큼 기둥 간격을 띄워서 다른 신전들과 비슷한 비례가 되도록 한 것이다. 그런데 이 간격을 석재 보가 견딜 리 없다. 어떻게 했을까? 그리스인들이 선택한 방법은 기둥과 기둥 사이에 벽체를 쌓아 올려 아키트레이브를 지지하는 것이었다. 대신에 이 벽체를 기둥에서 최대한 깊숙이 안쪽으로 들여 쌓았다. 마치 벽체 없이 기둥으로만 지지되는 것처럼 보이도록, 즉 다른 신전들과 비슷한 비례의 기둥-보 건축물로 보이도록 하기 위해서였다. 이렇게 하면 결과적으로 아키트레이브가 벽체에 편심으로 지지되는 불안정한 구조가 된다. 이를 보완하기 위해 기둥 사이에 기둥 역할을 하는 아틀라스 거인상을 배치했다. 이 사례는 당시 그리스 건축에는 이미 비례 범위에 대한 어느 정도의 규범적 관행이 성립되어 있었고, 석재의 한계 속에서 이를 벗어나지 않으면서 큰 규모의 건축을 하려는 분투가 있었음을 말해준다.

로마 건축은 똑같이 석재를 사용하면서도 기둥과 기둥 사이를 보가 아니라 아치·볼트·돔으로 덮음으로써 기둥 간

19 올림피아 제우스 신전 복원 모형, 이탈리아 아그리젠토, 기원전 500~460

20 거신상이 있는 올림피아 제우스 신전의 입면도와 단면도(부분)

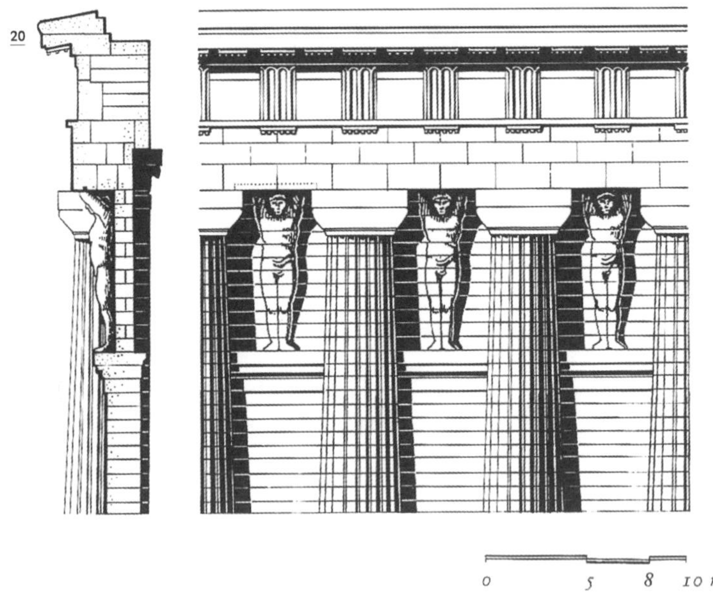

격의 한계를 벗어난 대규모 건축이 가능했다. 아치나 볼트의 폭과 높이를 무한정 크게 할 수는 없었지만• 그리스 건축에 비해서는 확실히 기둥 간격이 커지고 높이도 높아졌다. 결과적으로 그리스와는 다소 다른 기둥 간격-높이 비례가 등장하면서 로마 건축에서는 그리스의 비례와 로마의 비례가 함께 나타났다.

10~13세기 로마네스크 건축과 고딕 건축에서는 그리스·로마 건축의 비례를 의식하지 않은 채 건축구법이 전개되었다. 로마네스크 건축에서는 로마와 유사한 방식으로 아치나 볼트 구법이 사용되었으므로 기둥 간격도 로마 건축과 비슷했다. 건축물의 높이도 로마 건축과 엇비슷했는데 높이가 높아지면 기둥과 벽 두께가 두꺼워졌다. '로마네스크'(romanesque, 로마스러운)라고 부르는 이유다. 고딕 건축에서는 높이가 더욱 높아지고 플라잉버트레스(flying buttress) 채용으로 내부 기둥 두께는 가늘어진다. 당연히 그리스·로마 건축과는 전혀 다른 비례다. 이는 르네상스기에 규범화 대상에 들어가지 않았다. 고딕 건축이 서양 건축사에서 특별한 대상이 되는 이유다.

이렇듯 서양 건축 역사에서는 석재를 사용하면서도 자못 서로 다른 건축구법이 전개되었고 이들은 당연히 비례에서도 차이가 났다. 이들 중에서 고대 로마 건축의 구법과 비례가 건축의 본질, 즉 '부분과 전체의 조화를 이루는 질서'를 구현하는 규범으로 르네상스시대에 다듬어진 것이다. 이 규범은 강한 재료인 철이 새롭게 등장하는 18세기에야 와해된

• 아치·볼트·돔의 폭이 커질수록 높이가 높아지고 이를 축조하기 위해 밑에서부터 구조물을 받쳐야 하는 거푸집과 비계 설치량이 기하급수적으로 늘어난다는 것이 가장 커다란 제약이었다. 이에 대해서는 '고대 로마 사회와 건축 생산'에서 다시 다룬다.

다. 결국 고전주의 규범의 핵심인 비례체계는 그리스 건축 이래 서양 건축의 재료였던 석재를 조건으로 성립한 구법들 중 하나를 토대로 만들어진 '임의적'인 것이다. 동양의 전통 건축이 목재를 조건으로 성립된 구법과 비례 원리를 갖는 것과 마찬가지일 터이다.

고대 로마 사회와 건축 생산

고대 로마 사회는 그리스보다 200년쯤 늦은 기원전 6세기에 국지적 부족국가체제를 벗어나 세습귀족 지배체제로 진입했다. 점차 빈부 격차가 심해지고 채무를 갚지 못한 자유시민이 세습귀족에 의해 노예가 되는 현상은 그리스와 마찬가지였으나 그 진행 방향은 달랐다. 그리스는 기원전 6세기 초 솔론의 개혁으로 시민들의 채무를 탕감하고 자유시민 중심의 사회체제를 구축하면서 본격적인 고전문명기로 진입했다. 그러나 로마는 이와 달리 세습귀족이 지배 권력을 유지한 상태에서 기원전 5세기 무렵 공화정체제로, 그리고 기원전 3세기 무렵에 고전문명기로 진입했다. 그리스 같은 개혁 없이 '대귀족 계급과 무산 자유시민' 사회로 나아간 것이다. 로마 시내가 빈곤한 무산시민들로 북적대는 문제는 있었지만 대귀족 계급이 이끄는 과두정체제는 정복 전쟁에 효율적이었다. 전쟁으로 획득한 토지와 노예를 대귀족들이 차지하면서 기원전 3세기 말 무렵 대규모 노예제와 대규모 토지 소유제에 기반한 로마문명의 전성기가 시작되었다. 기원전 225년 이탈리아 지역의 인구는 자유민 440만 명에 노예 60만 명이었으며, 기원전 43년에는 자유민 450만 명에 노예 300만 명으로 증가했다.

그리스가 문명 지역인 에게해안 일대를 '침략'했다면, 로마는 이들 문명 지역을 포함한 지중해 전 지역을 점령하고 이를 넘어서 당시 원시 상태, 혹은 부족집단으로 흩어져 있

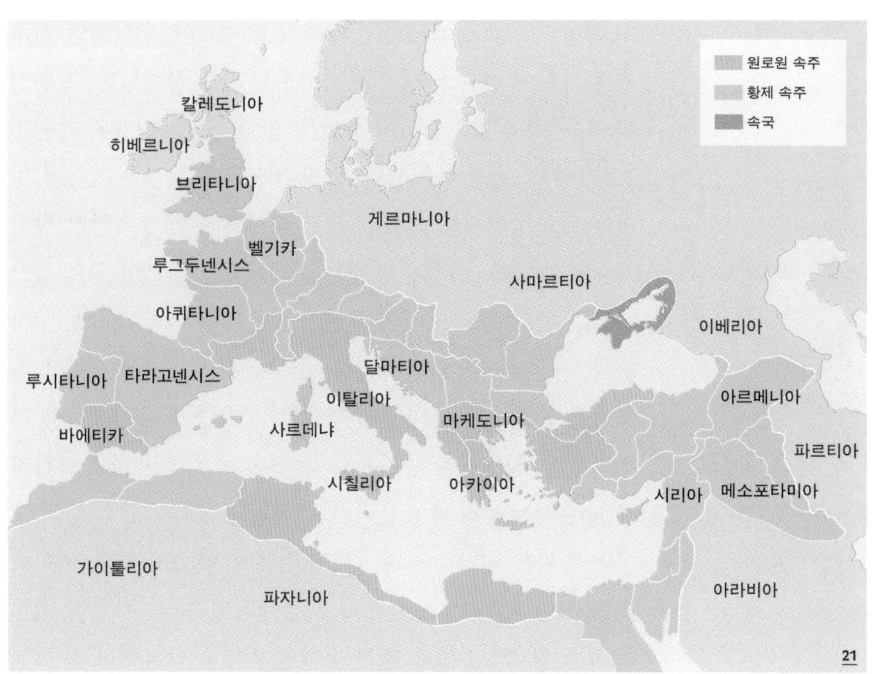

21 로마 제국 최전성기 지배 영역, 117

던 상태였던 알프스 이북 중서부 유럽을 정복하고 '개척'했다. 이들 속주에 건설된 도시들은 로마에서 이주한 귀족과 새로이 로마 귀족 계급에 편입된 속주의 기존 지배층이 주변의 노예농업 지역을 통치하고 여기에서 생산되는 잉여 농산물을 집결시키는 거점이었다. 도시에는 새로운 자유시민들을 위한 공공건축물이 지어졌고 도시 주변은 관개시설 등을 건설해 노예제 농업 생산체제를 갖춘 지역으로 개척되었다. 한편 문명 지역인 동방의 점령지에 대해서는 로마화하기보다는 기존 지배 세력 중심의 사회질서를 유지한 채 보호령을 설치하고 세금을 징수하는 방식으로 지배했다.

영토 확장으로 로마에 집중되는 부가 커짐에 따라 로마 내에서 권력층의 세력 다툼과 내란이 계속되면서 귀족 계급의 집단적 공화정체제가 동요하기 시작했다. 무산시민 인구가 증가하여 여론 통제가 어려워지는 것도 문제였다. 기원전 27년, 권력투쟁의 승리자인 아우구스투스 황제(재위 기원전 27~기원후 14)가 즉위했다. 확장된 영토의 통치에 한계를 드러낸 공화정체제가 막을 내리고 대제국 통치에 적합한 왕권체제로 변화한 것이다. 황제는 군대를 직업적 상비군 중심으로 재편하고 수도 로마의 무산시민에 대한 곡물 배급을 강화했다. 공공건축사업을 확대하여 무산시민에게 일자리를 제공하는 한편 공공편의를 증대했고, 부유층에게는 세금을 더 부과했다. 원로원을 중심으로 한 귀족 계급의 반대를 혁파하고 속주에서의 징세를 둘러싼 부패를 정비하는 등 일련의 개혁이 성과를 내면서 이후 2세기 말까지 약 200년간 소위 '팍스 로마나'라 불리는 안정기가 전개되었다. 이 기간에 영토는 계속 확대되었고 로마는 평화와 번영을 만끽했다. 도시들은 경쟁적으로 공공건축사업을 펼치며 시민의 편의를 도모하고 도시의 위엄과 아름다움을 가꾸었다.

대제국 경영에 필요한 장치였던 건축의 생산은 로마 사회 최대 과제 중 하나였다. 광대한 영토에 수많은 도시가 건설되었고 이에 필요한 도로·교량·수도교 등 거대한 토목구조물들이 건설되었다. 제정시대에 들면서 도미티아누스궁전(81~92), 하드리아누스 별궁(125~135), 디오클레티아누스궁(295~305) 등 황제 및 지배자의 궁전은 물론이고, 로마뿐 아니라 속주의 도시들에 시민들의 정치활동과 공적 생활 및 오락을 위한 건축물인 포룸·바실리카•·원형극장·경기장·목욕장 등이 지어졌다. 그리스와 유사한 다신 신앙 문화였으므로 신전 건축도 성행했으며 황제의 위업을 기념하는 개선문이나 기념주 등도 주요한 건축물이었다. 검투사들의 실제 검투 경기로 유명한 로마 최대 규모의 원형경기장 콜로

22 하드리아누스 별궁 모형, 이탈리아 티볼리, 125~135

23 디오클레티아누스궁 복원도, 크로아티아 스플리트, 295~305

• 포룸(forum)은 그리스 아고라와 유사한 성격의 정치·상업 집회 공간으로 신전·바실리카 등과 연결되어 건축되었다. 바실리카(basilica)는 시장·집회장·재판소 등으로 이용된 건축물로서 교회당 건축의 원형이 된다.

24 포룸 로마눔, 이탈리아 로마, 기원전 7세기~기원후 4세기경

25 트라야누스 기념주, 이탈리아 로마, 106~113

26 티투스 개선문, 이탈리아 로마, 81

세움(70~80)과 메종 카레(기원전 16), 판테온(118~125) 등의 신전이 대표적 사례다. 기념 건축으로는 로마의 티투스 개선문(81), 트라야누스 기념주(106~113) 등이 있다.

엄청난 규모의 토목구조물들을 건설했다는 것 이외에 로마의 건축 생산이 그리스와 가장 다른 점은 대형 내부공간을 갖는 건물이 대거 지어졌다는 사실이다. 석재 단순보 구조로는 그리스보다 인구가 훨씬 많은 도시에 필요한 건축에 대응할 수 없었다. 동방에서 발전한 아치·볼트·돔 구축기술이 로마에서 활발히 사용되면서 건축 생산의 주인공이 되었다. 아치·볼트·돔은 작은 크기의 석재들을 쌓아서 대형 구조물을 축조하는 구법이다. 이에 따라 로마에서는 구운 벽돌과 작은 석재를 사용한 조적기술이 발달했다.

그러나 아치·볼트·돔만으로는 로마의 엄청난 건축 생산 규모를 설명하기에 부족하다. 로마의 대규모 건축은 포촐라나(pozzolana)•와 콘크리트라는 재료가 있었기에 가능했다. 그리스 건축에는 석회 모르타르가 사용되었었다.•• 석회는 화학작용에 의한 경화가 매우 느리고 건조 및 양생에도 긴 시간이 걸린다. 이에 비해 포촐라나는 현대의 포틀랜트 시멘트와 비슷하게 빠른 시간에, 수중에서도 화학적 양생이 가능한 재료다. 고대 로마인들은 포촐라나에 잡석이나 벽돌을 혼합하여 콘크리트로 타설하는 시공 방법을 주로 사용했다.••• 예컨대 판테온의 원형 외벽 두께는 6미터에 이르는

• 알루미노 규산염 성분을 갖는 화산재의 일종으로, 이탈리아 나폴리 인근의 포추올리(Pozzuoli)에서 발견된 데에서 유래된 이름이다.

•• 그리스 건축은 대형 석재를 쌓은 단순보 구조이지만 여기에도 모르타르는 반드시 필요하다. 석재 표면이 완전히 평탄할 수 없으므로 모르타르 없이 석재를 쌓으면 상부 석재와 맞닿는 특정 지점에 하중이 집중되면서 파괴되기 때문이다. 즉, 모르타르는 접착이 아니라 하중의 고른 분산을 위해 필수적이다.

데, 이는 양쪽에 벽돌벽을 쌓고 그 안에 콘크리트를 채워 넣는 시공 방법으로 건축된 것이다.

아치·볼트·돔

로마 건축에서 전개된 아치·볼트·돔 구조의 역학적 특성은 서양 건축 역사 이해에 필수적인 지식이다. 18세기 철 구조 건축이 등장하기까지 조적 구조를 사용했던 서양 건축에서 대규모 건축 생산에 따르는 가장 큰 난제는 조적 재료로 지붕을 덮는 일이었다. 18세기까지 서양 건축의 역사는 대규모 조적 건축물의 지붕을 덮는 기술이 발전해온 역사라 해도 과언이 아니다. 그리고 이 기술 발전의 중심에 아치, 볼트, 그리고 돔 구조가 있다.

아치

아치(arch)는 홍예석(voussoir)이라고 불리는 사다리꼴 단면의 부재들을 반원 형상으로 쌓아 모든 부재가 압축력만을 받도록 한 구조 형식이다. 부재 자체 하중과 아치에 실리는 하중은 모두 각 부재에 압축력으로 작용하여 지지 기둥이나 기초에 전달되는데, 최종적으로 수직 방향으로 작용하는 연직하중과 아치 양단에서 바깥 방향으로 벌어지려는 횡압(수평 추력, horizontal thrust)이 남는다. 압축력에 강한 석재가 사용되므로 압축력을 지지하는 것은 별다른 문제가 되지 않는다. 관건은 양단에 남는 횡압을 버티는 일이다.

아치 구조와 정반대로 하중이 작용하는 현수 구조(sus-

••• 로마제국의 쇠퇴와 함께 포촐라나 생산기술의 전수도 끊겼다. 비트루비우스의 『건축십서』가 발견되면서 책에 묘사된 로마 건축술과 더불어 석회에 포촐라나를 혼합한 모르타르도 다시 사용되기 시작했다. 포촐라나-석회 모르타르는 물속에서도 양생되는 장점이 있어 16~18세기에 건축 재료로 폭넓게 사용되었다. 물과 반응하여 양생되는 시멘트에 탐구 끝에 18~19세기에 보편적 재료(석회암)로 균질한 생산이 용이한 포틀랜드 시멘트가 발명되면서 포촐라나 사용이 줄어들었으나 여전히 보조적인 재료로 사용되고 있다.

pension structure)와 비교해보면 직관적으로 이해할 수 있다. 현수 구조는 줄에 하중을 매달아서 지지하는 구조다. 강철 케이블에 교량 상판을 매달아 지지하는 현수교가 전형적인 사례다. 철선은 인장력이 강하지만 압축력은 기대할 수 없는 재료다. 철선에 매달린 하중은 철선에 인장력으로 작용하고 양단에 안쪽 방향으로 오므라지려는 횡압이 남을 것임을 쉽게 이해할 수 있다. 아치 구조는 이와 완전히 반대로 모든 부재에 압축력이 작용하고 양단에 바깥 방향으로 벌어지려는 횡압이 작용한다.

아치의 스팬이 커지고 높이가 높아질수록 양단에 걸리는 횡압이 커지므로 이를 지지하는 부담이 커진다. 아치가 연속되는 연속아치의 경우에는 단위 아치들의 횡압이 상쇄되면서 마지막 아치에만 횡압이 남는다. 가르 수도교(1세기경) 같은 아치 교량이 효과적인 구조물인 이유다. 이 수도교는 높이 49미터의 3단 아치교를 295미터 길이로 건축했지만 횡압 지지는 시작점과 끝점에서만 하면 된다. 타원형 평면으로 외벽부에 아치를 연속시킨 콜로세움(70~80)의 경우는 모든 아치의 횡압이 전부 상쇄되는 더욱 효과적인 구조물인 셈이다.•

횡압 이외에 아치 구조에 따르는 큰 난점은 시공 중에 필요한 거푸집과 비계 설치다. 최상부 종석 높이까지 조적 작업용 비계를 설치해야 하고 모든 부재가 조적되어 아치 형

• 연속되던 아치가 방향을 바꿀 경우 그 지점에서 아치 축선 방향으로 이탈하는 횡압을 지지해야 한다. 그러나 콜로세움은 거대한 타원형 평면으로 외벽 곡률이 매우 작아서 아치 축선 방향으로 이탈하는 횡압도 작았으므로 이 문제가 크지 않았다. 현재는 외벽 일부가 무너진 상태로, 무너진 부위에 있는 단부 아치의 횡압을 지지하기 위해 버트레스 형태의 콘크리트 지지구조물로 보강한 것을 볼 수 있다.

27

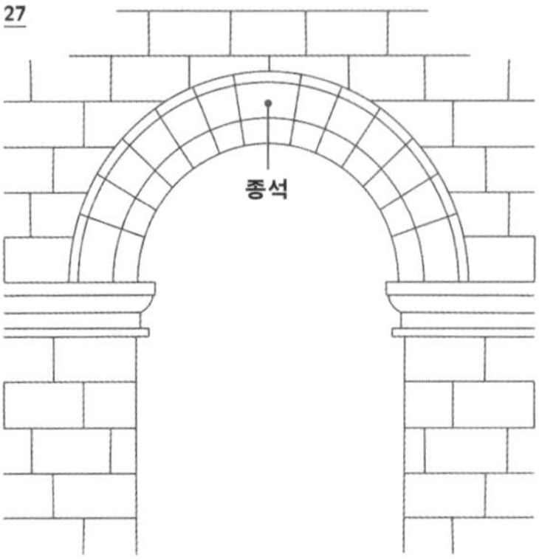

종석

28

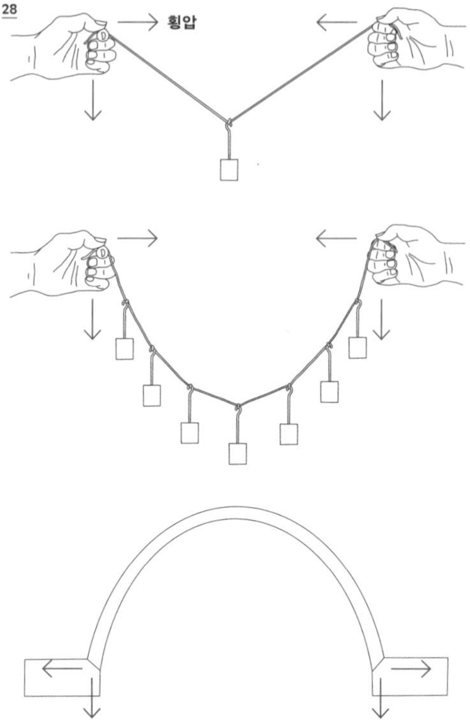

횡압

27 아치와 종석

28 아치 구조와 현수 구조 비교

29 아치 건설용 거푸집을 설치하는 모습

상이 완성되고 모르타르가 양생될 때까지 아치 하부를 지지할 거푸집 설치가 필요하다. 아치의 폭을 크게 할수록 높이가 높아져야 하므로 많은 양의 거푸집과 비계를 설치해야 하는데 여기에 소요되는 목재를 조달하는 것이 가장 큰 문제였다. 이 때문에 아치의 크기에는 일정한 한계가 있었고, 거푸집의 양을 줄일 수 있는 시공법이 궁리되었다. 가르 수도교의 아치 하부 기둥에는 공중 거푸집 설치를 위한 돌출부들이 남아 있다. 거푸집을 돌출부에 지지하여 설치함으로써 사용되는 목재의 양을 줄인 것이다. 또한 아치 두께를 동일한 형태의 가는 아치 두세 개를 나란히 붙여서 쌓은 것을 확인할 수 있는데, 이는 동일한 거푸집을 수평 이동하며 반복해 사용하는 방법으로 건축한 것이다.

홍예석을 이용한 아치 구축기술은 2500년 전 인더스문명 지역에서 출현하여 메소포타미아와 이집트를 거쳐 페르시아와 로마에서 폭넓게 사용되었다. 초기에는 아치의 규모도 작고 매우 두꺼운 홍예석을 사용했으나 구조적 안정성에 대한 자신감이 늘어가면서 기원전 1세기쯤에는 25미터에 이르는 스팬에 아치 반경의 10분의 1 두께로까지 줄인 홍예석을 사용한 아치 구조물이 건축되었다. 건축기술의 발전은 물론이고 로마 지배 세력의 권력과 부가 점점 커지면서 많은 양의 거푸집 조달이 가능해진 결과라고 해야 할 것이다.

횡압 지지와 거푸집 설치 문제는 아치뿐 아니라 볼트와 돔 구조에서도 마찬가지로 중요했다. 이는 18세기까지 서양 건축 생산에 따라다니는 가장 큰 과제였으며 이를 개선하고 해결하는 기술을 주축으로 서양 건축의 발전과 형태 변화가 진행되었다고 해도 과언이 아니다.

볼트 볼트의 가장 단순한 형태는 배럴볼트(barrel vault)다. 이는

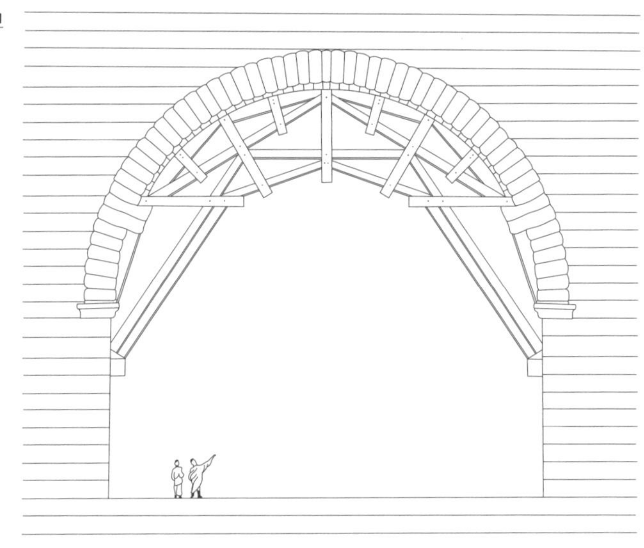

30 가르 수도교, 프랑스 베르 퐁뒤가르, 1세기경

31 가르 수도교 건설용 공중 거푸집

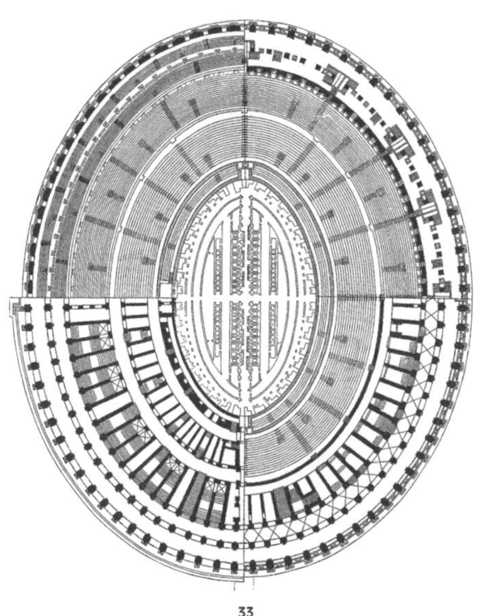

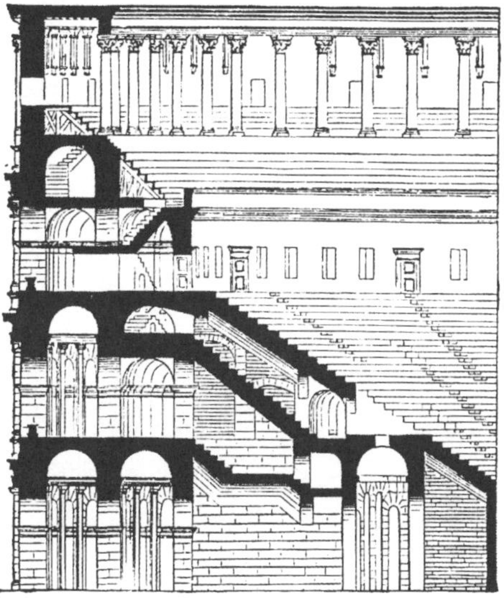

32 콜로세움, 이탈리아 로마, 70~80

33 콜로세움 평면도

34 콜로세움 단면도

아치를 두께 방향으로 연속하여 겹쳐 쌓은 듯한 구조물로서 폭(스팬)보다 길이가 긴 터널 모양으로 축조하는 것이 보통이다. 구조역학적 특성은 아치와 같아 바깥 방향으로 벌어지려는 횡압이 작용한다. 이 횡압을 버텨야 하기 때문에 볼트를 지지하는 벽체는 두꺼워야 하며 개구부 설치에도 한계가 있다. 따라서 배럴볼트는 폭이 좁고 긴 실내공간을 만드는 데 적당하다. 배럴볼트의 폭을 넓히려면 아치의 스팬을 크게 해야 하는데 스팬이 클수록 높이도 높아져서 지지해야 할 횡압이 커지고 거푸집 설치 부담도 커지는 문제가 발생한다. 천장이 높고 웅장한 단일한 내부공간을 건축하는 경우라면 어떤 구조 형식이든 횡압과 거푸집 부담이 커지기는 마찬가지이므로 특별히 배럴볼트의 문제라고 할 수 없다. 그러나 일정한 높이의 천장고를 확보하면서 넓게 연결된 내부공간을 확보하려 하는 경우에는 배럴볼트로는 한계가 있다.

로마인들은 볼트 건축에 콘크리트를 사용했다. 거푸집을 제작·설치하고 그 위에 포촐라나 시멘트와 잡석을 혼합한 콘크리트를 타설하는 것이다. 이는 석재나 벽돌을 조적하는 것보다 훨씬 효율적인 방법이었다. 콜로세움이나 원형극장의 관람석 하부는 상부 구조물을 지지하며 통로공간을 만드는 배럴볼트들로 이루어져 있다. 폭이 좁은 배럴볼트들을 콘크리트로 건축할 경우 매우 효과적임을 보여주는 사례다. 문제는 넓은 내부공간을 얻으려는 경우다. 커지는 횡압 지지와 막대한 양의 거푸집 조달은 부담스러운 과제였다.

이 문제를 해결하기 위해 발전한 볼트 구조가 교차볼트(cross 또는 groined vault)다. 교차볼트는 배럴볼트 두 개가 직교하는 형태로서, 사면이 개방된 채 네 개 기둥만으로 지지되는 사각형 공간을 만들 수 있다. 교차볼트를 사방으로 연속시키면 일정한 간격으로 기둥만 있는 대공간이 형성된

35 배럴볼트와 교차볼트의 하중 이동

36 연속된 교차볼트, 스포르차성 내의 실내 승마장, 이탈리아 밀라노, 19세기 말

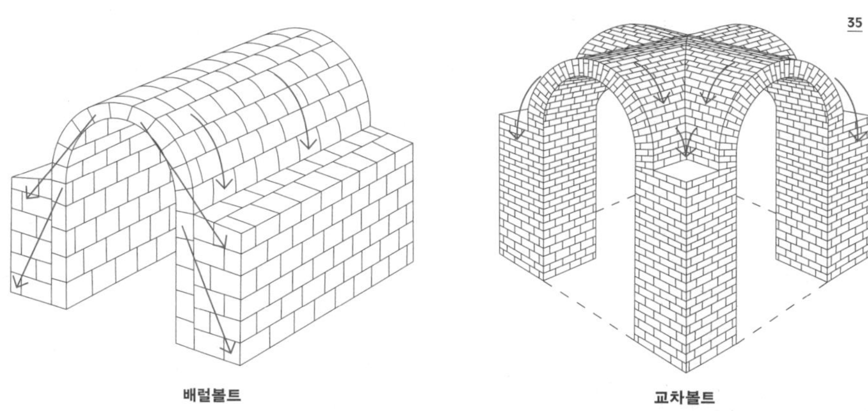

37

38

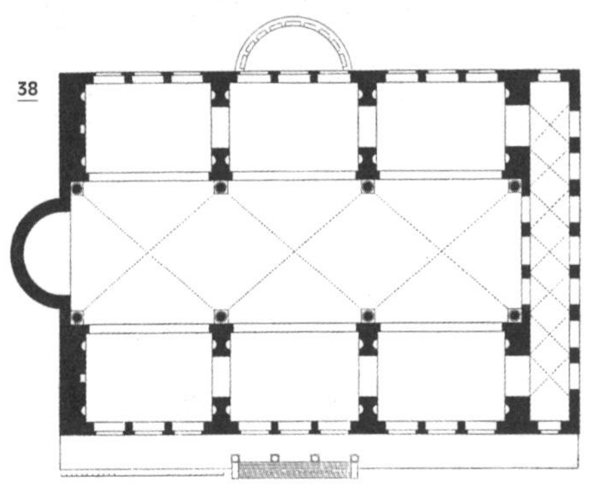

37 카라칼라 대욕장, 이탈리아 로마, 212~216

38 막센티우스 바실리카 평면도와 복원 실내 투시도, 이탈리아 로마, 312

다. 하나의 교차볼트를 모듈로 하여 동일한 거푸집을 반복 사용할 수 있으므로 매우 경제적이기까지 하다. 물론 기둥이 세워지는 네 개 모서리 지점에는 연직하중과 함께 바깥으로 벌어지려는 두 방향의 횡압도 동시에 발생한다. 그러나 연속 교차볼트의 경우 교차볼트가 맞닿는 내부공간의 기둥에서는 서로의 횡압이 상쇄되므로 외주부에 있는 기둥들에 작용하는 횡압만 바깥쪽에서 지지하면 된다. 로마의 카라칼라 대욕장(212~216), 막센티우스 바실리카(312) 등이 교차볼트를 사용해 대형공간을 만든 예다.

돔 돔은 언뜻 보면 원형 테두리 기초 위에 정상의 종석을 중심으로 회전하듯 연속해서 서 있는 아치들의 집합체처럼 보인다. 그러나 돔은 아치와 매우 다른 구조적 특성을 갖는 구조물이다. 돔은 아치 형태의 구조체들이 횡방향으로 서로 일체화되어 있는 일종의 셸(shell) 구조로서 아치 단부에서 밖으로 터져나가려는 횡압을 서로 붙잡아 지지하는 효과를 갖는다. 이러한 특성으로 인해 아치의 10분의 1 두께로 동일한 반경의 구조물을 건축하는 것이 가능하다.

돔은 하중의 이동 면에서도 아치와 다르다. 연직하중으로 돔의 상부 구면은 아래쪽으로 찌그러지려 하므로 종횡 방향 모두 압축력이 작용한다. 한편 돔의 하부 구면은 바깥쪽으로 터져 나가려는 횡압을 옆 부재들이 서로 붙잡아 지지하면서 인장력이 발생한다. 결과적으로 하부 구면에서는 종 방향으로는 압축력이, 횡 방향으로는 인장력이 작용한다. 얇은 플라스틱 바가지를 위에서 눌렀을 때 바가지가 변형하는 모습을 상상하면 쉽게 이해 할 수 있다.

돔은 볼트와 달리 돔 하단 원형면 전체에서 연직하중을 지지해야 하므로 여러 개의 돔을 연속시켜서 공간을 구축하

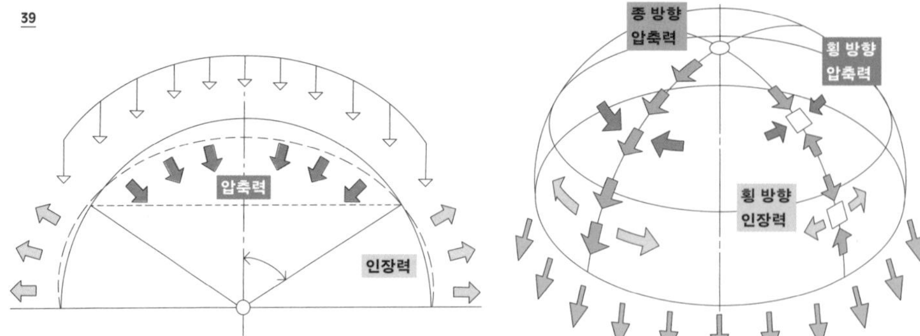

39 돔의 구면에 작용하는 압축력과 인장력

는 것은 쉽지 않다. 따라서 하나의 돔을 대형으로 건축하는 경우가 보통이다. 이 경우 돔의 직경이 커질수록 높이도 높아지므로 거푸집 소요량이 크게 늘어난다는 난점이 있다. 이는 아치나 볼트도 마찬가지로 안고 있는 문제이지만, 단일한 대형 돔을 사용하는 경우가 많은 돔 구조가 갖는 특별한 어려움으로 부각되곤 한다. 그러나 이것 말고도 고대 로마의 돔 건축에서는 또 하나 만만치 않은 난점을 해결해야만 했다.

판테온 돔의 비밀

로마의 대표적 돔 건축물은 단연 판테온(113~125)이다. 판테온은 돔의 내부 직경 및 천장 높이가 43.2미터로 15세기에 피렌체에 산타 마리아 델 피오레의 돔이 건축되기 전까지는 세계 최대 규모의 내부공간이었다. 돔을 지지하는 원형 벽체 속 여덟 개의 기둥형 벽체 두께가 6미터에 이르며, 이 원형 벽체의 기초는 폭 7미터에 깊이 4.5미터의 원형 연속 온통기초로 건축되었다.

돔의 구면 중 아래쪽에는 종 방향 압축력과 횡 방향 인장력이 작용한다. 그런데 고대 로마의 건축 재료는 벽돌이나 석재, 혹은 콘크리트다. 콘크리트는 당연히 철근이 없는 무근 콘크리트다. 이 세 재료의 공통점은 압축력에는 강하나 인장력에는 매우 약하다는 것이다. 석재 단순보를 이용한 그리스 건축의 기둥 간격이 작을 수밖에 없는 것도 이 때문이고 아치나 볼트가 훌륭한 구법인 것도 모든 부재에 압축력만 작용하기 때문에 인장력이 약한 벽돌·석재·콘크리트로 축조가 가능하기 때문이다. 로마의 돔은 인장력에 약한 재료로만 건축되었다. 판테온 돔 역시 무근 콘크리트를 거푸집에 부어서 건축한 것이다. 그렇다면 판테온 돔의 무근 콘크리트는 어떻게 인장력을 버티는 것일까? 당연히 버틸 수 없다. 구조역학의 법칙을 무시한 기적은 있을 수 없다. 그래도 돔인데?

답은 판테온 돔이 형태만 돔일 뿐 셸 구조의 돔이 아니라는 데 있다. 19세기까지만 해도 판테온 돔은 셸 구조처럼 거동한다고 생각했다. 돔 바깥 하부 면을 둘러싼 여러 겹의 원형 테두리들이 돔 하부가 벌어지려는 힘을 눌러서 결과적으로 인장력을 줄여주는 역할을 한다고 보았다. 그래서 돔을 받치는 테두리 벽의 두께가 6미터인 것은 과도하다고 생각했다. 돔 구조는 횡압이 그리 크지 않으니 연직하중만을 받는 데에는 그렇게 두꺼운 벽은 필요 없기 때문이다. 그러나 1930년대 조사와 1980년대 컴퓨터 수치 모델분석을 통해 판테온 돔에 여러 개의 수직 방향 균열이 있음이 확인되었다. 균열은 하단에서 정상부 방향으로, 인장력이 작용하는 지점의 경계까지만 발생했다. 이 균열로 인해 판테온 돔은 일체 구조 돔이 아니라 여러 개의 아치로 이루어진 구조로 거동한다는 사실이 밝혀졌다.

가장 중요한 사실은 이 아치들 단부에서, 즉 돔 형상 지

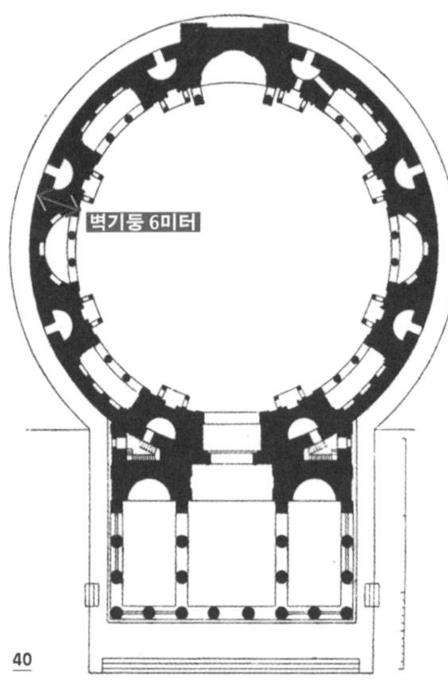

40 판테온 평면도와 단면도

41 판테온의 돔 천장, 이탈리아 로마, 113~125

붕의 하단부에서 엄청난 횡압이 발생한다는 것이다. 내부 직경이 43.2미터에 이르는 아치이니 횡압이 매우 클 수밖에 없다. 돔이, 즉 아치들이, 무너지지 않게 하려면 돔 하부 원형을 따라서 부축벽을 세워 횡압을 지지해야 한다. 로마인들은 이 부축벽을 6미터 두께의 벽체로 만든 것이다. 돔 바깥의 원형 테두리들은 거대한 아치들인 돔 곡면이 밖으로 터져 나오지 않도록 눌러주는 부가하중(surcharge) 용도였던 것이다.• 결국 판테온은 건축 형태상으로는 돔이지만 구조역학적으로는 아치들이 모인 것이고, 거대한 아치에 발생하는 횡압을 지지하기 위해 6미터 두께의 벽체가 사용된 것이다.

로마 건축이 횡압을 지지하는 방법

판테온을 포함한 로마 건축물들의 벽체는 모두 두껍다. 볼트나 돔 지붕에서 발생하는 횡압을 지지하기 위해서다. 벽체 높이가 높은 경우에는 바람이나 지진에 의한 횡압에도 대처해야 한다. 수평 방향으로 작용하는 횡압을 두꺼운 벽체로 지지한다는 것은 어떤 구조적 원리를 갖는 것일까?

벽체에 횡압이 작용한다는 것은 횡압이 작용하는 쪽 벽면(대부분 안쪽 벽면)에 인장력이 발생한다는 것을 뜻한다. 캔틸레버 구조에서 연직하중으로 인해 캔틸레버 상부 면에 인장력이 발생하는 것과 같은 이치다. 조적 벽체는 인장력에 약하므로 횡압이 작용하는 안쪽 벽면에 균열이 발생하고 벽체는 무너진다.

벽체가 무너지지 않도록 보강하는 방법은 무엇일까? 가장 쉽게 떠올릴 수 있는 해법이 벽체를 두껍게 쌓는 것이다. 이것이 고대 로마의 방법이었다. 어쩌면 당연해 보이는 이

• 조적 아치는 완벽한 곡률이 아닌 이상 조적 부재들이 밖으로 터져 나올 위험이 있으므로 위에서 눌러 안정시키는 부가하중을 주어야 한다. 아치 교량에서 아치와 상부 교량상판 사이를 채워 넣은 석재도 같은 기능을 한다.

42 아치의 터짐 위험과 부가하중

43 판테온 돔의 균열

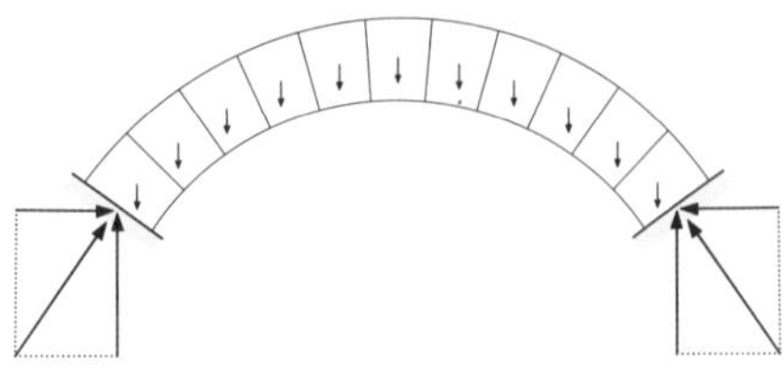

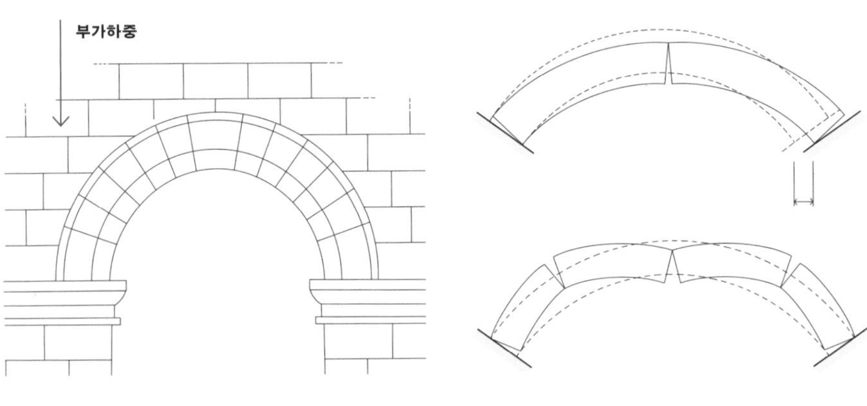

42

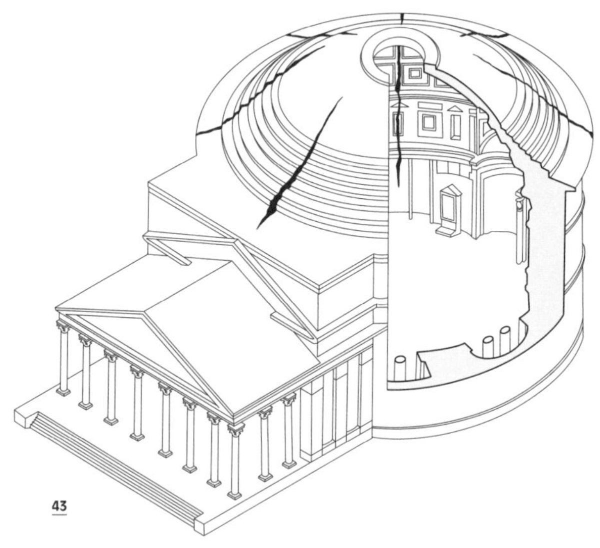

43

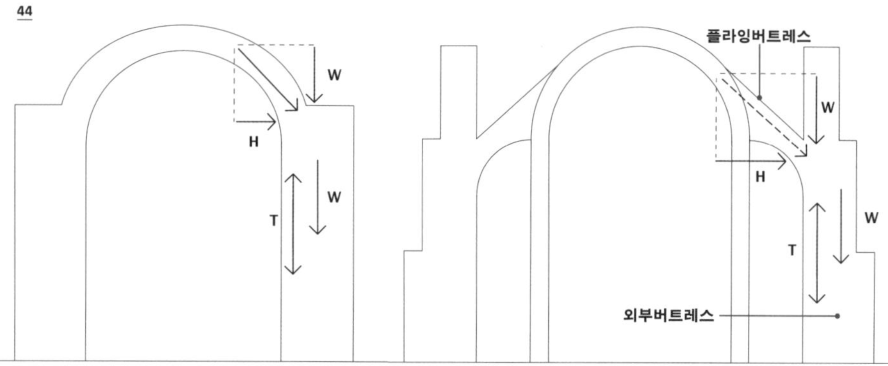

44 왼쪽: 횡압(H)에 의해 발생하는 벽체 인장력(T)을 벽체 자중에 의한 압축력(W)으로 상쇄

오른쪽: 횡압(H)을 플라잉버트레스로 외부버트레스에 전달-버트레스에 발생하는 인장력(T)을 버트레스 자중(압축력 W)으로 상쇄

방법은 구조역학적으로도 명쾌하다. 벽체를 두껍게 쌓으면 자체 하중이 커지고 벽체에 작용하는 압축력이 커진다. 이 압축력으로 횡압이 벽면에 발생시키는 인장력을 상쇄한다. 로마인들은 이러한 구조역학 원리를 경험으로 깨달았을 것이다. 이 방법은 벽체 재료가 많이 들고 기초 구조가 커져서 비용이 높아지는 단점이 있지만 구조적으로는 가장 쉽고 확실한 방법이었다.

두 번째 방법은 벽체 바깥쪽에 지지대를 받치는 것이다. 무너지려는 담장을 나무 막대기로 버티는 것이 여기에 해당한다. 이러한 원리에 따른 보강 방법이 부축벽(버트레스)이다. 로마네스크 건축에서는 부축벽을 벽체에 붙여서 사용했고, 고딕 건축에서는 횡압 작용 지점만 지지하며 건축물 벽체에서는 분리된 플라잉버트레스를 사용했다. 플라잉버트레스는 막대기로 담장을 버티는 것과 상당히 비슷하다.

세 번째 방법은 인장력을 갖는 선형재를 보강하는 것이다. 아치나 볼트라면 단부를 활시위처럼 연결하는 선형 인장재를 보강하여 밖으로 벌어지려는 횡압을 붙잡을 수 있으며, 돔이라면 돔 하단부에 원형으로 인장재를 둘러서 인장력을 받도록 할 수 있다. 15세기에 산타 마리아 델 피오레 대성당 돔에서 브루넬레스키가 목재 링을 묻기도 했지만, 구조역학이 발달한 17세기에 이르러서야 실제로 발생하는 인장력에 대응할 만한 수준으로 이 방법이 사용되었다.

벽체를 두껍게 쌓는 고대 로마의 방법은 로마네스크 건축에서도 다시 사용되었다. 로마네스크 건축이 벽체가 육중하고 두꺼운 이유다. 벽체 하중을 늘리는 데에는 벽체를 두껍게 하는 것 이외에 벽체 위에 파라펫·첨탑·조각상 등을 설치하는 것도 도움이 된다. 벽체나 버트레스 상부에 첨탑이나 조각상이 많은 것에는 구조적 이유도 있었다.

아치·볼트 구조와 기둥 규범: 이상주의와 정직성의 문제

1세기경 활동한 로마 건축가인 비트루비우스의 『건축십서』에는 네 종류의 오더 형식, 즉 기둥 규범이 정리되어 있다. 이는 로마 건축에서 기둥 규범이 지켜졌음을 말해준다. 서양 고전 건축의 기둥 규범은 기둥-보 구조를 전제로 한 것이지만 로마 건축은 아치·볼트 구조가 대부분이다. 말하자면, 기둥-보 구조를 사용하지 않으면서도 이를 전제로 한 기둥 규범을 사용했다는 얘기다. 그렇다면 로마 건축에서 기둥 규범은 어떤 의미였을까?

로마의 건축물들은 아치·볼트·돔 구조로 된 건축물이지만 기둥-보 구조로 지어진 것처럼 외벽에 기둥과 보를 표현하고 있다. 티투스 개선문이나 콘스탄티누스 개선문(315)은 아치 구조임이 명백한데도 전면에 장식적인 주두가 붙은 기둥과 보를 부조처럼 붙여놓았다. 콜로세움 역시 연속 아치 구조인 외벽에 기둥-보 구조를 표현했다. 1층에는 도리스식, 2층에는 이오니아식, 3층에는 코린트식 주두의 기둥들이 보

45 콘스탄티누스 개선문, 이탈리아 로마, 315

46 콜로세움 외벽의 오더 장식

47 판테온 외벽에 설치된 릴리빙 아치들

48,49 판테온 후면 외벽에 보이는 릴리빙 아치들

47

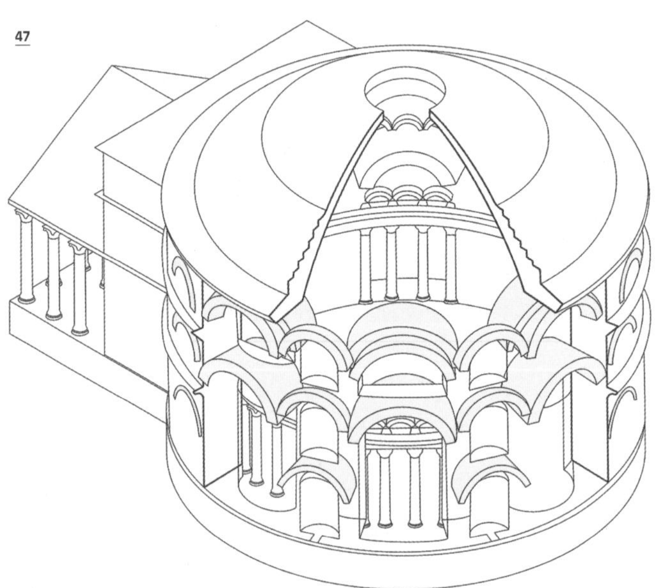

48

49

를 받치며 도열해 있다. 판테온도 마찬가지다. 내부 원형공간 주위에 코린트식 기둥이 열 지어 서서 돔 하단을 두르는 테두리보를 받치고 있다. 그러나 판테온에서 돔의 하중을 지지하는 것은 원형 벽체 속에 있는 여덟 개의 거대한 기둥이다. 벽체기둥들 사이의 하중은 돔 아래 드럼(돔과 기둥 사이의 테두리 벽처럼 보이는 부분) 안에 감춰진 릴리빙 아치(relieving arch)들이 받아서 벽체기둥들로 전달한다. 열 지어 선 코린트식 기둥들과 그것이 받치는 테두리보(처럼 보이는 것)는 '표현'일 뿐 진짜 구조체가 아니다. 근대 건축의 태도로 말한다면 '가짜 구조'를 표현한 것이고 '부정직한' 건축인 셈이다.

여기서 이상주의로서 고전주의의 원류를 확인할 수 있다. 로마인에게 진짜 구조가 무엇인지는 중요치 않았다. 모름지기 건축은 기둥-보를 주제로 한 규범에 따라 이루어져야 한다는 '이상'에 따를 뿐이었다. 그들에게는 '기둥-보 구조'가 건축의 이데아였기 때문이다. 실제 구조인 아치·볼트는 불완전한 현실세계에서 구축된 불완전한 구조물이었다. 이보다는 건축의 이데아를 표현하는 것이 중요했던 것이다. 아리스토텔레스의 말에 따른다면, '건축의 본질(이상)을 완벽하게 모방하는 것이 흠결 많은 현실 속의 사실보다 중요하다'•는 얘기다. 그리스 건축이 현실의 건축구법을 통한 '이상'을 추구했다면, 로마 건축에서는 현실의 건축구법이 달라졌음에도 여전히 그 '이상'을 이념적으로 지향했던 것이다.

그런데 이러한 가짜 구조와 부정직한 건축은 르네상스 시대에 아무런 문제없이 받아들여져서 규범으로 정리된다. 아치 구조에 기둥-보 형상의 장식을 결합하거나, 실제 구조도 아닌 부조 장식 벽기둥의 비례를 규범으로 조목조목 정리하는 일이 '오더'(order, 질서)라는 이름 아래 진행되었다. 현실의 구조와는 아무런 관계가 없는 '이상으로서의 건축'이 규범화하고 이론화한 것이다.

현실과 유리된 이념적 '이상'은 실제 건축과 삶의 진전에는 아무런 역할도 할 수 없기 마련이다. 오히려 지식 권력으로 작동되면서 현실의 건축 생산과 삶의 진전을 억압하기도 했다. 19세기 말 대중의 삶의 문제에 반응하는 건축을 주장한 근대 건축 운동은 신고전주의와 절충주의 건축의 비현실성을 비판하면서 고딕 건축의 구조적 솔직성과 수공예의 재료적 정직성에 주목했다. 이러한 구조적·재료적 정직성은 20세기에 들어서야 비로소 서양 건축의 중요한 교리로 자리잡는다. '가짜 구조'를 따지지 않는 건축적 태도가 고대 로마를 시작으로 르네상스시대에 규범화되어 19세기에 이르는 기간 내내 서양 건축 역사 속에서 지속되었던 것이다.

• 아리스토텔레스는 저서 『시학』에서 "'완벽한 모방'이 '흠결 많은 자연'보다 세계의 진실을 더욱 참되게 드러내 보일 것"이라고 했다. 물론 여기서 모방이란 이상적인 것, 본질적인 것에 대한 모방을 말한다. 이 점에서 아리스토텔레스는 플라톤과 크게 다르지 않다. 사물은 그 안에 내재된 가능태가 현실태로 발현하여 형성되는 것이며 가능태가 최고 상태로 발현되도록 하는 것이 중요하다고 주장하는 아리스토텔레스의 '가능태'는 플라톤의 이데아와 별반 다르지 않다. 다만, 플라톤이 현실세계는 불완전하므로 이 속에서 완전함을 위해 지향해야 할 덕목(arete)을 말하려 했다면, 아리스토텔레스는 불완전한 현실세계가 만들어지는 원인과 구조를 탐구하여 보다 완전한 상태로 이르는 길을 찾으려 했다는 점에서 차이가 있다. 아리스토텔레스는 플라톤이 불완전한 것이라고 치부해버렸던 현상, 즉 현실세계의 형성 원리를 관심사로 삼았던 것이다. 그가 제시한 4원인(질료인, 형상인, 작용인, 목적인) 역시 현실세계의 형성 원리를 설명하기 위해 필요한 개념이었다. 현실세계의 사물은 질료에 내재한 본질인 '형상'이 불완전하게 현실화한 것이다. '형상'이 곧 플라톤의 이데아인 셈이다. 그가 설명하고자 했던 것이 현실세계의 형성 원리였기 때문에 윤리학·정치학·시학 등 인간의 현실적 실천 행위에 관한 여러 측면의 사고가 진전되고 저술될 수 있었다. 아리스토텔레스의 이러한 측면이 유럽세계에서 부각되기 시작한 것은 이슬람세계에서 행해진 아리스토텔레스에 관한 연구 성과가 유럽으로 전해진 11세기 이후였다.

3

중세 유럽 형성기의 건축 생산

(5~10세기)

서유럽 건축의 5백 년 공백기

서구문명에 속하지 않는 고대 이집트·메소포타미아 건축으로 시작해서 고대 그리스·로마 건축으로 본격적 전개를 알린 서양 건축 역사는 5세기 말 이후 다시 주춤거리면서 역시 비서구문명인 비잔틴 건축과 이슬람 건축을 뒤적인다. 이유는 간단하다. 476년에 서로마제국이 몰락한 이후 서유럽에는 대규모 건축 생산을 필요로 하고 구현해낼 강력한 지배 권력과 이를 지탱할 만한 경제활동이 부재했기 때문이다. 서유럽에 이 정도 지배 권력과 경제활동이 다시 등장하는 것은, 동프랑크 왕이 교황으로부터 신성로마제국 황제 칭호를 획득하는 정치적 사건(962)이 일어나는 10세기 후반이었다. 그보다 160여 년 전인 800년에 프랑크의 샤를마뉴가 황제 칭호를 받으면서 권력이 정점에 올랐으나 얼마 후 그 세력이 약해지면서 황제 칭호도 내려놓아야 했었다. 당시 프랑크 왕의 본거지인 아헨을 중심으로 이루어지던 대규모 건축 생산활동 또한 곧 사라졌다.

5세기 말부터 10세기까지 약 5백 년 동안 서유럽에서 예전과 같은 건축 생산활동이 활발하지 않았다고 해서 당시 서유럽에 사람이 살지 않았거나 지배 권력이 아예 없었던 것은 아니다. 게르만족 군소 세력들이 서로마제국 영토 곳곳을 점령하고 지배하며 왕국을 자처하고 있었다. 당연히 이들도 성곽이나 저택·왕궁 등을 지었고 일상적인 주거 건축활동도 계속되었다. 4세기부터 기독교가 로마 국교가 되면서 황제들과 기독교 세력에 의해 활발히 진행되던 교회당 건축 역시, 대규모 사업은 대부분 중단되었지만, 여러 지역에서 소소한 규모로 계속 진행되었을 것이다. 그러나 이들은 서양 건축 역사에서 주요하게 다루어지지 않는다. 규모가 대단하지 않았고 동원된 기술도 주목할 만하지 못했던데다 이제껏 남아 있는 사례가 별로 없기 때문이다. 사실 이는 모두 같은 얘기다. 고대 이집트나 그리스·로마 건축물들은 온전히, 혹은 반쯤 부서진 상태로나마 많이 남아 있다. 그런데 훨씬 나중에 세워진 건축물이 남아 있지 않은 것은 왜일까? 건축된 것이 많지 않았고, 동원된 재료나 기술 수준이 낮았던 탓에 오랜 세월을 견디지 못하고 무너지고 부서졌기 때문이다. 질 좋은 재료나 수준 높은 건축기술을 동원할 만큼 당시 지배 권력이 강력하지 못했던 탓이다.

그래서 서양 건축사를 서술하는 이들은 당시 서유럽 주변의 강한 지배 권력이었던 비잔티움제국(동로마제국)과 이슬람제국의 건축 생산으로 눈을 돌린다. 비잔틴 건축의 펜덴티브(pendentive) 돔이 이후 서양 건축 생산에 주요한 요소가 되었기 때문이라든가 이슬람문화가 유럽 중세문명에 큰 영향을 미쳤기 때문이라는 설명은 설득력이 없다. 고대 그리스시대에 가장 강력한 지배 권력이었던 페르시아제국, 로마와 자웅을 다투며 대치했던 파르티아제국과 사산조 페르시아제국의 건축 생산에 대해서 서양 건축사가 다루지 않는 것은 무엇으로 설명해야 하는가? 그들이 그리스와 로마에 버금가는 건축 생산활동을 했다는 것이 주지의 사실이며, 그들 사이에 전쟁을 비롯한 숱한 문화와 경제 교류가 있었음에도 말이다. 이유는 분명하다. 서양인들에게는 그리스와 로마의 건축 생산이 주인공이고, 주인공이 한참 활약하던 시대에 무대 바깥으로 눈 돌릴 이유가 없기 때문이다. 5~10세기 역사에서 비잔틴과 이슬람에 눈을 돌리는 것은 그 5백 년 동안 서유럽에는 특별히 거론할 만한 건축 생산활동이 드물었기 때문이다. 유럽에 다시 강력한 권력체제들이 성립하는 10세기 이후에는 비유럽 지역의 상황이나 이들이 유럽의 건축 생산에 미친 영향에 대한 관심이 다시 사라진다. 비잔티움제국은 4세기부터 15세기까지, 이슬람 세력은 7세기부터 19세기까지 지속되었고 그중 상당 기간은 이들이 지중해의 절대 강자로 군림했음에도 말이다.

이러한 태도는 서양 건축 역사가, 세계 역사는 유럽을 중심으로 발전해왔다는 관점에 입각해 서술되었음을 보여준다. 유럽 중에서도 서유럽, 그중에서도 이탈리아·프랑스·영국·독일 지역이 중심이다. 이들 지역은 18세기 이후 강력한 국가체제가 등장한 곳이자, 근대 역사학을 정초하고 스스로 자신들을 주인공으로 한 세계 역사를 써내려간 곳이다. 이 중심 세력에 고대 그리스와 로마를, 근현대 미국을 추가하여 구성된 것이 '고대 그리스·로마-로마네스크-고딕-르네상스-바로크-신고전주의-모더니즘'으로 이어지는 서양의 건축 역사 계보다. 서양 건축사에서 비잔틴 건축은 유럽에서 건축 생산이 부재하던 5~10세기를 채우기 위한 '공백기 처리용 막간극'이다. 정작 건축의 진보 연대기에서 이들이 차지하는 역할은 전혀 없다.

서양 건축 역사 담론을 객관화하는 작업은 이러한 역사 서술 태도를 이해하는 것에서부터 시작해야 한다. 우리가 유럽건축 생산의 공백기였던 5~10세기의 역사에서 정작 관심을 기울여야 할 것은, 그들이 막간극으로 처리한 비잔틴이나 이슬람의 건축이 아니라 그 당시 유럽에서 있었던 일이다. 이후 서양의 역사와 건축사 담론의 성격과 내용을 좌우한 것은 비잔틴이나 이슬람이 아니라 유럽에서 진행된 일이기 때문이다. 당시 유럽 사회에서는 어떠한 일들이 벌어졌고 이는 11세기부터 본격화되는 중세 유럽의 건축 생산 판도에 어떤 영향을 미쳤을까?

서로마제국의 몰락

로마제국은 주변 지역들을 정복하여 속주로 삼아 생산물을 탈취하고, 정복한 지역의 거주민을 노예로 삼는 것을 동력으로 팽창했다. 2세기 무렵 로마제국의 영토를 표시한 지도는 '일정 규모 이상의 인구가 거주하면서, 정복하면 탈취할 것이 있어 보이는 지역'을 표시한 것으로 이해해도 그리 틀리지 않다. 남쪽 정복지인 아프리카 지중해변 이남은 사막지대였고, 북쪽 정복지 경계인 라인강과 다뉴브강 이북에는 1세기까지도 원시공동체적 단계에 머물렀던 게르만족 부락들이 강에서 가까운 지역에 산재했을 뿐이었다. 서쪽으로는 스코틀랜드를 제외한 잉글랜드와 이베리아반도 전체를 점령했다. 많은 인구가 거주하는 지역임에도 로마가 점령하지 못한 곳은 동쪽이었다. 팔레스타인과 아나톨리아(튀르키예반도)까지는 점령했으나 그 너머 메소포타미아 지역까지는 진출하지 못했다. 옛 페르시아제국이 통치하던 이 지역에는 셀레우코스제국과 파르티아제국, 그리고 사산조 페르시아라는 세력이 만만찮게 버티고 있었다.•

2세기까지 절정기를 구가하던 로마제국은 3세기 중반 영토 확장이 한계에 달하면서 균열이 시작되었다. 점령지에서 이루어지던 도시 건설도 거의 중단되었다. 점령지에 대한 통제력이 약해지면서 국경 지역에서 게르만족의 침입이 잦아졌다. 흔히 로마제국 몰락의 원인으로 언급되는 게르만족 이동은 4세기 말부터 본격화되었다고 알려져 있지만, 사실 그 백여 년 전부터 이미 크고 작은 침입이 있었다. 황제들이 난립하고 제국이 분열되었던 군인 황제 시대(235~284)의 혼란은 게르만족의 침입과 농민 반란 등으로 인해 경제적 안정이 깨지면서 벌어진 일이었다.

3세기 중반 이후 로마제국의 상황은 서쪽 지역과 동쪽 지역에서 서로 다른 양상을 띠었다. 이탈리아반도를 포함한 서쪽 지역이 노예제 경제의 균열과 더불어 급속히 쇠퇴해 간 데 비해 오래전부터 문명이 번성했고 무역이 활발했던 동쪽, 즉 그리스·튀르키예 지역 도시들은 여전히 건재했다. 서쪽 지역이 쇠퇴했다는 것은 속주를 지배하는 귀족 계급이 경제적 곤란에 빠지면서 도시 경영을 위한 투자와 지출을 기피하고 황제에게 보내는 공납에도 소홀해졌음을 뜻한다. 이에 비해 동방 속주들은 도시 경영이나 공납이 원활했다. 자연히 동방 속주 출신 군인들의 영향력이 커졌다. 3세기쯤부터 로마 원로원의 3분의 1은 동방 출신이 차지했다. 로마제국을 동서로 나누어 분할통치를 시작한 디오클레티아누스 황제(재위 284~305)는 동방인 달마티아(현 크로아티아의 스플리트 일대) 출신이었다. 그는 서로마의 수도를 밀라노, 동로마의 수도를 니코메디아(현 튀르키예의 이즈미트)로 정하고 자신은 동로마 황제 자리에 앉았다. 서로마 황제였다가 330년에 통치 지역을 동로마로 바꾼 콘스탄티누스(재위

• 페르시아제국(기원전 550~330)이 알렉산드로스제국에 병합된 후 이란-메소포타미아 지역은 헬레니즘을 계승한 셀레우코스제국(기원전 305~60)이 통치했다. 기원전 2세기 초 로마는 셀레우코스제국과의 전쟁(기원전 192~188)으로 튀르키예반도 일부를 점령했다. 기원전 129년에는 이란고원을 중심으로 세력을 키우던 파르티아제국(기원전 247~기원후 224)이 셀레우코스제국을 물리치고 메소포타미아 지역을 점령하며 이 지역의 새로운 강자로 등장했다. 로마와 파르티아는 기원전 95년경 유프라테스강을 경계로 서로 침범하지 않기로 협상하기도 했으나 줄곧 튀르키예반도와 시리아 지역을 놓고 쟁탈전을 계속했다. 기원전 53년 카레전투에서는 로마가 역사상 최대의 패전을 기록하기도 했다. 이러한 다툼은 파르티아를 이은 사산조 페르시아(226~651)와의 다툼으로 이어졌지만, 로마가 이 지역을 장기간 점령하는 일은 없었다.

306~337)도 동방인 세르비아 출신으로 스플리트의 디오클레티아누스궁에서 어린 시절을 보낸 인물이었다. 그는 동로마의 수도를 니코메디아에서 무역항로 거점 도시인 비잔티움(현 이스탄불)으로 옮기고 자신의 거처 역시 로마에서 이곳으로 옮겼다. 서로마 또한 서고트족의 공격에 시달리던 402년에 수도를 밀라노에서 동쪽 지역인 라벤나로 옮겼다.•

콘스탄티누스가 비잔티움으로 수도를 옮긴 후 동·서 분할통치와 통합통치를 오가던 로마제국은 395년부터 영구적으로 동·서로 갈라진다. 이 무렵부터 게르만족의 서로마 침입이 본격화되었고 세력이 급속히 약해진 서로마 황제의 통치력이 미치지 않는 여러 지역에 게르만 소왕국이 들어서기 시작했다. 급기야 476년 게르만족 출신 군인이자 정치가였던 오도아케르가 라벤나에서 어린 황제를 쫓아내고 이탈리아왕국을 선포하면서 명목뿐이던 서로마제국은 유럽 땅에서 사라졌다. 한편 여전히 세력을 유지하고 있던 동로마제국은 게르만족의 침입에 시달리기는 했지만 이를 무마하거나 격퇴하면서 황제에 의한 제국 통치를 지속했다. 동로마제국은 이후로도 1453년 오스만제국에 의해 무너지기까지 근 천년을 더 지속했다.

• 디오클레티아누스 황제가 296년 동·서로마 분할과 더불어 사두정치체제를 시작하면서 로마의 정치적 거점은 서로마의 밀라노와 트리어, 동로마의 니코메디아와 시르미움으로 분산되었다. 그러나 이들 도시는 군주들(두 명의 황제와 두 명의 부제)이 거주하는 군사 지휘 거점이었을 뿐 제국의 수도는 여전히 로마로 간주되었다. 콘스탄티누스 1세는 자신의 관할 지역 거점인 트리어에 있다가 동·서로마 전체를 제패한 312년에 로마로 거처를 옮겼다. 로마는 다시 제국의 유일한 수도 지위에 올랐으나 330년 콘스탄티누스가 비잔티움으로 옮기면서 로마의 정치적 중요성이 줄어들기 시작했다. 그러나 로마는 여전히 로마교회의 중심지이자 제국의 가장 중요한 도시로 여겨졌다. 콘스탄티누스 이후 서로마 황제들의 거처는 대부분 밀라노였고 402년 서로마 황제 호노리우스는 라벤나로 수도를 옮겼지만 이후에도 서로마 황제들 중 여러 명은 로마에 거주했다.

이상의 익숙한 로마제국 말기 정치사와는 별도로 우리는 이후 서양 역사의 주 무대가 될 서유럽 지역에서 게르만족이 지배 세력으로 정착하는 과정을 살펴보아야 한다. 이들 군소 게르만족 세력이 서유럽에서 할거하고 이합집산하면서 중세 유럽 특유의 봉건제도가 성립하기 때문이다.

게르만 지배체제의 성립

3세기 후반 로마제국 접경 지역에서 시작된 게르만족의 침입은 중앙아시아의 훈족이 서쪽으로 이동을 시작한 4세기 말부터 본격화했다. 동고트족은 이미 300년경에 흑해 연안에 건국했으며, 376년에는 로마 영토로 침입한 서고트족을 제압하지 못한 로마 황제가 이들의 로마 영토 내 거주를 허락한 일도 있었다. 406년 수에비족·반달족·알란족이 라인강을 넘어 들어왔고 410년에는 서고트족이 로마시를 점령하여 3일간 약탈을 벌였다. 유럽 중세 영웅 서사시의 걸작으로 알려진 『니벨룽의 노래』는 437년 갈리아 지방에서 훈족에 의해 부르군트왕국이 멸망하는 과정에서 등장한 영웅 지크프리트의 신화를 소재로 한 것이다. 서로마제국이 멸망하기 훨씬 전부터 게르만족들에 의한 군웅할거가 진행되고 있었음을 말해준다. 이 외에도 크고 작은 게르만족들이 로마제국 영토 내로 이주해 들어와 조야한 형태의 게르만족 소국을 건립했다.••

당시 상황을 그려보자. 서로마제국이 통치하던 속주 곳곳을 이런저런 게르만족들이 점령하여 군사 지도자를 중심

•• 서로마제국이 멸망한 476년 당시 소왕국이나 부족 연합체였던 주요 게르만 세력은 오도아케르왕국(이탈리아반도)을 위시하여 서고트왕국(이베리아), 수에비국(이베리아 북부), 부르군트왕국(프랑스 부르고뉴), 동고트국(헝가리), 반달국(아프리카 지중해 연안), 프랑크국(라인강 하류 일대), 알라마니 연합체(라인강 상류 지역 일대) 등이다.

으로 세력권을 형성한다. 속주를 통치하던 로마의 지배 귀족 세력은 게르만족에게 궤멸되거나 일부는 잔존해 게르만 지도자 세력들과 대치했을 것이다.• 서로마 황제는 이미 통치력을 상실한 상태로 사실상 여러 로마 귀족 세력 중 하나에 지나지 않는다. 귀족 간의 전투, 지배 세력에 대한 반란, 혹은 지배를 벗어난 비적 떼가 난립하는 난국이 백여 년 지속된다. 서로마제국의 멸망은 이런 와중에 476년 오도아케르가 서로마 황제를 몰아내고 라벤나를 거점으로 한 새로운 지도자로 등장한 사건이다. 이후에도 게르만 세력과 잔존 로마 귀족 세력이 뒤섞인 난국은 지속된다.

크고 작은 세력들이 엎치락뒤치락하는 난국은 6세기를 거치면서 세 개의 강한 세력으로 정리되었다. 중부 유럽을 평정한 프랑크족, 잉글랜드를 점령한 앵글로색슨족, 알프스 남쪽 이탈리아를 차지한 롬바르드족이 그것이다. 이 중에서 프랑크족의 팽창이 두드러졌다. 5세기부터 라인강 하류에서 몇몇 소왕국을 형성했던 프랑크족은 5세기 말 메로베우스왕조를 시작으로 왕권국가로 발전했다. 6세기 초에는 갈리아에서 서고트족을 격퇴하고 부르군트왕국을 병합하며 중부 유럽을 평정했다. 이후 왕족들에 의한 분할과 통합이 반복되면서 지역별로 왕조가 난립하고 유력 귀족가문들이 합종연횡하며 세력을 겨루는 체제가 지속되었다. 7세기 말 프랑크 동부 지역 분할 왕국인 아우스트라시아의 지배 권력을 차지한 피핀 가문도 그중 하나였다. 피핀 가문의 샤를 마르텔은 8세기 초 지역별 지배 세력들을 격퇴하고 복속시

• 시아그리우스가 대표적 사례다. 그는 북부 갈리아, 즉 지금의 파리 일대의 로마 속주 지역을 통치하던 서로마제국의 사령관이었다. 서로마제국 멸망 후에 수아송왕국을 자처하며 통치를 계속하다가 486년 게르만족인 프랑크왕국에 패퇴했다. 그러나 프랑크왕국 치하에서도 그의 가문은 계속 유지되었다.

1 526년경 유럽: 서로마 멸망 후 게르만 소왕국들의 할거

2 800년경 유럽: 프랑크왕국의 발전

키며 프랑크 지역 전체를 관할하는 세력으로 성장했다. 특히 이슬람군을 격퇴한 것이 결정적이었다. 당시 막강한 위세로 지중해 남안 일대와 이베리아반도를 휩쓸고 피레네산맥을 넘어 프랑크 영토로 진격해 오던 이슬람 세력을• 732년 남서 프랑스의 푸아티에 인근에서 격퇴한 것이다.

유럽세계를 이슬람으로부터 지켜낸 피핀 가문은 서유럽을 정치적으로 대표하는 세력이 되었다. 마르텔이 죽은 후 두 아들에게 통치 지역을 나누어 주었으나 첫째 아들이 수도원으로 은퇴하면서 동생 피핀이 조카를 내치고 모든 통치 권력을 차지했다. 피핀은 751년 명목뿐이던 메로빙거왕조의 왕을 폐하고 왕권을 차지하며(751~768) 새로운 왕조(카롤링거왕조)를 시작했다. 768년 피핀으로부터 왕위를 이은 샤를마뉴(재위 768~814)는 프랑크왕국의 영토를 넓혀갔다. 774년에는 이탈리아를 점령하면서 그 일부를 교황령으로 기증했다. 이후 교황의 보호자 지위를 확보하며 로마 교황으로부터 로마 황제의 지위를 수여받았다. 그를 샤를마뉴 대제라고 부르는 것은 이 때문이다.

• 당시 이슬람세계를 지배한 우마이야왕조가 711년 서고트왕국을 격파하고 이베리아 지역을 점령했다. 이들은 계속 프랑크왕국을 향해 진격하다가 732년 프랑크와의 전투에서 패한 후 피레네산맥을 경계로 프랑크왕국과 대치하며 코르도바를 거점으로 이베리아 지역을 통치했다. 다마스쿠스를 수도로 이슬람 지역 전체를 통치하던 우마이야왕조가 750년 아바스왕조에게 패한 후 코르도바로 이주하여 이베리아는 코르도바 토후국이 되었다. 한편, 718년 잔존하던 서고트왕국 영주가 새로운 이슬람 영주와 전투(코바동가 전투)를 벌여 이베리아 북부에 아스투리아스왕국을 확보했다. 778년에는 프랑크 샤를마뉴 대제가 사라고사를 공략하는 원정에 나섰다가 참패하기도 했다. 이후 프랑크왕국과 아스투리아스왕국 접경 지역에서 게르만 세력이 탈환하는 지역이 늘어나면서 이슬람의 세력권은 이베리아 남부 지역으로 축소되다가 1236년 코르도바와 세비야를 잃고 그라나다왕국으로 줄어들었다. 1492년 카스티야-아라곤 연합왕국이 그라나다왕국을 멸하면서 이베리아 지역은 이슬람 세력이 사라지고 에스파냐왕국으로 발전했다.

삼각 대치 구도에 갇힌 서유럽

서유럽의 세력 다툼은 프랑크왕국이 최강자가 되면서 판도가 정리되어갔지만 전반적인 사회경제적 상황은 녹록지 않았다. 서로마제국의 몰락기에 상업활동이 위축되기 시작했고, 이에 따라 도시가 쇠퇴하고 농촌화가 진행되었다. 크고 작은 게르만족들이 발호하는 혼란 속에 육지와 해상의 교역로를 연결하던 거점들이 붕괴했고 동방과의 무역이나 로마제국 속주였던 지역들 간의 교역이 급격히 줄어들었다. 상업 등 도시의 경제활동이 감소해 생활이 곤란해진 도시민들이 생존을 위해 농촌으로 이동하기 시작했다. 로마제국 말기부터 시작되던 이러한 현상은 6~7세기 무렵에 더욱 심해져 4세기 초에 인구가 80만 명에 달했던 로마조차 6세기 후반에는 인구 5만 명 도시로 줄어들었다.

서유럽세계를 더욱 어렵게 만든 것은 7세기에 발흥하여 아라비아반도에서 지중해 남안 북부아프리카를 거쳐 이베리아반도까지를 장악한 이슬람 세력이었다. 732년 프랑크왕국이 이슬람 세력을 막아낸 이후 주변 세력과 대치하는 구도가 수백 년간 지속되었다. 말이 '대치'였지 사실상 봉쇄된 꼴이었다. 서유럽으로서는 서쪽은 대서양으로 막힌 세상의 끝이었고(당시에는 대서양을 항해할 만한 선박도 항해술도 없었다), 지중해 남안 전체와 이베리아반도까지는 이슬람 해적이 들끓어 쉽사리 다닐 수 없었다. 동쪽은 그나마 비잔티움제국이 이슬람으로부터의 방호벽 역할을 해주고 있었지만 비잔티움제국의 황제가 단순하게 우군이라 할 수는 없었다. 10세기까지도 부락 공동체와 몇몇 부족국가가 있었을 뿐인 북쪽 스칸디나비아와 슬라브족의 동유럽 지역만이 새로이 확장 가능한 지대였다. 사방이 넘어설 수 없는 조건과 적대 세력으로 둘러싸여 고립된 형국이었던 것이다. 서유럽을 선진적인 외부세계와 이어주는 통로는 오직 베네치아

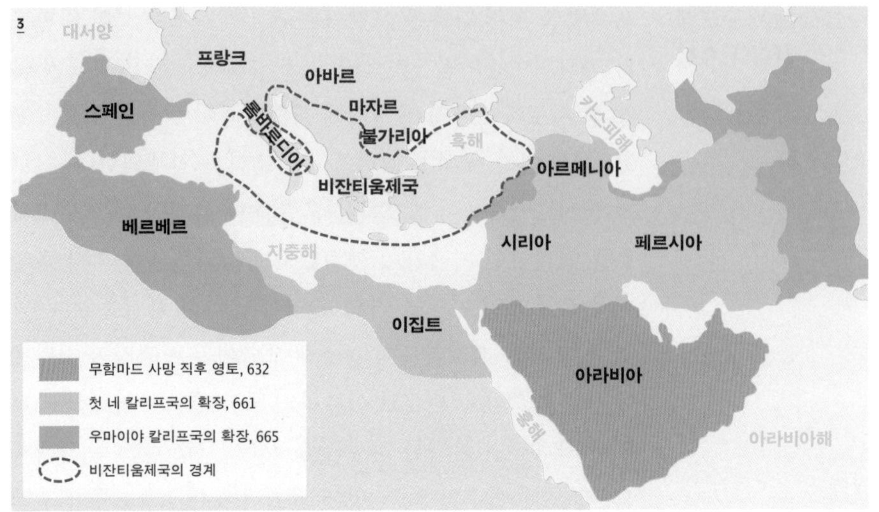

3 동로마-이슬람-서유럽 대치, 800년경

와 콘스탄티노플(비잔티움)을 거쳐 이슬람 항구도시들에 이르는 몇몇 무역로가 전부였다. 서유럽은 1095년 십자군전쟁이 시작되면서부터야 이러한 봉쇄 상태에서 조금씩 벗어나기 시작한다.

농노제와 분권적 봉건제의 형성

서유럽은 수백 년 동안 이러한 봉쇄 구도 속에서 외부와 교역이 제약되며 고립되었고, 내부적으로는 고대 도시들이 쇠하며 지역 간 상업활동량이 미미해지고 자급자족하는 농촌만이 살아남았다. 이러한 농촌 지역을 수많은 게르만 군사 세력이 점거하면서 만들어낸 질서가 서유럽 특유의 분권적 봉건제였다. 봉건제는 '농노제'와 '군사 세력 간 분권'이라는 두 축으로 지탱된다.

농노제는 로마제국 말기에 등장했다. 3세기경 로마제국이 팽창을 멈추고 게르만족의 침입으로 혼란해지자 가장 큰 타격을 입으며 동요했던 곳은 노예제에 크게 의존하던 서로마의 농촌이었다. 신규 노예 공급이 중단되면서 노예 가격이 상승했다. 가뜩이나 정치·군사적 혼란으로 노예 관리가 어려워진 지주들은 노예를 토지에 묶인 예속적 자영농, 즉 농노로 전환하기 시작했다. 수확한 농산물의 일부를 공납하는 조건으로 노예를 해방시킨 것이다. 서로마 황제 발렌티니아누스 1세(재위 364~375)는 토지와 분리된 노예 매매를 금지하기까지 했다. 그만큼 농업 노동력이 부족했던 것이다. 서로마 속주 지역 이곳저곳을 점령한 게르만 군사 세력들이 점령지 농민이나 노예를 농노화하고 수확물을 갈취했으리라는 것도 쉽게 예상할 수 있는 일이다. 자유농민 입장에서도 생명과 재산을 앗아갈지 모를 침입자로부터 보호를 약속받고 특정 세력에 농노로 복속되는 편이 나았으므로 농노화는 빠르게 진행되었다.

한편 게르만 세력들은 한쪽으로는 구(舊)로마 귀족과 또 다른 한쪽으로는 인접한 다른 게르만 세력과 대립하며 서로의 점령지를 뺏고 빼앗기는 싸움을 이어갔다. 그 결과로 승리한 쪽이 상대를 철저히 절멸시키고 점령지의 농노들을 자신의 휘하로 예속시키는 경우도 있었지만, 패배한 이들에게 군사적 충성과 일정량의 공납을 조건으로 기존 점령지 농노에 대한 지배권을 유지하도록 허락하는 형태도 적지 않았다. 군사 지도자들 사이에 주종 관계가 생긴 것이다. 소규모 부족 형태로 산재하던 게르만 세력 가운데에서 점차 몇 개의 강한 세력이 부상하자 상대적으로 약한 세력이 강한 세력에게 스스로 복종하며 지배권 유지를 허락받는 일도 늘어났다. 마치 노점상에게 자릿세를 뜯는 조직폭력 집단이 두목을 정점으로 부두목들에게 관할권을 배분하는 형태와 유사하다. 실제로 프랑크왕국의 카롤링거왕조는 표면적으로는 중앙집권적 왕권체제였지만, 신하가 주군에게 토지를 하사

받아 군사·조세·사법권을 갖고 통치하는 봉신제도를 시행했다. 봉신제도는 중첩적으로 진행되었다. 즉, 왕이 제후들과 주군-봉신 관계를 맺고 제후들은 다시 휘하 기사들과 주군-봉신 관계를 맺었다. 정리하자면, 봉건제는 왕과 제후와 기사가 각자의 영지에서 군사·조세·사법권을 갖고 농노와 농토를 관리하고 경영하는 영주이면서, 소영주가 대영주에게 군사적 충성과 공납을 바치는 정치-군사-경제적 사회 관계다.

봉건제는 유럽뿐 아니라 고대 중국 등 다른 지역에서도 작동했던 사회관계다. 그러나 중국에서는 고대 서주(西周, 기원전 11~8세기) 시대에 분권적 봉건제가 성립했을 뿐이다. 이후에 제후국들이 일부 존재하긴 했으나 강력한 황제의 권력 아래 실권을 갖지 못하고 황제가 임명하는 행정관이 다스리는 군현제로 통치된 시대가 대부분이었다. 이에 비해 중세 유럽의 봉건제는 시작부터 군소 군사 세력들 간의 계약으로 성립하는 분권체제였다. 이는 어떤 한 세력도 전체 지역을 직접 통치하거나 휘하의 자기 사람을 속주의 통치자로 임명해 파견할 수 있을 만큼 강력하지 못했기 때문이었다고도 할 수 있다. 유럽의 봉건제는 언제라도 힘의 균형이 변할 수 있는, 즉 언제라도 소영주가 대영주를 공격하여 그 지위를 차지할 수도 있는 '긴장관계 속 평형 상태'일 수밖에 없었다.

서로마제국이 쇠퇴하던 4세기 무렵에 이러한 사회관계가 서서히 등장하다가 게르만족이 득세하면서 한층 빠르게 확산되었다. 더욱이 이슬람 세력의 팽창으로 인한 지중해 교역의 제약은 서유럽을 고립된 농촌세계로 만들면서 영주의 점령지 단위로 자급자족하는 경제체제를 발전시키는 요인이 되었다. 서유럽 봉건제는 영주의 거처이자 거점인 장원(manor)을 중심으로 하는 경제 단위들 간의 충성 맹세와 지위 쟁탈이 병존하는 사회체제였다.

로마 기독교와 교회체제의 지속

로마제국 시절 내내 로마군과 게르만족 사이에 전쟁이 끊이지 않았다. 기록에 의하면 카이사르가 갈리아를 정복(기원전 51)한 이후 407년까지 대규모 전쟁만 35회가 있었다. 그러나 로마와 게르만족의 관계가 파괴적인 것만은 아니었다. 전쟁과는 별도로 게르만족은 로마 사회와 접촉하고 교류했다. 로마제국 영토에서 농사를 짓고 살던 게르만인들도 있었고, 게르만 지배 계층이 로마의 상품을 구매하기 위해 로마 귀족에게 노예와 가축을 팔기도 했다. 로마는 로마대로 게르만 전사들을 용병으로 활용하면서 로마제국 내에 게르만 출신 장교들이 늘어났다. 로마의 영향으로 게르만족 내부에 세습 귀족층이 형성되고 부족국가로 진전하는 속도가 빨라졌다.

로마와 접촉이 잦았던 게르만 지배 계급에게 로마의 '선진적인 통치체제'는 이미 낯익은 것들이었다. 이들은 이를 대신할 만한 지배 시스템을 가져본 경험이 없었다. 문자와 법률, 안정된 사유재산제도도 없었다. 서로마 속주를 점령한 게르만 지도자들이 로마제국의 기구 중 자신들이 통치하는 데 활용 가능한 것들을 온존시킨 것은 자연스러운 선택이었다.

과거 로마제국이 속주를 관리하는 방식은 다분히 타협적이었다. 새로운 영토를 점령하면 기존 지배 세력을 궤멸시키기보다는 그들에게 토지를 배분함으로써 공존을 통해 속주를 다스렸다. 게르만 세력들도, 모두는 아니었지만 이 방식을 따랐다. 서유럽은 게르만 지배 계급과 옛 로마 귀족 계급이 대지주 계층으로 공존하고, 게르만 일반 부족민과 로마 농민은 소토지 보유농 및 예속적 소작농, 즉 농노로 재편된 사회가 되어갔다. 군사기구는 게르만족이 장악해가는 가운데 행정·재정기구는 옛 로마의 방식이 유지되었다.

로마의 기독교도 이러한 상황에서 자유로울 수 없었다. 1세기에 사도 바울을 통해 그리스와 로마에 기독교가 전파된 이후 로마 지배 계급의 박해• 속에서도 기독교 신자는 꾸준히 증가했고 로마 상류층에도 기독교 세력이 생겨나기 시작했다. 3세기 무렵에는 여러 도시에 가정 교회당과 지하교회(카타콤)가 나타났다. 3세기 이후 게르만족의 침입 이후에도 기독교 신자가 크게 증가했다. 로마제국 지배체제 안에서 기독교 교세가 강했던 동방 도시 출신 귀족의 영향력이 커지면서 기독교에 대한 로마의 정책이 변화하기 시작한 것도 기독교 신자가 급속히 증가하는 데 한몫했다.•• 콘스탄티누스 1세(재위 306~337)는 311년 기독교 관용령에 이어 313년 기독교를 공식적인 종교로 인정했고, 380년에는 테오도시우스 1세(재위 379~395)가 기독교 교파 중 니케아 기독교를 로마가 유일하게 인정하는 종교로 공포했다.•••

로마교회는 313년 공인 이후 로마제국의 행정단위(province)에 대응한 교구(diocese)제도로 교회를 조직화했

• 로마 지배 계급이 기독교를 박해한 것은 유대교 박해의 연장선이었다. 로마는 기원전 1세기에 속주화한 유대 지역을 헤로데 왕 사후 44년부터 직할 통치했다. 로마제국은 기본적으로 속주 지역의 문화를 인정하는 통치 방식을 취했으나 다신교 문화인 다른 지역들과 달리 유대 속주는 일신교인 유대교를 이유로 로마와 끊임없이 마찰을 일으켰다. 특히 세 차례에 걸친 유대-로마 전쟁(66~73, 115~117, 132~135)을 거치면서 유대교에 대한 로마제국의 부정적 시각은 더욱 심해졌다. 마찬가지로 일신교인 기독교는 유대교의 분파 또는 사이비 종교쯤으로 인식되었다. 이러던 차에 44년부터 사도 바울의 전도 등으로 로마제국 내부에 기독교 신자가 늘어나자 가혹한 박해가 시작되었다.

•• 플로티노스(205~270)가 완전한 존재로서 '일자'(一者)를 설파한 신플라톤주의가 이 무렵 로마 황제와 귀족층에서 적극적으로 확산되고 있었고 이것이 기독교 유일신 사상과 쉽게 결합했다는 점도 기독교 확산의 요인 중 하나였다.

다. 로마 귀족 계급이 통치한 속주들에서 정치·군사적 지배 단위에 대응하여 한 개 혹은 복수의 교구가 형성되었다. 교구마다 주교를 중심으로 한 교회 세력이 각 속주에서 로마 귀족들과 함께 유력한 통치 세력의 지위를 차지했다. 교회 사제 집단은 로마 사회에서 얼마 안 되는 소수 지식층이기도 했다. 로마 사회에서 문자(라틴어)를 읽고 쓰는 계층은 로마 귀족과 교회 성직자뿐이었다. 이에 비해 로마 속주에서 귀족 지위를 차지한 게르만 지배층의 문해력은 높지 않았다. 이들이 로마제국의 통치기구와 제도를 접수하고 운영하기 위해서는 옛 로마 지식층과의 협력이 필요했다. 군사적으로 대립하던 로마 귀족들보다는 교회 세력이 협력하기 용이하고 편했을 것임은 당연한 일이었다.

다른 이유에서도 게르만 지배 계급은 로마교회와 연대할 필요가 있었다. 넓은 영토에 새로이 국가체제를 갖추고 지배질서를 구축하는 데에는 소규모 부족국가 시절의 혈족 공동체를 중심으로 한 재래 종교보다는 세계 종교를 표방하는 기독교가 적절했다. 더구나 로마교회는 교황청을 중심으로 연결된 방대한 조직이었다. 기독교로 개종하면 이들과 연대할 수 있지만 그렇지 않으면 이교도로서 교회 전체와 대립해야 하는 부담을 안아야 한다. 5세기 말부터 7세기 기간에

••• 기독교 관용령 이후 로마 기독교 세력 안에서 예수(성자)를 신(성부)에 종속된 개념으로 보는 아리우스파가 만만치 않게 증가하며 분란이 일었다. 기독교 교회의 분란을 원치 않았던 콘스탄티누스 1세는 325년 니케아 공의회를 소집하여 아리우스파를 이단으로 파문하고 삼위일체(성부-성자-성령)를 교리로 채택했다. 그러나 이후에도 니케아 기독교와 아리우스파의 갈등이 계속되었다. 로마 황제 중에서도 아리우스파에 속하는 자가 있었을 정도였다. 이에 380년 독실한 니케아 교파 신자인 테오도시우스 1세가 당시 로마제국을 분할 통치하고 있었던 다른 두 명의 황제와 공동으로, 니케아 기독교가 로마제국의 유일한 종교임을 선언하는 테살로니카 칙령을 내렸다. 그러나 이후에도 아리우스파는 지속되었고 특히 게르만 지배 계급 중에는 아리우스파 기독교도가 많았다.

프랑크족·앵글로색슨족·서고트족·롬바르드족 등 주요 게르만족의 지배 계층은 자발적으로 기독교로 개종했다. 그리고 개종하지 않은 다른 게르만 세력을 이교도라는 명분으로 공격하여 복속시켰다. 물론 여기에는 로마교회의 지원이 뒤따랐다.

중요한 것은 이러한 상황 속에서 로마교회가 게르만 왕국들의 왕권에 일방적으로 지배되지 않는 자율적인 제도로서 운영되었다는 점이다. 교황을 정점으로 교구장인 주교들, 그리고 다시 교구 내 본당 신부(사제)들로 이어지는 로마시대의 위계질서가 그대로 유지되었다. 게르만왕국의 정치에 주교가 참여하는 경우도 드물지 않았으며, 주교가 직접 왕국의 군대를 이끌고 전쟁을 지휘하는 경우도 있었다.• 동로마에서는 과거 로마제국에서와 마찬가지로 강력한 황제 권력 아래 교회 세력이 종속되었지만,•• 분권 왕국들이 대치하던 서로마에서는 오히려 교황과 교회의 권위와 자율성이 점차 강해졌다. 물론 각 교구의 교회는 군사적 보호를 필요로 했으니 교회가 왕권에 대해 우위에 있었다고는 할 수 없다. 10세기까지는 교구 교회의 수장인 주교를 왕이 임명하는 것이 보통이었다.••• 모든 게르만 지배층이 교회 세력과 연대하고 협력한 것도 아니었다. 특히 이탈리아 지역을 동로마제국과 분점했던 롬바르디아족이 로마교회에 적대적이어

• 교회의 정치 개입은 이후 신성로마제국 시대에 성직제후(prince-bishop)라는 종교와 정치가 일체화한 통치자의 등장으로 보편화된다. 성직제후인 주교는 자신의 교구 중 일정 영역에 대해 봉건영주와 동일한 세속군주의 통치권을 가졌다. 14세기경부터 이런 도시들 중 여럿이 상인 계층이 자치권을 획득하는 자유도시로 진전했다.

•• 동로마제국 콘스탄티노플(비잔티움)의 총대주교는 동로마 황제가 임명했다. 이 때문에 대주교의 영향력이 강하지 못해서 동방 정교회는 지역별로 자립적 성격이 크다.

4 로마제국의 행정단위와 교구, 400년경

서 로마 교황은 줄곧 이들의 위협에 시달렸다. 서로마제국이 남기고 간 도시 로마와 주변 지역 일대를 통치했던 교황은 6세기 중반까지는 게르만 왕들의 호의에 안도해야 했고 8세기 중반까지는 동로마제국 라벤나 태수의 보호에 의존해야 했다. 그러나 서유럽에서 정치적·군사적 판도가 분명해지고 이들 중 유력한 세력이 교황과 연대하면서 점차 교황과 교회의 정치적 위상이 강화되었다. 그리고 이는 심지어 황제에게 대적할 정도로 교황과 교회의 자율적 권력이 강해지는

••• 10세기경까지 교황조차 황제가 임명하는 경우도 있었다. 신성로마제국의 황제 오토 3세(재위 996~1002)가 교황 그레고리오 5세(재위 996~999, 최초의 독일인 교황)를 임명한 것이 대표적이다. 교황은 보통 주교단에 의해 선출되었으나 주교단 자체가 왕의 지배를 받았으므로 교황 선출은 결국 왕의 영향력 아래 놓여 있었다고 할 수 있다.

상황으로 이어졌다.

교황과 황제: 교회 세력의 존재 조건

서로마제국이 402년에 수도를 라벤나로 옮긴 후 로마의 정치적 중요성은 크게 줄어들었다. 476년 오도아케르가 서로마제국을 탈취하고 자리 잡은 곳도 라벤나였고 이후 이탈리아 반도를 점령한 동고트왕국(493~553)의 거점도 라벤나였다. 이후 이탈리아를 점령한 동로마제국은 568년 롬바르드족에게 이탈리아 대부분을 내주었으나 라벤나와 로마 일대를 동로마제국 태수령(555~751)으로 유지했다. 요컨대 교황의 거점인 로마는 서로마제국 소멸 후에도 게르만족의 직접적 영향력에서 벗어나 동로마제국의 군사적 보호 아래 있었다.

이런 상태에서 로마 교황은 게르만 왕국들이 점령한 서유럽 지역의 교회들에 대한 지휘·관리권을 계속 유지했다. 그러나 콘스탄티노플 총대주교•를 정점으로 한 동로마 황제 치하 교회 세력과의 관계는 사뭇 달랐다. 동로마제국의 세력이 절정에 달했던 유스티아누스 1세(재위 527~65) 시대부터 8세기 중반까지는 로마 교황이 주교를 임명할 때도 동로마 황제의 재가를 거쳤다. 동로마 황제는 로마 교황의 보호자 역할을 자임하며 게르만족의 위협으로부터 교황을 지켜주었다. 로마 교황으로서는 동로마 황제의 강력한 군사적 보호가, 동로마 황제로서는 유럽 전체 교회를 통괄하는 로마 교황의 권위와의 연대가 필요했기에 두 세력 간의 유대관계

• 총대주교(patriarch) 제도는 451년 칼케돈 공의회에서 도입되었다. 교회 서열을 로마 다음으로 콘스탄티노플, 알렉산드리아, 안티오키아, 예루살렘으로 정하고 이 네 도시에 총대주교를 두었으나 7세기에 콘스탄티노플을 제외한 세 개 지역이 이슬람에 점령되면서 콘스탄티노플 총대주교가 유일한 세력으로 로마 교황과 대립하게 된다.

는 지속되었다.

7세기 후반부터는 이슬람의 약진으로 동로마제국의 세력이 약해지면서 교황의 영토가 제대로 보호받지 못하는 상황이 잦아지자 로마 교황과 동로마 황제 간의 갈등 역시 빈번해졌다. 결국 726년 동로마 황제의 성상 파괴령을 로마 교황이 거부하면서 대립이 격화되었다.•• 732년에는 동로마 황제가 자신의 영향력 아래 있던 남이탈리아와 일리리쿰(현 크로아티아 일대)에서 로마 교황의 권한을 몰수하여 콘스탄티노플 총대주교에게 부여하기도 했다. 이 무렵 로마 교황의 뒤에는 다른 보호자가 등장하고 있었다. 같은 해인 732년 이슬람 세력을 격퇴하면서 유럽 게르만 사회의 강자가 된 프랑크 왕이었다.

751년 프랑크왕국의 피핀이 중부 유럽 일대를 통일하며 카롤링거왕조를 세웠다. 당시 실권자였던 피핀이 명목뿐이던 메로빙거왕조의 힐데리히 3세를 내치고 왕위에 오르기 위해 취했던 방법은 교황 자카리아에게 자신이 프랑크 왕위에 오르는 것의 적절성에 대한 답을 구한 것이었다. 당시 동로마제국과 성상 파괴를 둘러싼 갈등 상황에 있었고, 동로마 라벤나 태수령을 점령한 롬바르디아족의 공격에도 직면해 있던 교황은 피핀의 요청에 적극적으로 응답했다. 이에 프랑크 귀족회의는 기존 힐데리히 3세를 연금하고 새로운 왕으로 피핀을 추대했다. 프랑크 왕위에 오른 피핀은 로마 교황의 보호자 임무를 자임했고 로마 교황 역시 새로운 프랑크

•• 서로마 교회는 라틴어를 사용한 반면 동로마 교회는 그리스어를 사용했다. 동서로마의 대립이 심해지면서 두 언어를 모두 구사할 수 있는 귀족과 성직자가 급격히 감소했고 이는 다시 두 지역의 문화적 이질화와 동서 교회의 갈등이 심해지는 요인이 되었다. 동로마의 성상 숭배 배격은 843년 콘스탄티노플 공의회에서 해제되었지만 동서 교회의 대립은 계속되었다.

왕을 '로마의 수호자'로 선언했다.

피핀은 이탈리아로 진격하여 롬바르드족을 격퇴하고 얻은 이탈리아 중부 영지를 소유권 반환을 주장하는 동로마 황제에게 돌려주지 않고 교황령으로 기증(756)하면서 교황(스테파노 2세)과 적극적으로 연대했다. 이로써 로마 교황과 동로마 황제는 실질적으로 결별했다. 이후 총대주교 임명권을 중심으로 여러 문제로 대립하던 로마 교황과 콘스탄티노플 총대주교는 1054년 상호 파문 사건으로 완전히 결별했고 동서 교회도 완전히 분리되었다.

한편 피핀의 아들로서 프랑크왕국의 영토를 넓혀가던 샤를마뉴는 교황 하드리아노 1세의 요청으로 아버지 피핀에 이어 다시 한번 롬바르디아족을 평정하고(774) 점령지 일부를 다시 교황령으로 기증했다. 799년에는 반대파에게 몰리던 교황 레오 3세를 보호해주었는데, 이미 동로마 황제의 지원을 기대할 수 없었던 교황이 샤를마뉴에게 교회 보호자로서의 로마 황제 지위를 제안하고 이를 샤를마뉴가 받아들였다. 800년의 일이었다. 이로써 동로마 황제에게 조공을 바쳐오던 프랑크왕국은 명실상부 서유럽 최고 지위를 차지하며 동로마제국과 대등한 지위를 표방하게 된다.

이후 서유럽 황제의 지위는 후대 프랑크 왕들에게 승계되며 교황에 의한 대관이 계속되었다. 프랑크왕국이 분열되며 1인을 추대하기 어려워지면서 924년에 황제 책봉이 중단되었으나 동프랑크왕국의 강세가 확실해지자 962년 교황이 다시 동프랑크 왕 오토 1세에게 황제 지위를 수여했다. 신성로마제국(Holy Roman Empire)의 시작이었다.•

초기 기독교 시대: 바실리카 교회당

서양 건축사에 등장하는 건축물 대부분이 석조인 것은 건축 역사서가 당대 지배 세력의 건축 생산만을 대상으로 다루기 때문이다. 서양에서 15~16세기까지 석재나 벽돌을 주 재료로 하는 조적조 건축은 일부 지배층의 건축물에 국한되었다. 일반인(피지배층/민중)의 주택 등은 목재나 진흙, 잡석 등으로 지어졌다. 로마를 중심으로 한 지중해 연안 지역에서는 목재가 부족해 지붕을 제외하고는 일찍부터 석재나 벽돌을 많이 썼지만, 알프스산맥 너머 게르만 지역에서는 대체로 목재에 의존했다. 게르만 지역에서 부유한 상인의 주택 등 일반인의 건축으로 건축물에 벽돌이나 석재 사용이 확산된 것은 16세기 이후의 일이다.

그러나 지역이나 재료에 상관없이 일반인들의 건축 생산에 사용된 재료나 기술은 수준이 높지 않았다. 당대 고급한 건축 재료와 기술은 지배 세력을 위한 건축에 집중되었다. 즉, 시대나 사회를 막론하고 최고 수준의 건축물은 양질의 재료와 고급 건축기술, 그리고 많은 노동력을 동원할 능력을 갖춘 지배 세력이 생산해낸 것이었다. 지배층의 권세가 강할수록 동원 가능한 재료-기술-노동력의 질적 수준이 높고 양적 규모도 컸다.

그런데 서로마제국이 멸망한 이후 서유럽에는 수백 년간 강력한 지배 세력이 부재했다. 이는 곧 재료와 노동력, 당대 최고의 건축기술을 집약하는 대규모 건축물을 생산할 주

• '신성로마제국 황제'라는 명칭은 로마 황제로부터 계승된 최고 권력임을 표방하는 것이었다. 황제는 선거로 선출하는 것이 원칙이었으나 대개 특정 가문 안에서 승계되었다. 제국의 최고위 귀족인 선제후(황제 선출권을 갖는 제후)들이 '로마의 왕'을 선출하고 교황이 그에게 황제의 관을 대관했다. 1438~1806년 동안 합스부르크 가문이 황제 지위를 계승하다가 1806년 나폴레옹의 독일 침공으로 신성로마제국은 해체되었다. 그러나 신성로마제국 황제는 1804년에 창설한 오스트리아제국 황제를 겸하고 있었으므로 이후 오스트리아 황제로 남아 1918년까지 지속되었다. 유럽 역사에서 자주 등장하는 '황제'는 통상 신성로마제국부터 오스트리아 황제까지를 지칭한다.

5 아헨왕궁 예배당, 독일 아헨, 790~805

6 아헨왕궁 예배당 내부

7 아헨왕궁 예배당 평면도

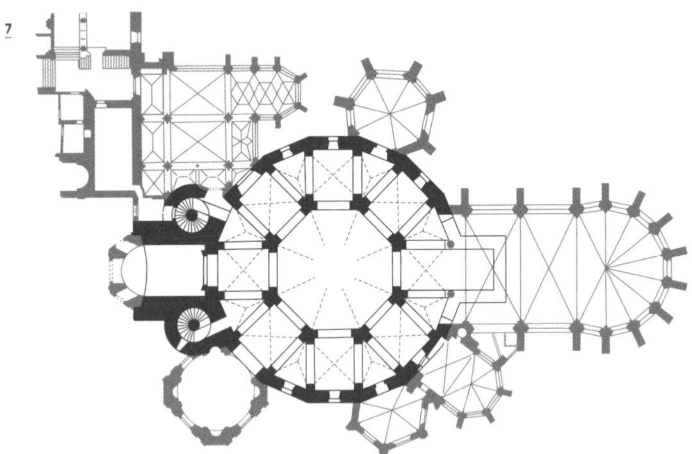

체가 없었다는 얘기다. 따라서 이 시기의 건축물은 주목할 만한 성취를 보여주지 못한다. 산 비탈레 성당(526~547) 등 라벤나에서 6~7세기에 진행된 건축 생산은 서유럽이 아닌 동로마의 것이라 해야 한다. 프랑크왕국에서 아헨을 수도로 강력한 왕조를 일으켰던 샤를마뉴 대제(재위 768~814) 시기에 산 비탈레 성당을 참조하여 지어진 아헨왕궁 예배당(790~805) 등 예외적인 몇몇 사례가 있는 정도다. 그렇다고 이 시기 서유럽에서 건축 생산이 없었을 리는 만무하다. 대규모 건축이 별로 없었다는 것일 뿐 소왕국들의 궁전·성곽·주택 등 크고 작은 건축은 당연히 지속되었다.

또 다른 유력한 사회 세력이었던 기독교회의 교회당 건축 역시 이어졌다. 물론 앞서 말했듯이 샤를마뉴 대제 치하의 시기를 제외하고는 대규모 교회당을 지은 예는 없었다. 그러나 11세기 무렵 교회가 서유럽에서 가장 강력한 사회 세력으로 부상하면서 교회당 역시 가장 중요한 건축물이 된다. 그런데 그 건축 형식은 로마제국 말기인 4세기부터 성립되어온 것이다. 따라서 우리는 로마제국 말기로 다시 돌아가 서유럽 지역에서 진행된 교회당 건축 생산의 경로를 짚어보아야 한다.

교회당 건축은 311년 로마 황제 콘스탄티누스 1세가 기독교 관용령을 내린 후 교회 세력이 공식적으로 조직화되고 로마제국 각지에 교구를 설치하면서 시작되었다. 콘스탄티누스 1세가 재위한 32년 동안 그의 명령으로 로마제국 곳곳에 교회당 수십 채가 지어졌다. 380년 기독교가 로마의 유일한 종교로 선포(국교화)되면서 교회당 건축은 공적 사업으로 간주되며 더욱 활발히 추진되었다. 3세기 이래 침체에 빠졌던 로마의 건축 생산이 교회당을 중심으로 되살아나는 형국이었다.

그리스와 로마의 다신교 등 이제까지의 종교에서 신전은 일반인의 출입을 금하고 예배는 신전 밖에서 하는 것이 통례였다. 그러나 기독교의 예배는 실내에서 이루어지므로 교회당은 많은 신도를 수용하기 위한 내부공간을 필요로 했다. 아직 교회당 건축 유형이 성립되지 않은 상태에서 짧은 기간에 여러 지역에 많은 교회당을 건축해야 하는 상황이었다. 게다가 3세기 이후 로마제국의 경제력은 기울고 있었으니 공공 재원의 지원도 충분치 않았을 것이다. 이런 배경에서 로마교회는 당시 가장 실용적인 공공건축물이었던 바실리카를 교회당으로 사용했고, 새로 짓는 전용 교회당도 바실리카와 비슷한 형식으로 건축했다.

로마시대의 바실리카는 원래 시장이나 집회장, 재판정 등으로 이용되던 다목적·다중이용 건축물이었다. 일부는 종교용 집회공간으로도 사용되었다. 일상적 사회·경제활동을 목적으로 많은 사람이 모이는 곳이었으므로 건축 형식이 매우 실용적이었다. 외부공간과 연결된 넓은 장방형 평면에 목조 트러스 격자 천장으로 지붕을 덮은 단순한 구조였다. 폭이 넓은 장방형 공간의 채광과 환기를 위해서 중앙부는 높은 지붕을 두고 양측은 지붕 높이를 낮추어 양쪽으로 지붕 단차에 의한 채광층(clear story)이 생기도록 했다. 단차 부위에서 지붕을 지지하기 위해 필요한 기둥들이 줄지어 서면서 장방형 평면이 길이 방향 세 개 열로 나뉜다. 중앙에는 천장고가 높은 네이브(nave, 신도석) 공간이, 그 양쪽으로는 천장고가 낮은 아일(aisle, 복도) 공간이 형성된다. 적은 비용으로 넓은 내부공간을 얻는 매우 실용적인 방법이었다. 초기 기독교 세력의 넉넉하지 못했을 재정 사정을 고려한다면 가장 적당한 형식이었을 것이다. 그나마도 교회당 전용 바실리카 신축이 일반화된 것은 나중의 일이었다. 초기에는 기존 바실리카를 빌려서 사용하는 것이 보통이었다.

바실리카 교회당의 형식화

실용성이 강점이었던 바실리카식 교회당은 교회 세력이 강대해짐에 따라 점점 지배 세력 건축으로서의 성격을 갖추어 갔다. 특히 교황이나 황제의 교회당 등 권위를 표현하기 위해 대규모로 건축되는 교회당이 늘어났다. 네이브의 폭과 높이를 키우고 아일을 이중으로 설치했다. 예배 형식에도 격식과 상징성이 더해졌다. 예배 절차와 형식은 지역과 교파에 따라 달랐고 계속 변화했다.• 그 변화 과정에서 교회당 건축 공간의 형식과 예배 형식이 서로 영향을 미쳤다.

교회당 건축의 원형인 바실리카의 장방형은 사제단의 행렬을 길고 권위 있게 연출하는 형식으로 받아들여졌다. 바실리카 내부 열주와 천장 높이의 차이로 구분되는 네이브와 아일은 공간의 특권화와 차별화로 연결되었다. 즉, 네이브는 예배 의식의 중심이 되는 성스럽고 위엄 있는 공간으로, 양쪽 아일은 일상적 동선 처리와 보조적 성소 배치를 위한 공간으로 사용하는 것이 규범화했다. 여기에 제단과 연단 등이 놓이는 가장 성스럽고 권위 있는 공간인 앱스(apse)가 추가되었다. 앱스는 반원형 공간에 반구 돔으로 지붕을 올린 특별한 형식으로 만들어지는 경우가 많았다.

교회당을 십자가 형상으로 만들어 상징성을 부여하려는 노력도 진행되었다. 앱스 아래에서 네이브를 직각으로 횡단하는 트랜셉트(transept)를 두고 트랜셉트 양끝 공간은 성

• 기독교 예전(Christian liturgy), 즉 예배 형식은 지역과 교파에 따라 달랐으나 로마 교황의 권위가 높아짐에 따라 8세기경 로마교회의 예배 형식을 따르는 지역이 많아졌다. 로마교회의 예배 형식 역시 6~9세기에 많은 변화를 거쳤고 이후에도 계속 바뀌었다. 현재도 로마교회와 다른 예배 형식을 따르는 교회들이 있다. 암브로시오 전례를 따르는 밀라노 지역 교회가 대표적이다.

8 옛 산 피에트로 성당 평면도

9 바실리카 양식의 전형을 보여주는 옛 산 피에트로 성당 단면도

10 옛 산 피에트로 성당, 이탈리아 로마, 320~360

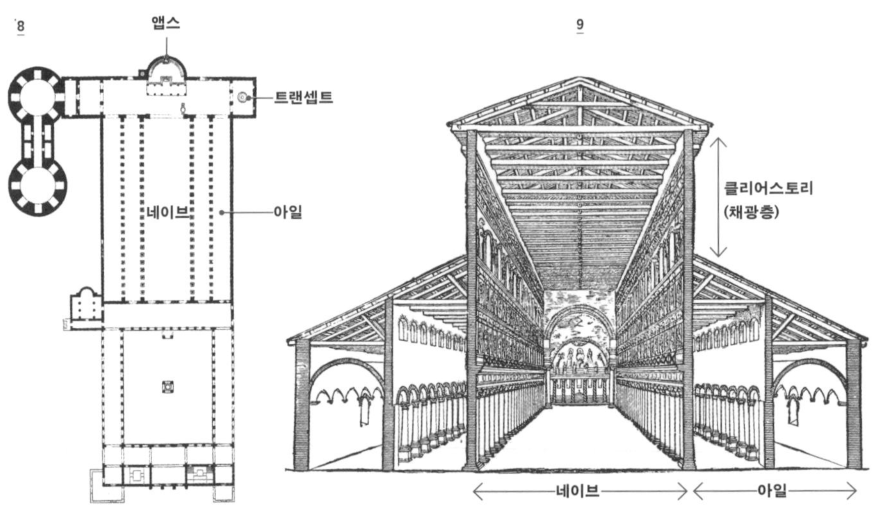

11 산 파올로 푸오리 레 무라 성당 평면도

12 산 파올로 푸오리 레 무라 성당, 이탈리아 로마, 324 준공

13 산 파올로 푸오리 레 무라 성당 내부

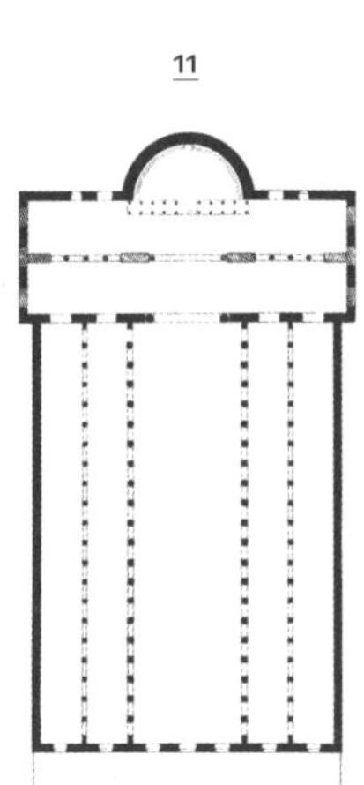

14 산타 사비나 성당, 이탈리아 로마, 422~432

15 산타 마리아 마조레 성당, 이탈리아 로마, 432~444

16 산타 마리아 마조레 성당 내부

14

15

16

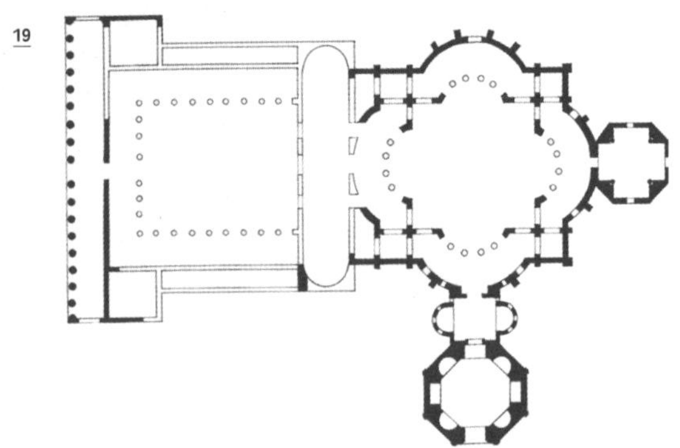

17 산 로렌초 마조레 성당, 이탈리아 밀라노, 402 준공

18 산 로렌초 마조레 성당 내부

19 산 로렌초 마조레 성당 평면도

인(聖人)을 봉안하는 등의 보조공간으로 활용되었다. 로마에 건축된 산 조반니 인 라테라노 대성당(313~324), 옛 산 피에트로 성당(320~360), 산 파올로 푸오리 레 무라 성당(324 준공) 등에서 초기 사례를 볼 수 있다. 그러나 이들 주요 교회당 외에는 건축 당시부터 트랜셉트가 설계된 십자 평면 사례가 많지 않다. 정형화된 십자 형상 교회당 건축은 11세기 로마네스크 시기부터 보편화된다.

콘스탄티누스 1세는 재위 기간(306~337) 동안 옛 산 피에트로 성당, 산 파올로 푸오리 레 무라 성당을 비롯하여 로마제국 내 곳곳에 교회당 수십 채를 건축했다. 황제의 교회당들은 격식을 갖춘 대규모 건축물로 지어졌고 이를 통해 바실리카 교회당 건축은 형식적 완성을 이루게 된다. 바실리카 전면 출입 영역에 전실(narthex)이 추가되고 여기에 외부 마당(atrium)이 연결되는 구성이 전형적이었다. 신도들은 외부 마당으로 들어와서 전실을 거쳐 입장해 열주로 둘러싸인 높은 천장의 네이브를 만나고 네이브가 끝나는 지점에서 특별해 보이는 앱스 공간과 그 안에 자리 잡은 제단을 바라보게 되는 공간 구조가 완성되었다. 대부분은 입구를 서쪽에 두어 동쪽 앱스로 향하는 방향성을 강조하는 장방형이 많았다. 그러나 동로마 지역에서는 중앙에 중심공간이 있는 집중형으로 구성하고 중앙 천장을 높여 돔 지붕을 설치하는 경우도 적지 않았다.•

서로마 지역에서는 4~5세기까지 로마를 비롯해서, 서로마제국 분할 통치의 거점 도시로 황제나 부황제가 거주했던 밀라노와 트리어 등에 대규모 교회당이 지어졌다. 동로마 지역에서는 콘스탄티노플·예루살렘·에페소스·안티오키아 등 당시 번성했던 도시들에서 교회당 건축이 성행했다. 로마에 건축된 옛 산 피에트로 성당은 현재의 산 피에트로 대성당이 지어진 16세기까지 교황의 교회당으로 사용되었다. 목조 지붕틀에 아일 2열과 트랜셉트로 구성된 전형적인 바실리카 형식이다. 산 조반니 인 라테라노 성당과 산 파울로 푸오리 레 무라 성당도 마찬가지다. 로마의 산타 사비나 성당(422~432)과 산타 마리아 마조레 성당(432~444)은 전형적인 바실리카 형식이고, 밀라노의 산 로렌초 마조레 성당(402 준공)과 산 나자로 인 브롤로(382 착공 이후 19세기까지 수차례 개축)는 동로마 지역의 영향을 받은 집중형 구성의 사례다.

동로마제국의 건축 생산

5세기 이후 서유럽 지역은 이렇다 할 건축 생산이 없는 공백기에 들어갔다. 교회당 건축 역시 마찬가지였다. 서로마제국이 몰락하고 군소 게르만족 세력들이 할거하는 상황에서 교회당 건축을 계속할 만한 강력한 권력이 없었다. 프랑크 왕국이 강성했던 샤를마뉴 대제 시기(768~814)에 잠깐의 활황기를 맞았으나 그의 사후 다시 왕국이 분열되면서 건축 생산 공백기는 10세기 중반까지 이어졌다. 이 시기에 교회당을 비롯한 대규모 건축물이 지어진 곳은 동로마제국이었다. 동로마에는 황제의 권력이 건재했고 도시들도 활기에 차 있었다.

• 7세기 이후 동로마 지역의 교회당 건축은 대부분 상하좌우 길이가 동일한 그리스 십자형 평면의 중앙집중형 공간구성을 규범으로 삼았다. 이는 동방의 전통적인 건축구법의 영향을 받은 것이지만, 동방 기독교 예배의식과도 관계가 있었다. 로마교회는 성직자의 영역(앱스, 크로싱)과 일반 신도의 영역(네이브, 아일) 구분, 성직자들의 장엄한 행렬 등 예배의 형식 자체를 중시했다. 반면에 동방교회는 중앙 공간에서 예배의식을 집전하는 등 영역 구분이 명확하지 않은 개방적인 형식이 자리 잡았다. 동방 교회당의 중앙 집중적 공간구성은 이러한 예배 형식의 영향을 받은 것이면서 동시에 이 지역 특유의 돔 중심 건축이 예배 형태에 영향을 준 것이기도 하다.

동로마제국은 고대부터 문명이 발달했던 서아시아 지역에 로마제국의 정치체제가 더해진 사회였다. 서로마 멸망 이후에도 동로마는 수백 년 동안 노예제를 유지하고 도시 상업활동을 활성화하면서 중앙집권적 관료제를 바탕으로 제국을 관리했다. 도시 상업활동에 대한 허가 및 세금 징수 등의 이권은 황제가 독점했다. 요컨대 동로마제국은 고대 왕권국가체제를 굳건히 하며 9세기 무렵까지 상대적 안정을 누렸다. 그러나 거기까지였다. 중앙집중적 왕권체제 아래에서 상업 계층의 양적·질적 발전에 한계가 있을 것은 당연했다. 서유럽 지역과 달리 봉건제가 성립하지 않았고 상인 계층에 의한 자치도시도 발전하지 않았다. 황제와 귀족이 지배하는 예속적 소작농체제가 지속되면서 농업 생산력 역시 정체되었다. 즉, 서유럽이 지배체제를 형성해가던 시기(5~9세기)까지는 고전고대의 상부구조를 지속하면서 압도적인 선진문화권의 위상을 유지했으며, 동쪽 이슬람 세력의 공세를 버텨내며 결과적으로 서유럽 사회를 이슬람 세력으로부터 보호하는 역할도 해냈다. 그러나 더 이상의 발전은 없었다. 급기야 11세기에는 셀주크 튀르크족에게 대부분의 영토를 빼앗기며 로마 교황에게 지원을 요청하는 지경에 이르렀고, 1204년에는 성지 회복을 빌미로 노략질을 해대는 서유럽 십자군에게 콘스탄티노플을 점령당하는 수모를 겪었다. 이후 동로마제국은 세력이 위축된 채 황제 단일 지배체제를 유지하다가 1453년 오스만제국에 의해 멸망했다.

동로마제국은 로마제국과 뿌리를 같이하지만 서양 역사와 건축사에서는 주류에 포함되지 않는다. 서유럽 건축 생산 공백기인 5~9세기 서술 부분에 '비잔틴 건축'이라는 이름으로 등장할 뿐이다. 그 이후에 이 지역에서 무슨 일이 진행되었는지는 서양 역사의 관심사가 아니다. 이런 태도는 동로마제국의 건축 생산을 다루는 방식에서 보다 잘 드러난다. 라벤나의 산 비탈레 성당과 콘스탄티노플의 소피아 성당, 그리고 펜덴티브 돔 구법 정도만 다루어진다. 최소한 4세기부터 셀주크 튀르크에게 많은 영토를 상실하기 전인 11세기까지는 지중해 최대 지배 세력 중 하나였던 동로마제국의 건축이 어찌 이뿐이었을까? 서양이 동로마제국을 이토록 축소해 다루는 이유는 간단하다. 동유럽 지역은 서양문명의 주요 무대가 아니기 때문이다. 더욱이 가톨릭교와 동방 정교회의 분리 이후 동유럽은 서유럽에서 이방의 존재로 다루어졌고, 서양 근대 역사학이 등장하는 18세기 말에는 서유럽에 편중된 세계관이 더욱 심해졌다. 비잔틴의 펜덴티브 돔에 관심을 집중하는 것은 11세기부터 서유럽 건축 생산의 중심 과제가 된 교회당 건축에서 동로마에서 완성된 펜덴티브 돔 구법이 주요하게 사용되었기 때문이다.

그러나 동로마의 건축적 성취를 자세히 들여다보고 재평가하는 것은, 설령 그것이 중요한 일이라 해도 본 책의 목적을 벗어나는 일이다. '서양 건축 이론·규범의 객관화'를 목표로 그것이 형성된 과정을 살펴보려는 이 책의 입장에서는 그 이면에 숨겨진 편파성을 짚는 것으로 충분하다. 실제로 비잔틴 건축이 이후에(특히 르네상스기에) 형성되는 서양 건축 이론·규범에 미친 영향과 기여 역시 그 정도뿐이었을 것이기 때문이기도 하다. 따라서 여기서는 대부분의 서양 건축 역사 기술이 그렇듯이 소피아 성당을 중심으로 한 서술에 그친다.

동로마제국 교회당 건축의 과제: 사각형 평면에 돔 지붕 얹기

동로마제국 건축 생산의 최대 과제는 황제 권력이 지휘했던 대규모 교회당을 짓는 것이었고, 최대 성과는 사각형 평면에 원형 돔 지붕을 얹는 기술의 완성이었다. 이러한 건축적 성취는 로마제국의 문화와 서아시아(오리엔트) 지역 문화의 융합체라는 동로마제국의 속성을 잘 보여준다. 이미 교회당 건축 형식의 규범이 된 장방형 평면에 서아시아에서 보편적이었던 지붕 구법인 돔 지붕을 결합한 것이었기 때문이다. 서로마에서는 4세기 이후 장방형 바실리카 평면이 교회당 건축에 널리 사용된 데 비해 동로마 교회당은 중앙집중 형식과 장방형 바실리카 형식이 혼재했다. 중앙집중 형식은 원형·팔각형·사각형 등 독립공간 형식이거나 사각형을 9분할 한 그리스 십자형 평면이 사용되었다. 바실리카 형식은 그리스 십자형 평면의 동서축 방향 길이를 늘인 것으로 서로마의 바실리카에 비해 길이가 짧기는 했지만 네이브 공간이 확연한 장방형 평면이었다. 독립공간 형식이든 바실리카 형식이든 모두 중앙에 돔 지붕을 얹는 형식이었다. 독립공간 형식을 대표하는 사례로 라벤나의 산 비탈레 성당을 꼽을 수 있으며, 바실리카 형식으로는 이스탄불의 소피아 성당(532~537), 이레네 성당(532~) 등을 들 수 있다.

대공간에 석재로 지붕을 축조하는 문제는 고대 로마시대 내내 커다란 과제였다. 판테온의 원형 돔 이외에 코브볼트(coved vault), 클로이스터볼트(cloister vault), 우산형 돔(umbrella dome), 펜덴티브 돔(pendentive dome) 등이 시도되었지만 기술 면으로나 시공 효율 면에서나 완성된 단계에 이르지 못했다. 더욱이 그리스 십자형이나 바실리카 형식으로 대규모 교회당을 건축하는 데에는 사각형 평면에 원형 돔 지붕을 얹어야 하는 문제가 뒤따랐다. 비록 로마 판테온에서 거대한 돔을 구축한 선례가 있었지만 원형 평면 건축

20 산 비탈레 성당, 이탈리아 라벤나, 526~547

21 산 비탈레 성당 평면도

22 산 비탈레 성당 내부

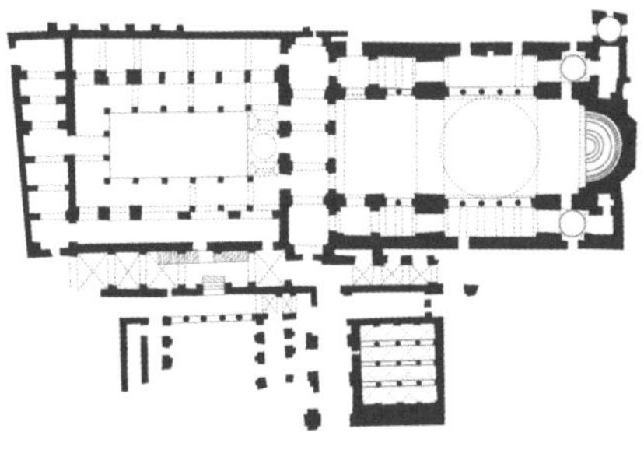

23 이레네 성당, 튀르키예 이스탄불, 532~

24 이레네 성당 평면도

25 이레네 성당 내부

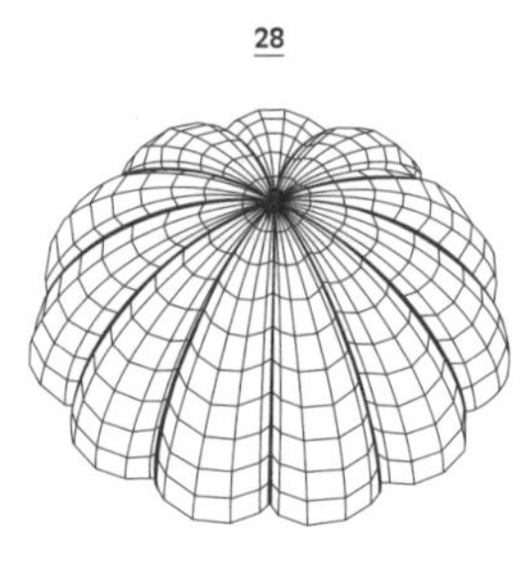

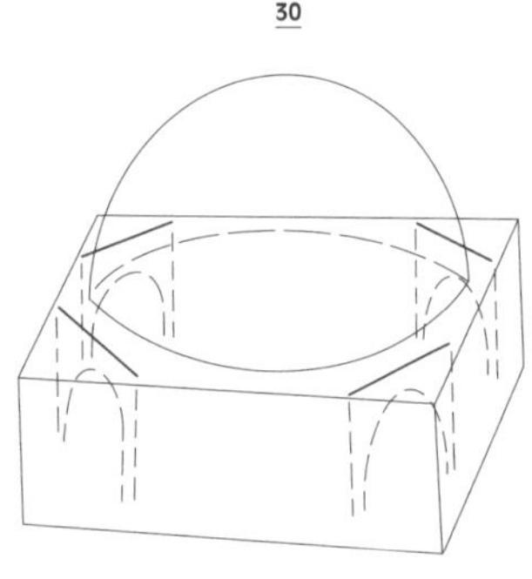

26 클로이스터볼트: 대시나고그, 이탈리아 로마, 1906

27 코브볼트: 알함브라궁, 스페인 그라나다, 1238~1358

28 우산형 돔

29 스퀸치 돔: 야메흐 모스크, 이란 아르데스탄, 1159

30 스퀸치 돔

31

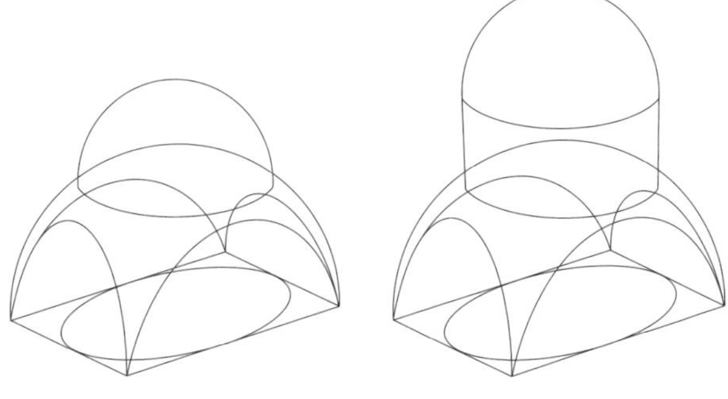

31 펜덴티브 돔(왼쪽)과 드럼이 있는 펜덴티브 돔(오른쪽)

물이었던 판테온과는 달리 사각형 평면인 바실리카에 돔 지붕을 얹는 것은 전혀 다른 기술적 과제였다. 서아시아의 구법을 좇아 많이 사용된 것은 정사각형 평면 모서리에 스퀸치(squinch, 대각보)를 설치하여 팔각형 테두리보를 만든 후 이 위에 돔을 건축하는 방식이었다. 그러나 이는 돔 아랫부분에 스퀸치를 지지하는 기둥과 벽체가 많아지고 두꺼워진다는 단점이 있다. 동로마의 건축물 역시 로마제국과 마찬가지로 석재와 벽돌을 사용한 조적 구조다. 인장력 없는 조적 구조로 거대한 돔을 받치면서 개방적인 내부공간을 만드는 일은 만만치 않은 과제였다.

동로마 건축가들의 해법은 펜덴티브 돔이었다. 펜덴티브 돔 구법은 사각형 평면 네 변에 아치를 축조하고 그 네 개 아치들 사이의 삼각 형상 곡면 펜덴티브•를 채워 네 개 아치 정점을 잇는 원형 테두리를 만든 뒤 그 위에 돔을 건축하는 것이다. 대형 아치 네 개와 펜덴티브 네 개가 돔 하중을 사각 평면 모서리에 세운 기둥(pier)으로 집중시켜서 전달한다.

• 아치 네 개와 돔 하단 테두리 사이의 구면 삼각형을 펜덴티브(pendentive)라고 한다. 밑에서 돔을 올려다보았을 때 '돔에 붙어서 늘어져 있는 것'처럼 보인다고 해서 붙은 이름이다.

아치는 압축력만 받으면서 돔 하중을 양단부 모서리 기둥에 전달하므로 돔 하부에서 벽체 없이 연속된 내부공간 구성이 가능해진다. 커다란 아치를 채우는 벽면에는 채광창을 설치할 수 있다. 돔의 높이를 보다 높게 하려면 원형 테두리에 드럼 벽을 쌓아 올리고 그 위에 돔을 축조할 수도 있다. 이 경우 드럼 벽에 채광창을 설치하여 돔에서 밝은 빛이 내려오는 효과를 줄 수 있다. 르네상스시대 이후 서유럽 건축에서 자주 사용된 수법이다.

구조적으로는 자못 합리적이고 효율적인 듯하지만 펜덴티브 돔은 시공 부담이 매우 큰 건축구법이다. 우선 아치의 단부, 즉 모서리 기둥 지점에는 연직하중과 함께 큰 횡압도 집중되므로 이를 지지할 거대한 버트레스가 있어야 한다. 또한 시공 과정에서 엄청난 양의 가설재 설치가 필요하다. 즉, 네 기둥 위에 아치를 쌓을 때부터 돔 벽돌들의 모르타르가 완전히 굳을 때까지 아치와 돔을 지탱할 거푸집이 필요하다. 이 거푸집을 지지하기 위한 가설재와 인부들이 작업하기 위한 비계도 설치되어야 한다. 돔의 규모가 크다면 바닥에서 돔까지 높이가 수십 미터에 달하기에(소피아 성당의 경우 55미터다) 필요한 가설재 양이 엄청나다. 절대적인 권력과 부를 갖춘 황제가 아니라면 동원하기 쉽지 않은 규모다. 서유럽에서 대규모 건축물 지붕 구법이 로마네스크의 교차볼트를 거쳐 고딕의 리브볼트(rib vault)로 발전한 이유다. 물론 서유럽에서도 돔을 사용하는 사례가 적지 않았지만 대부분 규모가 작았고 대규모인 경우에는 펜덴티브 돔보다는 부담이 적은 스퀸치 돔을 사용했다.* 동로마에서도 6세기 유스티아누스 대제 이후에는 대규모 펜덴티브 돔은 건축되지 않았다. 여러 도시들에서 교회당 건축이 계속되기는 했지만 대부분 소규모 돔을 중심으로 중앙집중형으로 구성된 중소

규모 교회당들이었다.

소피아 성당 6세기에 동로마제국 최전성기를 이끌었던 최강의 황제 유스티아누스 1세(재위 527~565)는 교회당 수십 채를 건축했다. 콘스탄티노플에만 30여 채를 지었다는 기록이 있다. 동로마 최대의 건축사업이었던 소피아 성당(532~537) 역시 유스티아누스 황제를 위해 건축된 것이다. 펜덴티브 돔 구법이 완성되어 대규모로 실현된 대표적인 사례다. 돔의 직경이 31미터이고 바닥에서 높이가 55미터에 이른다. 돔을 지탱하는 기둥들의 대각 길이는 46미터이다.

소피아 성당은 원래 360년 콘스탄티누스 2세가 건축했고 415년 테오도시우스 2세가 다시 건축한 황제의 교회당이었다. 그러나 유스티아누스 1세가 재위하던 532년 대규모 반란이 일어나며 소피아 성당이 소실되었다. 수만 명을 처형하며 반란과 폭동을 진압한 유스티아누스 1세는 소피아 성당을 훨씬 더 크고 화려하게 재건하기로 했다. 황제의 정치적 목적이 강하게 결합된 새로운 소피아 성당 건축사업은 황제의 독려 아래 제국의 모든 자원을 총동원하다시피 하며 5년 10개월 만에 완공되었다.••

소피아 성당은 로마 교회당 양식인 동서 방향으로 긴 장방형 바실리카식 평면에 비잔틴 교회당의 돔형 중앙집중식

• 로마네스크 건축에서는 돔이 자주 사용되었지만 고딕 건축에서는 거의 사용되지 않았다. 15세기 르네상스시대부터 돔 사용이 다시 늘어났으며 펜덴티브 돔과 스퀸치 돔이 혼용되었다. 산타 마리아 델 피오레 대성당 돔의 팔각 드럼은 스퀸치의 변형이라 할 수 있으며, 산 로렌초 성당(1470) 돔은 완전한 펜덴티브 돔이다. 산 피에트로 대성당(1506~1626) 돔은 펜덴티브 돔이라 할 수 있으나 네 개의 벽기둥이 거대하여 스퀸치 효과를 겸한다. 런던 세인트 폴 성당(1675~1710)은 여덟 개 기둥에 여덟 개 아치와 펜덴티브를 올려서 스퀸치 돔과 펜덴티브 돔을 합성했다고 할 만한 형식이다.

32

33

32 소피아 성당, 튀르키예 이스탄불, 532~537

33 소피아 성당 내부를 그린 석판화, 1852

34 소피아 성당 평면도

35 소피아 성당 단면도

34

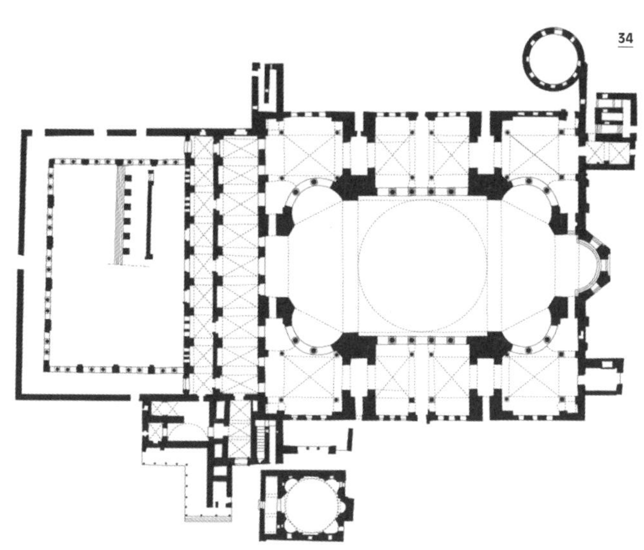

35

구성을 혼합한 형식으로 설계되었다. 바실리카의 네이브-아일-앱스 구성은 유지되었지만 네이브의 길이는 로마 교회당보다는 짧게 계획되었다. 중앙 돔은 황제의 권위를 위해 매우 커야 했을 뿐 아니라 화재로 소실된 옛 성당을 재건하는 만큼 보통의 성당처럼 목재 돔이 아니라 불에 타지 않는 석재나 벽돌로 축조된 돔이어야 했다. 건축가들이 풀어야 할 과제는 분명했다. 대규모 원형 돔과 장방형 공간을 어떻게 조화롭게 구성할 것인가? 그리고 중앙 돔 하부의 네 모서리 기둥에 작용할 엄청난 횡압을 어떻게 지지할 것인가?

건축가의 해결책은 장방형 중앙에 펜덴티브 돔을 두고 그 동서 방향으로 네이브를 따라 반 돔을 연결하여 설치하는 것이었다. 반 돔은 중앙 돔으로 덮고 남은 양쪽 네이브 공간을 덮는 동시에 중앙 돔의 횡압을 지지한다. 반 돔 역시 아치로 지지된 펜덴티브 돔이다. 중앙 돔을 받치는 네 개의 대아치는 두께를 매우 두껍게 하였으며 대아치 밑에 2차 아치를 부가하여 강성을 크게 했다. 이를 18.3미터 높이로 받치는 벽기둥 역시 두께가 7.6미터까지 커졌다. 2차 아치는 대아치의 직경이 짧아지도록 함으로써 동서 방향에서 반 돔으로 지지해야 하는 횡압을 감소시키는 효과도 있다. 한편, 돔을 설치하기 곤란한 남북 방향 아일 쪽에서는 다른 방법이 고안되었다. 중앙 돔을 지지하는 벽기둥에 아일과 갤러리를 가로지르는 겹 아치를 붙이고 외부에서 강력한 버트레스로 지지

•• 밀레투스의 건축가 이시도로스와 트랄리스의 수학자 안시미오스가 새 성당의 설계를 맡았다. 로마를 포함하여 제국 전역에서 기둥과 대리석들이 공출되었다. 현재 소피아 성당에 서로 다른 크기와 색을 가지고 있는 기둥들이 많은 이유다. 공사 감독 100명과 노무자 1만 명이 동원되었다고 한다. 12~13세기 보통 도시 인구가 5천 명 정도였고 런던, 파리 등 대도시도 4~5만 명 수준이었음을 고려하면 엄청난 인력이 동원된 것이다.

했다.

내부공간은 각지에서 조달된 색대리석의 원주·석판·모자이크로 장식되었다. 특히 돔 하부에 연속되는 개구부가 설치되어 있고 펜덴티브를 받치는 아치가 모자이크로 덮여 있어 거대한 구조체가 지지되는 원리가 식별되지 않는다. 무게감이 느껴지지 않는다거나 유동적 공간감, 신비감이 있다는 감상이 나오는 것은 이 때문이다.

소피아 성당의 돔 구조는 로마 판테온 돔과는 다르지만 거대한 돔을 건축해야 하는 상황에서 유일한 선례인 판테온을 모델로 삼았을 것이다. 돔의 전체적 형상이나 하부 단면이 매우 두꺼운 점이 비슷하다. 소피아 성당 돔은 판테온의 콘크리트 돔을 벽돌로 번역한 것이었다. 동로마에서는 포촐라나 시멘트 사용이 일반적이지 않았기 때문에 콘크리트를 타설하는 건축기술도 사용되지 않았다. 소피아 돔은 모르타르를 많이 사용하여 석재 벽돌을 쌓는 방법으로 만들어졌다. 인장력이 없기는 마찬가지이므로 판테온 돔과 구조적 특성이 같다. 즉, 돔은 균열로 인해 여러 개의 아치들로 분리되어 거동하며, 당연히 매우 큰 횡압이 발생한다. 돔을 받치는 대아치들과 펜덴티브들은 연직하중뿐 아니라 이 횡압을 받아내야 한다. 돔의 횡압이 발생시키는 인장력을 상쇄하기 위해(압축력을 증가시키기 위해) 대아치의 두께를 매우 두껍게 하고 펜덴티브 바깥도 두껍게 채워 자체 하중을 크게 했다. 소피아 성당 돔 주변이 사각형 박스 같은 매스(mass)로 채워진 것은 이 때문이다.

소피아 성당 돔의 하부 구면에 연속적으로 설치된 채광창은 돔이 떠 있는 듯 보이게 하려는 시각적 효과를 위한 것으로 간주되었지만 구조적으로는 현명하지 못한 처사라는 평가를 오랫동안 받고 있었다. 인장력이 작용하는 돔 하부에

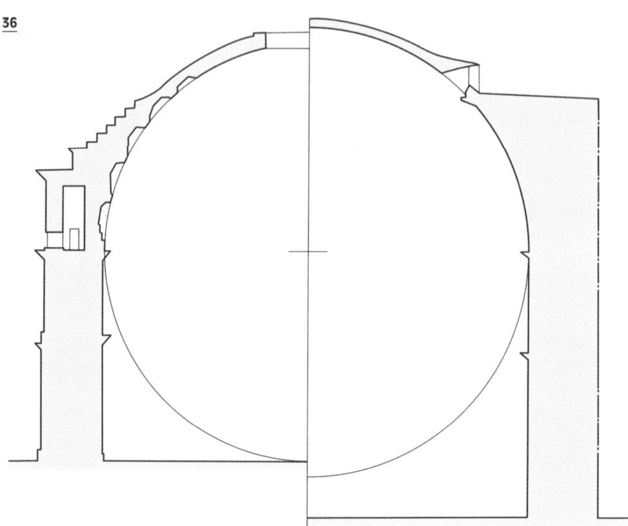

36 판테온과 소피아 성당(오른쪽) 단면 비교

개구부를 내는 것은 구조를 취약하게 만드는 요인이 되기 때문이다. 그러나 인장력 없는 재료로 만들어진 돔은, 판테온에서와 마찬가지로 균열로 인해 어차피 여러 개 아치들로 나누어진다는 점을 고려하면 얘기가 달라진다. 일체식 돔 구조에서 여러 하중과 압력이 어떻게 작용하는지 정확히 알지 못했던 당시로서는 돔은 아치와 마찬가지로 큰 횡압이 발생하는 구조라고 이해했을 것이다. 이렇게 본다면 돔 하부 채광창은 오히려 합리적인 선택이 될 수 있다. 돔 자체의 무게를 줄일 뿐 아니라, 개구부로 미리 균열을 내는 셈이므로 개구부 너머 돔 상부로까지 균열이 진행되는 것을 방지하는 효과도 있다.

소피아 성당은 537년 준공된 후 558년 지진에 의해 돔 일부가 낙하하는 사고를 겪었다. 남북 방향 쪽 아치가 횡압을 견디지 못하고 밖으로 기울면서 붕괴한 것이었다. 당초에 소피아 성당 돔은 현재보다 높이가 6미터 정도 낮은 완만한 곡률의 돔이었는데, 이것은 완전한 반구 형상일 때보다 횡압이 커지는 요인이었다. 붕괴된 돔은 563년에 재건되었는데 이때 완전한 반구형으로 돔의 높이를 높였다. 이로써 횡압이 30퍼센트가량 감소했을 것으로 계산된다. 그럼에도 횡압은 만만치 않게 컸고 이를 견디기에는 부축벽이 여전히 취약했다. 989년 서쪽 아치와 반 돔이 붕괴했고 이를 재건하며 거대한 부축벽을 증축했다. 돔은 1344년 지진으로 균열이 발생해 1346년에 다시 붕괴하고 1354년에 복구하는 등 붕괴와 복구를 거듭했다. 1847~49년에 돔 하부에 철제 링을 보강하면서 비로소 안정성이 강화되었다.

4

봉건제 확립기의 건축 생산

(로마네스크, 10~12세기)

서유럽의 지배체제 정착과 농촌 경제의 발전

샤를마뉴 대제 치하에서 전성기를 구가하던 프랑크왕국은 814년 샤를마뉴가 사망한 후 후손과 귀족 세력들의 분란으로 왕들이 난립하며 다시 분열과 혼란에 빠져들었다. 843년 베르됭 조약으로 동프랑크, 중프랑크, 서프랑크로 정리되었지만 이후에도 분란과 분열은 계속되었다. 880년 무렵 중프랑크왕국은 제후국 수준의 이탈리아왕국으로 축소되고 서프랑크왕국과 동프랑크왕국이 양립하는 구도가 되었다. 이 시기 왕국들의 왕권은 안정되지 못했고 여러 지역에서 영주(제후) 세력들이 발호했다. 이후 동프랑크의 오토 1세(재위 936~973)가 제후들을 복속시키며 이탈리아왕국까지를 통합하는 강력한 왕권으로 부상했다. 오토 1세는 962년 로마 교황으로부터 다시 황제 지위를 받으며 신성로마제국시대(962~1806)를 열었다. 서프랑크 역시 지역 제후 세력들의 견제와 동프랑크의 개입 속에 왕권이 안정되지 못하다가 987년 파리를 근거로 한 제후 위그 카페가 왕권을 차지하면서 정착기에 들어섰다.•

정치권력 구도가 안정되고 봉건제가 정착되면서 서유럽 지역의 농촌 경제는 10세기쯤부터 크게 발전했다. 농업

• 987년 위그 카페가 왕위에 등극하며 개창된 카페왕조는 1358년까지 프랑스 왕위를 계승했고 이후 카페왕조에서 분가한 발루아왕가(1358~1589)와 부르봉왕가(1589~1792, 1814~48)로 계승되었다. 카페왕조가 시작되면서 서프랑크왕국이 프랑스왕국으로 불리기 시작했다.

1 1000년경 유럽

생산력이 증진됨에 따라 경제적 역량이 커진 지배층은 점차 대규모 건축 생산 능력을 갖추어갔다. 그리고 이는 10~12세기 '로마네스크' 문명을 이룬다. 5세기 서로마가 몰락하고 5백 년이 지나고서야 비로소 서유럽 지역에 따로 이름 붙일 만한 문명활동과 대규모 건축 생산이 가능해진 것이다.

중세 유럽에서 고대에 비해 농업 생산력이 비약적으로 향상된 가장 중요한 이유는 농노제에서 찾아야 할 것이다. 농노는 영주에게 예속되어 영주로부터 할당받은 땅을 경작하고 각종 부역을 수행해야 하는 의무에 시달렸던 반(半)노예 신분이었지만 고대 노예와는 달리 자신의 재산을 소유할 수 있었다. 적지 않은 시간을 영주 직영 농지에서 일해야 했고, 자신이 경작하는 토지에서 나오는 작물도 일정량을 영주에게 바쳐야 했지만 나머지는 자신이 소유할 수 있었다. 다시 말해서 자신의 토지에서 생산된 농산물이 많을수록 자신의 소유분이 늘어나고 자신과 식구들의 삶에 도움이 된다. 이로써 농업 노동의 주체인 농노들이 '생산성 향상 욕망'을 갖게 된 것이다.

생산성 향상 욕망은 기술 혁신으로 이어졌다. 가령 말 두 필을 동시에 사용하여 밭을 갈 수 있도록 하는 철제 쟁기와 마구가 개발되었고, 이회토 살포에 의한 토질 개선, 삼포제,• 물레방아 등 새로운 농업기술이 보편화되었다. 농노로부터 거둬들이는 양을 늘리기 위한 영주 계급의 노력도 있었겠지만 농민들이 자신의 몫을 늘리기 위해 노력한 것이 기술 혁신을 이끈 가장 중요한 동력이었다. 농업 생산력이 향상되자 인구가 증가했고 이는 농업 노동력의 증가로, 그리고 더 많은 개간활동에 의한 경작지 확대와 농업 생산량 증대로 이어졌다. 950~1348년에 유럽 인구는 2천만 명에서 5천 4백만 명으로 증가했으며, 평균 수명도 고대 로마시대의 25세에서 35세로 늘어났다.

농업의 발전은 인구 증가와 함께 여러 새로운 사회경제적 상황이 진전하는 조건으로 작용했다. 지배 계급인 영주와

• 농경지를 추경지·춘경지·휴경지로 삼분하여 한 해씩 순환하면서 경작했다. 추경지에는 빵의 원료가 되는 밀이나 호밀, 스펠트밀과 같은 주곡이 재배되었고, 춘경지에는 보리나 귀리, 콩과 같은 잡곡이 재배된다. 기존 이포제는 매년 토지의 반을 쉬게 했지만 삼포제는 토지의 3분의 1만 놀리므로 동일한 경지 면적에서 삼포제 쪽이 생산량이 많다. 또한 이포제에서 삼포제로 전환함으로써 여름 곡물인 귀리를 증산하게 된 것은 대단히 중요했다. 이포제에서 귀리를 이용한 말의 사육은 거의 불가능했기 때문이다. 소는 보다 적은 사료와 방목으로도 사육될 수 있으나, 말을 사육하기 위해서는 더 많은 사료가 필요했다. 삼포제를 통해 농사의 주요한 수단인 말을 더 많이 사육할 수 있게 되었다.

기사, 그리고 교회(교회 역시 영지를 보유한 영주이기도 했다)가 축적하는 부의 규모가 커졌다. 부의 규모가 커지면서 상품 수요가 증가하며 수공업활동과 농산물 및 수공업 생산물의 거래, 즉 상업활동이 활발해졌다. 그리고 이러한 경제활동은 도시 발전으로 이어졌다. 11~12세기쯤부터는 상업과 수공업의 거점인 도시로 인구가 집중되며 중세도시들이 발전하기 시작했다.

영국의 유럽 역사 편입

브리튼섬은 로마제국의 지배를 받았던 잉글랜드 지역과 스코틀랜드, 웨일스 등을 거점으로 삼은 세력이 대립했다. 7세기쯤 북부 독일과 덴마크에서 유입한 게르만족 일파인 앵글로색슨족이 섬 여기저기를 점령하며 여러 소왕국이 할거했다. 그러면서 유럽 대륙과 마찬가지로 브리튼섬에서도 나름의 봉건제도가 형성되었다. 유럽 대륙에서는 8세기를 지나면서 프랑크왕국이 강력한 세력으로 자리 잡았지만 브리튼섬은 이러한 판도에서 한 발 떨어져 있었다. 그러나 11세기에 들어 노르만족이 잉글랜드를 정복함으로써 브리튼섬은 비로소 유럽 대륙 역사에 편입되기 시작했다. 또한 이는 브리튼섬, 즉 영국에 유럽 대륙과는 차별적인 봉건제가 성립하는 계기로 작용했다.

스칸디나비아 지역에 거주하던 게르만족 일파인 노르만족이 남하하기 시작한 것은 9세기 무렵이다. 내부 권력 다툼에서 밀린 노르만 귀족 세력이 남쪽으로 이주하며 서유럽을 침략하기 시작했다. 그중 일부가 9세기 말에 프랑스 북서지방으로 이주, 약탈을 지속했다. 공세에 시달리던 서프랑크 왕은 이 만만치 않은 세력을 격퇴하기 위한 전쟁을 계속하는 대신 그들의 영토 점령을 인정하는 것으로 혼란을 끝냈다. 911년 노르만족의 지도자를 노르망디 공으로 임명하여 주군-봉신 관계를 맺은 것이다. 전형적인 분권적 봉건제다.

노르망디 지역에 터를 잡고 세력을 키워가던 노르만 세력은 1066년에 당시 막 왕권국가로 발돋움한 브리튼섬의 잉글랜드왕국(927~1707)을 점령하여 왕권을 차지했다.• 정복왕으로 불리는 윌리엄 1세가 그 주인공이다. '노르만 정복'으로 불리는 이 사건으로 그동안 별개로 존재하던 브리튼섬이 유럽 역사에 본격 편입된다. 분권적 봉건제가 수백 년에 걸쳐 서서히 완성된 프랑크왕국과는 달리 영국에서는 봉건제가 진행되던 시기에 외부의 강력한 세력이 왕권을 장악해버린 것이다. 정복왕은 모든 토지를 국왕의 소유로 정했고 영주의 봉토는 왕에게 일시적으로 빌리는 땅이 되었다. 이러한 과정을 거치면서 영국의 봉건제는 영주들의 세력에 비해 왕권이 상대적으로 강한 성격을 갖게 된다. 다시 말해 영주의 자체 권력 기반이 유럽 대륙에 비해 약했다. 또한 정복자인 노르만족 귀족들이 새로이 영주 지위를 차지하면서 전통적인 영주 세력은 이보다 낮은 지위의 영주인 '젠트리'(gentry) 계층을 형성했다. 잉글랜드 영주 계급의 이러한 특성은 이후 왕권으로부터 자신들의 권리를 보호하기 위해 의회제도를 성립시키면서•• 다른 나라보다 일찍 상인 계층이 유력한 계급으로 성장하는 요인으로 작용했다. 그리고 이

• 노르만족의 다른 일파는 1057년 비잔티움제국 영토였던 남이탈리아와 이슬람 영토였던 시칠리아를 공략하여 로마 교황으로부터 남이탈리와 시칠리아의 영주 지위를 인정받았다. 이후 이들은 비잔티움제국을 공격했고(1081) 비잔티움의 지원 요청을 받은 신성로마제국 황제가 로마 교황을 공격하자 로마를 점령(1084)하여 약탈하며 교황을 구출하기도 했다. 남이탈리아의 노르망디공국은 1194년까지 지속되다가 신성로마제국에 복속되었고, 1266년에는 시칠리아왕국을 지배하던 프랑스 카페왕조 일가인 앙주 백작이 지배권을 차지했다. 1282년 시칠리아왕국을 아라곤왕국이 차지하자 앙주왕가가 남이탈리아를 분리하여 나폴리왕국으로 지배했다.

는 영국이 유럽 대륙의 국가들보다 백여 년이나 앞서 부르주아 정치혁명과 산업혁명을 성취하는 토대가 된다.

건축 생산 주체로서의 수도원

로마네스크 건축 생산과 관련된 또 하나의 중요한 사회현상은 수도원 운동이었다. 수도원은 10세기 이후 중세 사회 지식과 세속권력의 거점이 되면서 건축 생산에서도 중추적인 역할을 담당하게 된다.

로마시대 후기인 4세기부터 이집트·팔레스타인·시리아 등지에서 금욕적인 생활과 노동을 통한 자급자족을 실천하면서 신앙에 매진하는 종교공동체가 출현하기 시작했다. 이러한 종교공동체들이 수도 규칙을 발전시키고 수도원을 세웠다. 529년 베네딕트가 로마 남쪽 몬테카시노에 수도원을 설립하고 만든 수도 규율인 베네딕트 규칙을 여러 수도원이 따르면서 수도원 운동이 시작되었다. 수도원 운동은 프랑크왕국의 귀족들에게 전파되었다. 자신의 토지에 새로운 수도원을 설립하는 귀족들이 늘어났다. 600~700년에 새로 지어진 수도원만 320개에 달했다. 카롤링거왕조는 베네딕트 규칙을 프랑크왕국 내 수도원의 유일한 규칙으로 지정하기도 했다. 영주나 제후 혹은 지역 주교 등 정치적 지배 세력이 수도원을 지원하면서 수도원의 질서를 좌지우지하는 경우가 많아졌다. 심지어 수도원이 영주들의 은퇴 후 생활을 위한 곳이 되기도 했다. 수도원 또한 토지 소유를 늘려가며 영

•• 잉글랜드의 의회제도는 1215년 마그나 카르타(Magna Carta, the Great Charter of Freedoms)로 시작했다. 이는 1215년 잉글랜드 존 왕이 귀족들의 강요로 서명한 문서로, 국왕의 권리 범위와 법적 절차 준수 의무를 명시한 것이다. 국왕이 할 수 있는 일과 할 수 없는 일을 문서화해 전제 군주의 절대 권력에 제동을 걸기 시작했다는 점에서 의의를 찾을 수 있다. 본래는 귀족의 권리를 보호하기 위한 문서였으나, 17세기에 이르러 왕권과 의회가 대립할 때 왕의 전제에 대항하여 시민의 권리를 옹호하기 위한 근거로 이용되었다.

주 세력과 유사한 성격을 띠었다. 이러한 상황이 점점 심해지자 이를 극복하려는 운동이 곳곳에서 일어났다. 개혁 운동의 대표 주자는 910년에 오베르뉴 영주가 설립한 클뤼니 수도원이다. 설립될 때부터 로마 교황의 직접 관할 아래에 있던 클뤼니 수도원은 영주는 물론 지역 주교들의 간섭을 받지 않을 수 있었다. 클뤼니 수도원은 청빈·순결·순종이라는 베네딕트 규칙의 정신으로 돌아갈 것을 천명했고 이를 따르는 수도원들이 늘어났다.

당시 교황의 세력은 강해지고 있었다. 962년 오토 1세에게 신성로마제국 황제의 관을 수여하면서 최강의 정치권력과 손잡은 교황은 서유럽 교회 조직의 최정점의 자리를 누리면서 왕과 귀족에 못지않은 정치적 권력을 손에 넣었다. 1059년 로마 종교회의에서는 교황 선출에 귀족들과 황제가 개입하는 것을 배격하고 추기경들에 의한 교황 선출을 선언했다. 교황 그레고리오 7세(재위 1073~86)는 황제 하인리히 4세와 교구별 주교 임명권을 둘러싼 권력투쟁 끝에, 황제를 파문하여 자신이 머물던 이탈리아 북부 카노사성으로 와서 용서를 구하도록 함으로써(카노사의 굴욕, 1077) 높아진 교황의 권력을 과시했다.

교회권력이 강화됨에 따라 수도원의 위상도 높아져갔다. 비록 클뤼니의 개혁이 타락한 수도원들을 정화하는 데에 일정한 성과를 거두었지만, 지배 세력의 일원이었던 수도원이 정치권력과 연대하게 되는 것은 필연적인 수순이었다. 11세기가 되면 수도원은 유럽 사회에서 가장 강력하고 영향력 있는 세속권력의 하나가 되었다. 수도사들은 격식과 권위를 갖춘 의례에 집중하면서 육체노동의 전통을 포기했다. 이러한 세속화에 반발하여 청빈과 금욕의 회복을 주장하는 새로운 수도회들이 등장한다. 11세기 말 시토 수도회, 13세기

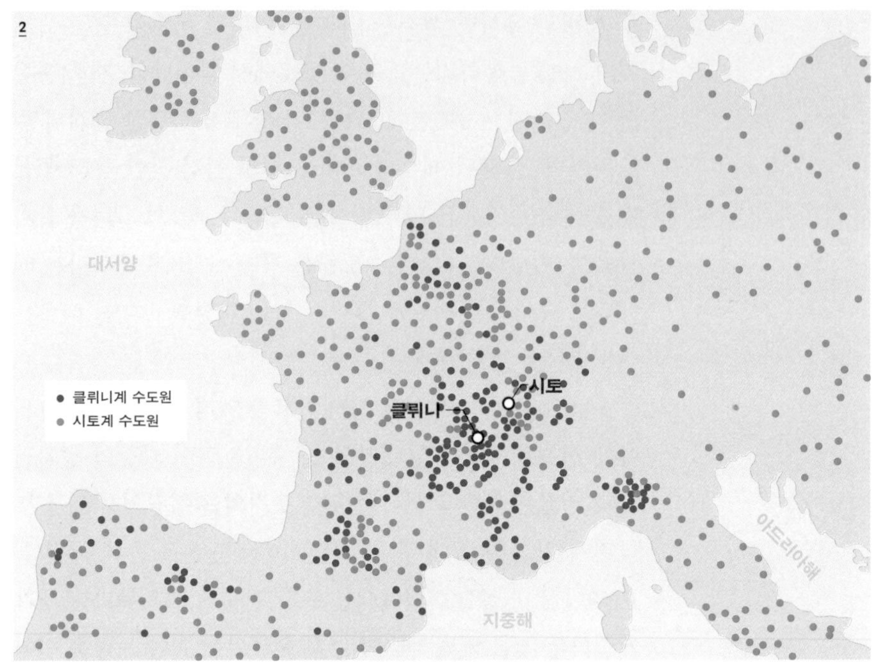

2 중세 유럽의 수도원 분포, 12세기경

프란체스코 수도회와 도미니크 수도회가 그것이다.

이런 과정을 거치며 6세기쯤부터 수도원 건물은 바실리카 교회당과 더불어 중세 초기 기독교 건축의 중요한 생산 과제가 되었다. 클뤼니 수도원은 12세기까지 수차례 증축과 개축을 거듭하며 교회당 세 개를 포함한 여러 부속 건물을 거느린 대규모 수도원이 되었다. 제1 교회당은 지금의 산 피에트로 대성당이 건축되기까지는 서유럽에서 제일 컸다. 그러나 수도원 건물 자체의 형식과 그것이 담지하는 성취보다는 수도원이 중세 초기 유럽 사회에서 차지한 세속적 권력과 지위, 이로 인해 빚어진 건축 생산 현상에 더 주목해야 한다.

수도원에서 생활하는 수도사들은 당시 사회에서는 소수였던 문자(라틴어)를 읽고 쓰는 지식인들이었다. 서로마제국 말기부터 서유럽 지역에서는 게르만족의 침략과 크고 작은 전쟁이 끊이지 않았다. 군인 계급이 사회를 주도하는 가운데 지적인 활동과 기술 전통이 쇠퇴하는 것은 당연한 일이었다. 로마의 문화·예술활동은 오로지 성직자들의 세계에서만 명맥을 유지하며 전수되었다. 예술과 과학의 전통은 성직자·주교·수도원이라는 피난처가 없었다면 완전히 끊겨버렸을 터였다.

수도원은 당시 사회에서 가장 부유하고 최고의 지식을 갖춘 집단이었다. 수도사가 게르만 왕과 귀족의 행정 자문관 역을 맡는 등 세속에서 출세하는 사례가 빈번해졌고, 이는 다시 능력 있고 야망 있는 자들이 수도원으로 모여드는 현상으로 이어졌다.

건축 생산 역시 마찬가지였다. 6세기 이후 로마의 대규모 건축물을 짓는 데 요구되는 기술은 거의 전적으로 종교적 건물에만 적용되었고 교회를 통해서만 전수되었던 탓에 신성한 기술로 여겨지며 성직자들이 관장하게 되었다. 모든 예술과 기술이 그러했지만, 특히 교회당 건축은 성직자만이 수행했다. 기독교를 전도하는 일은 신앙과 교리를 가르치는 것뿐 아니라 새로운 교회를 건축하는 일을 수반했고 여기에는 건축 지식을 갖춘 성직자가 절대적으로 중요했다. 가장 뛰어난 성직자들이 건축을 공부했다. 일반인 중에 건축기술자가 없었던 것은 아니지만 12세기쯤까지 유수한 교회당이나 수도원 건축은 수도원장이나 주교 등 고위 성직자가 기획하고 그 실행은 건축 지식을 갖춘 수도사들이 맡곤 했다. 건축가나 석공장이 일반인인 경우 건축 생산은 고위 성직자의 감독 아래 진행되었다.

12세기까지 유럽은 여전히 농촌 사회였다. 상인 계층의 자치도시는 이제 막 생기는 단계였다. 이 시기에 로마네스크

3

4

3 클뤼니 수도원 제3 교회당, 1088~1121

4 클뤼니 수도원 모형, 프랑스 소네루아르

5 클뤼니 수도원 평면도, 비올레르뒤크 작도, 1856

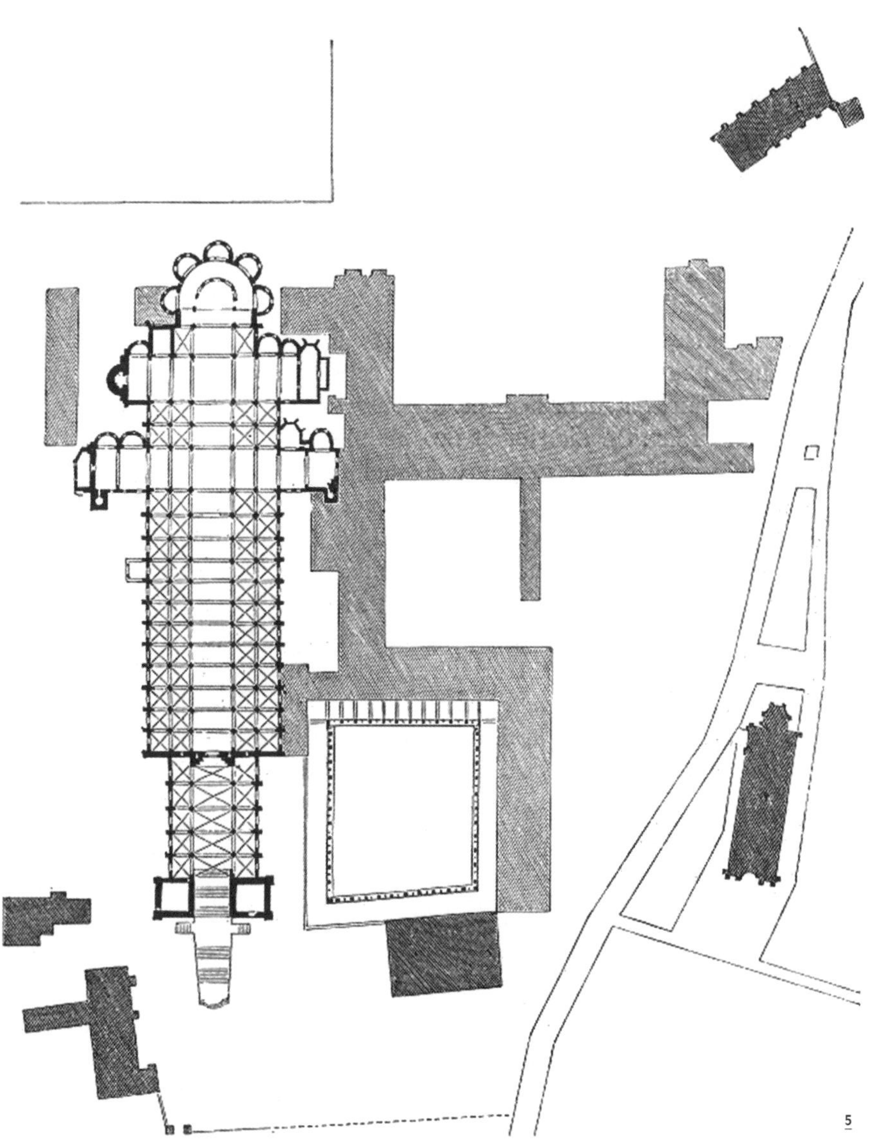

5

건축이 탄생했고 그 주역은 고위 성직자와 수도사들이었다. 이후 자치도시가 발전하면서 직업적 건축 생산 조직인 석공 길드와 고딕 건축이 등장하는 12세기 말까지 이러한 경향은 지속된다.

로마네스크는 보편 규범을 갖는 양식일까?

서유럽에서는 10세기 후반 무렵부터 프랑스왕국, 신성로마제국, 잉글랜드왕국을 중심으로 대규모 건축물이 지어졌다. 이 시기에 들어 비로소 대규모 건축 생산활동을 동원할 수 있는 권력이 안정되었다는 뜻이다.

농촌 경제가 발전하면서 11~12세기에는 인구가 늘고 상업과 수공업의 거점인 중세도시들이 발달하기 시작하지만 10세기 무렵까지 유럽은 아직 장원 경제를 중심으로 영위되는 사회였다. 경제력의 중심은 여전히 지주 계급인 왕과 영주, 그리고 교회였다. 이들 지주 계급은 영지나 교구를 거점으로 세력을 키우고 유지했다. 이제 막 발전하기 시작한 도시들은 이들의 지배 아래 있었고 도시 간 교역량도 대단치 않은 수준이었다. 지역 간 교류는 제한적이었고 자급자족에 가까운 정치·경제체제의 특성을 가진 다소 폐쇄적인 사회였다. 자연히 지역마다 전통과 관습이 달랐다. 수백 년 동안 상호 교류가 거의 없었으니 지역 간 문화 차이가 커졌고, 이는 건축에도 그대로 반영되었다.

서로마제국이 몰락한 서유럽에서 새롭게 자리 잡은 지배 세력은 화려하고 웅장한 유적으로 남아 있는 옛 로마 건축을 본보기로 삼았다. 이 때문에 10~12세기 서유럽 건축에는 로마 건축을 따른 흔적과 관습 및 여건에 따라 다른 지역적 특성이 혼합되어 나타난다. 로마 유적이나 동로마의 건축 방식을 의식하며 따르려는 노력과 지방의 전통·기술·재료가 융합해 지방마다 나름의 건축 방식을 발전시켰을 것임을 짐작할 수 있다.

11세기까지 주요 건축 생산의 건축주는 대부분 왕이나 영주였다. 12세기부터는 여기에 주교·수도원·도시 상인공동체 등이 가세하면서 다원화되었다. 주요한 건축 생산 과제는 당연히 이들의 정치·경제적 활동을 위한 것이었다. 지역 장원경제의 핵심이었던 영주와 귀족들의 저택(manor house)과 이를 중심으로 포진한 군사적 거점을 방어하기 위한 성곽을 짓는 것이 주요한 과제였다. 그러나 무엇보다 이 시대를 대표하는 건축은 당시 사회 세력의 구심점이었던 교회당과 수도원이었다. 각 지방 영주 및 귀족의 지원을 받아 지어진 교회당과 수도원은 당대 최고 수준의 건축물이었다. 로마네스크 건축의 지역별 차이가 두드러지게 표출된 곳 역시 교회당이었다.

바실리카 천장 구법의 문제

10~13세기까지 로마네스크 건축과 고딕 건축을 관통하면서 지속된 중세 교회당 건축의 중심 문제는 바실리카 천장에 볼트를 얹는 기술을 완성하는 것이었다.

서유럽 지역의 교회당 건축은 초기에는 바실리카 양식의 장방형 십자 평면과 비잔틴 양식의 중앙집중식 평면이 혼용되었으나 11세기쯤에는 장방형 바실리카식 평면으로 통일되었다. 당시 동서 교회가 대립하고 있었으므로 건축 형식에서도 동방 양식을 배척하는 분위기가 여기에 일조했을 것이다. 장방형 바실리카 교회당은 초기에는 벽체는 석재로 축조하고 천장과 지붕은 목조 천장틀을 얹는 것이 주류였다. 그러나 당시에는 실내조명을 양초나 횃불에 의존했으므로 목조 천장틀은 불이 옮겨 붙을 위험에 항상 노출되어 있었다. 이 때문에 비용 상승을 감수하면서 석조 천장으로 건축하려는 욕구가 있었다. 실제로 당시 건축 사례 중에 처음에

6 피사 대성당, 이탈리아 피사, 1063~92

는 목재 천장틀로 건축했다가 나중에 천장과 지붕만 석재로 재시공하는 사례가 많았다.

그러나 교회당 천장을 석조로 건축하기는 쉽지 않았다. 어떤 형상으로 천장을 덮어야 할지 그 구법과 시공기술도 분명치 않았지만, 무엇보다도 시공 중에 엄청난 거푸집과 비계를 설치해야 하는 것이 가장 큰 어려움이었다. 천장 구법이 하나로 통일되지 못하고 있었던 것도 이 때문이었다. 어느 구법도 거푸집과 비계 설치 문제에서 확실한 장점과 합리성을 보여줄 정도로 진전되지 못했던 것이다. 동로마제국의 소피아 성당에서와 같은 대형 돔은 너무 부담이 큰 방법이어서 채택하기 힘들었고, 볼트 구법으로 넓은 네이브와 아일을 덮는 것도 결코 만만치 않았다.

결국 로마네스크 교회당의 천장 구조는 목조 천장틀, 석조 돔, 석조 볼트 구법 중 어느 하나로 통일되지 않은 채 지역과 사례에 따라 다른 방식들이 사용되었다. 10~12세기의 서유럽에서는 지역 간 교역이 활발하지 않은 상황에서 건

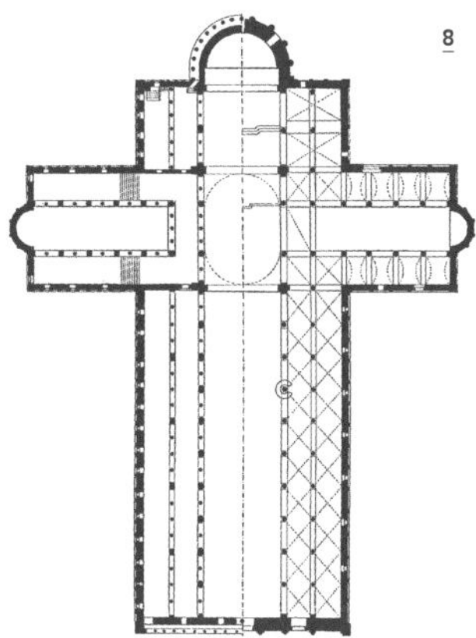

7 피사 대성당 네이브와 목조 천장

8 피사 대성당 평면도

9 피사 대성당 네이브-트랜셉트 교차 부위 돔 천장

축 생산기술과 조직의 교류 역시 드물었다. 그렇다고 로마제국시대처럼 강력하고 단일한 지배 세력에 의해 공통된 건축 구법이나 기술이 공급되었을 리도 없었다. 이러한 사회구조적 조건은 지역마다 서로 다른 형식의 건축 생산으로 귀결되었다.

돔 천장 동로마제국의 영향을 많이 받았던 베네치아, 남이탈리아, 시칠리아 지역, 그리고 이슬람의 이베리아는 물론, 그 영향을 받은 서남프랑스 지역•에서도 돔을 사용한 교회당이 많았다. 네이브와 트랜셉트가 교차하는 중앙부에 돔을 얹어 높은 천장을 만들고 네이브는 목조 천장틀로 덮는 방식이 많았다. 돔 형식은 대부분 스퀸치 돔이었다. 대규모 교회당 중 하나인 피사 대성당(1063~92)은 중앙부를 타원 형상의 스퀸치 돔으로 덮고 네이브는 목조 천장틀로, 아일은 교차볼트로 덮은 사례다. 장방형으로 긴 네이브 공간 전체를 펜덴티브 돔을 연속해 덮은 사례도 적지 않았다. 프랑스 서남부 지역 수이악의 생 마리 수도원 성당(1075~1150), 퐁트브로 수녀원 성당(1110~), 앙굴렘 성당(1120~), 페리괴의 생 프롱 성당(1100~50) 등이 그러하다. 이 방식은 거푸집과 비계 설치량이 많을 뿐 아니라 네이브 장축 방향의 연속성을 단절시켜 예배 시 장중한 분위기의 조성을 저해한다는 단점이 있다. 베네치아의 산 마르코 성당(1063~1117)은 사방 대칭인 그리스 십자가 형상 평면을 석제 벽돌 펜덴티브 돔 다섯 개로 덮는 방식으로 건축되었다. 이는 동로마 지역의 동방교회에서 자주 채용된 구법이자 형식이다. 베네치아의 약한 토질 때문에 가장 큰 돔이 직경 13미터 정도인 작은 돔들을 채용했다.

• 당시 아키텐 영주가 지배하던 지역으로 현재의 누벨아키텐 지역이다.

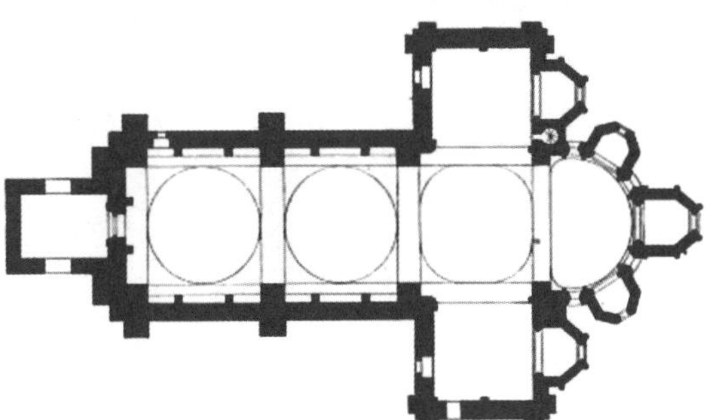

10 생 마리 수도원 성당, 프랑스 수이악, 1075~1150

11 생 마리 수도원 성당 내부

12 생 마리 수도원 성당 평면도

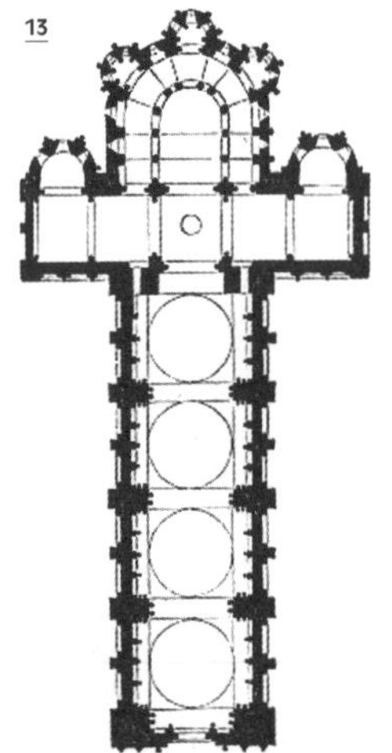

13 퐁트브로 수녀원 성당 평면도

14 퐁트브로 수녀원 성당, 프랑스 퐁트브로, 1110~

15 퐁트브로 수녀원 성당 내부

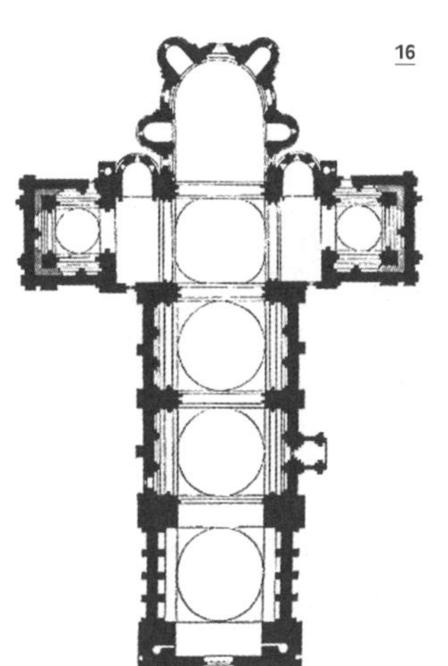

16 앙굴렘 성당 평면도

17 앙굴렘 성당, 프랑스 앙굴렘, 1120~

18 앙굴렘 성당 내부

19

20

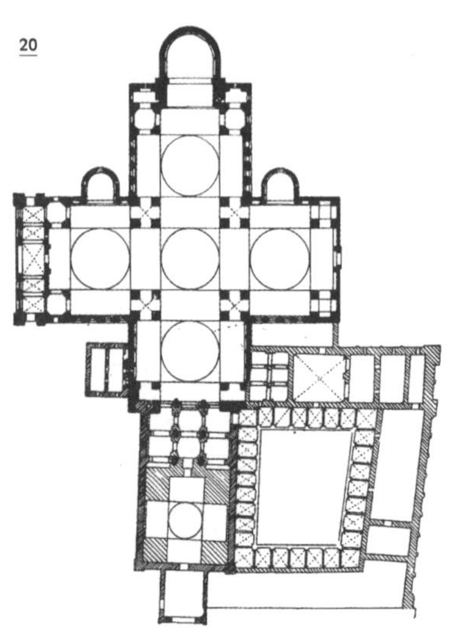

21

19 생 프롱 성당, 프랑스 페리괴, 1100~50

20 생 프롱 성당 평면도

21 생 프롱 성당 내부

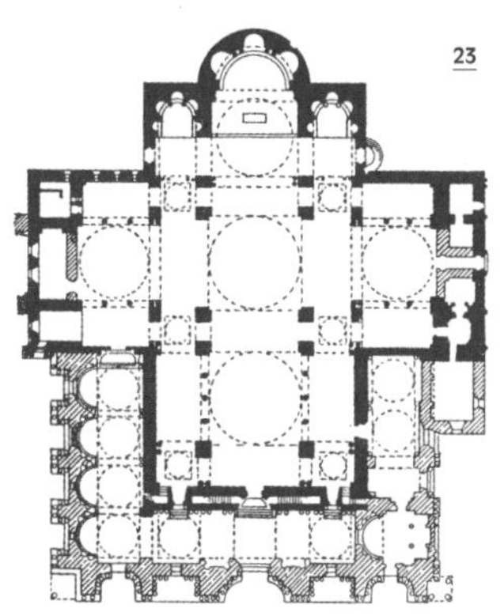

22 산 마르코 성당, 이탈리아 베네치아, 1063~1117

23 산 마르코 성당 평면도

24 산 마르코 성당 내부

외부에서 돔 지붕이 크게 보이도록 하기 위해서 펜덴티브 돔 주변을 납을 씌운 목재로 풍선처럼 키워서 큰 돔처럼 만들고 그 위에 랜턴(lantern)을 설치했다.

배럴볼트 천장 서유럽 로마네스크 교회당 건축에서 네이브 공간을 석조 천장으로 덮는 가장 일반적인 구법은 배럴볼트였다. 네이브 전체를 긴 배럴볼트로 덮는 것은 네이브의 형상과 방향성을 감안할 때 잘 어울리는 방법이었을 것이다. 배럴볼트 중간중간에 횡단 아치를 두는 것은 구조적 이유라기보다는 배럴볼트 시공에 필요한 거푸집 설치를 용이하게 하고 시각적 효과를 위한 것이었다.•

이때 관건은 배럴볼트의 횡압을 지지하는 것이었다. 배럴볼트를 연속하는 벽체로 지지할 경우 네이브와 아일 사이가 벽체로 막혀서 실내공간 폭이 좁아지므로, 횡압을 아일 천장의 볼트로 받아서 이를 다시 두꺼운 아일 외벽으로 전달하여 지지하는 방법이 사용되었다. 아일 천장볼트가 나중에 발달할 플라잉버트레스와 동일한 역할을 했던 셈이다. 그러나 정작 문제는 배럴볼트 횡압 때문에 네이브와 아일 사이에 천측창(clearstory)을 내기가 힘들어 네이브 전체가 너무 어두워진다는 것이었다. 프랑스 남동부에 있는 토로네 수도원 성당(1160~1230), 동부의 퐁트네 수도원 성당(1139~47) 등에서 천측창 없는 배럴볼트 바실리카 형식을 확인할 수

• 바닥에서 네이브 천장까지 거푸집을 지지하는 가설재를 설치하려면 비용이 높아지므로, 먼저 횡단 아치를 시공한 후(이때 횡단 아치를 위한 거푸집을 설치한다) 이를 지지 구조물로 삼아 배럴볼트의 거푸집을 설치했을 것이다. 물론 배럴볼트 자체가 아치용 거푸집을 반복 사용 가능한 형태이므로 네이브 천장이 높지 않다면 굳이 횡단 아치를 이용할 필요가 크지 않은 경우도 있었을 것이다. 이 경우 횡단 아치는 거푸집 설치 목적이 아니라 시각적 효과만을 위한 것이었다고 할 수 있다.

25 토로네 수도원 성당, 프랑스 바르, 1160~1230

26 토로네 수도원 성당 내부

27 퐁트네 수도원 성당, 프랑스 마르마뉴, 1139~47

28 퐁트네 수도원 성당 내부

29 퐁트네 수도원 성당 단면도

있다. 채광 문제를 해소하기 위한 시도들도 이어졌다. 유력한 방법은 아일 위에 갤러리를 설치하여 갤러리 천장볼트를 통해 네이브 배럴볼트의 횡압을 외벽으로 전달하고 그 아래 갤러리 개구부를 통해서 채광을 하는 것이었다. 아일 위에 갤러리를 추가한 것은 채광 문제 때문만은 아니었다. 더 높고 큰 교회당 건축에 대한 욕망이 여기에 더해졌다. 생 푸아(1050~1125, 볼트는 1087~95)가 대표적 사례다. 네이브의 높이가 21미터로 매우 높아지면서 교회당의 크기가 커졌을 뿐 아니라 내부의 공간감도 훨씬 장중해졌다. 아일 위에 갤러리를 설치한 또 다른 사례로 생 세르냉(1180~1220)이 있다.

그러나 갤러리를 통한 채광은 간접 채광이라서 네이브까지 빛이 충분히 들어오지 않는다. 이 문제를 근본적으로 해결하는 방법은 결국 아일 위 배럴볼트 벽체를 갤러리로 막지 않고 직접 외기로 통하는 천측창을 두는 것이다. 이는 배럴볼트의 횡압 때문에 쉽지 않은 일이다. 프랑스 느베르의 생테티엔 성당(1063~97)은 이 방식을 보여주는 사례다. 높이 18미터인 네이브 양옆에는 아일 위에 갤러리를 두었고, 다시 그 위 외부로 노출된 배럴볼트 지지 벽체에 매우 조심스럽게 작은 천측창들을 설치했다. 클뤼니 수도원의 제3 교회당(1088~1121)은 더 높고 밝은 성당을 향한 로마네스크적 시도가 한 걸음 나아간 사례였다. 네이브가 폭 10.5미터에 높이 30미터로 로마네스크 건축 중 가장 높다. 아일 위에 갤러리를 두지 않고 네이브 배럴볼트 높이를 아일의 천장 볼트보다 10미터 높게 하고 여기에 직접 천측창을 두는 방식이 채택되었다. 직접 채광되는 천측창을 얻는 대신에, 배럴볼트의 횡압을 천측창이 있는 네이브 벽체와 기둥으로 직접 지지해야 한다. 네이브 벽체와 기둥이 매우 두꺼워져야 했고

30 생트 푸아 성당, 프랑스 콩크, 1050~1125

31 생트 푸아 성당 평면도

32 생트 푸아 성당 단면도

33 생 세르냉 성당, 프랑스 툴루즈, 1180~1220

34 생 세르냉 성당 내부

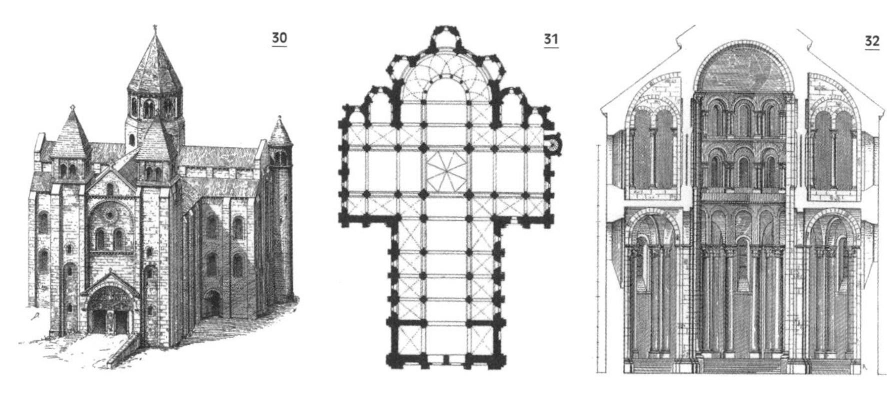

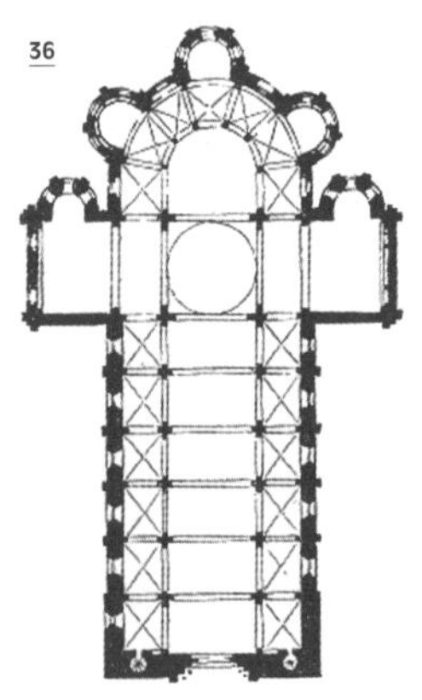

35 생테티엔 성당, 프랑스 느베르, 1063~97

36 생테티엔 성당 평면도

37 생테티엔 성당 내부

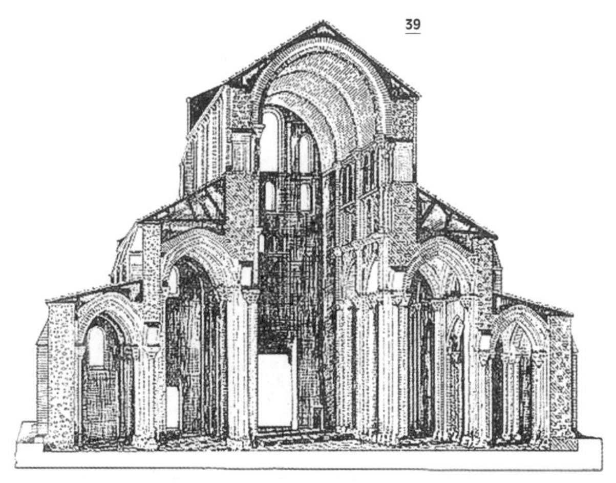

38 클뤼니 수도원 제3 교회당 내부 복원도

39 클뤼니 수도원 제3 교회당 단면 복원도

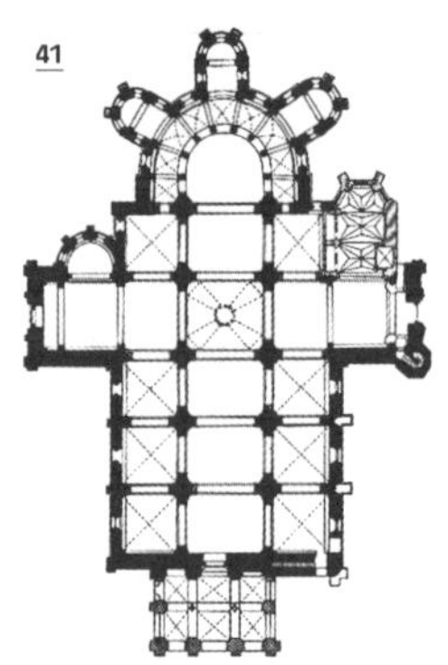

40 파레르모니알 성당, 프랑스 파레르모니알, 12세기 전반

41 파레르모니알 성당 평면도

42 파레르모니알 성당 내부

네이브와 아일 사이의 개방감이 약해지는 문제도 감수해야 했을 것이다. 이 교회당은 프랑스혁명 때 파괴되어 기록에 의지해 원래 모습을 복원하여 추측할 뿐이다. 동일한 구법을 사용한 파레르모니알 성당(12세기 전반)에서 밝은 천측창, 그리고 두꺼운 네이브 벽체와 기둥을 확인할 수 있다.

횡 방향 연속 배럴볼트 천장

배럴볼트로 네이브를 덮는 다른 방법은 횡 방향 배럴볼트(transverse barrel vault), 즉 배럴볼트를 네이브와 직교하는 방향으로 연속하여 설치하고 이를 네이브 횡단(가로지르는) 아치로 지지하는 것이다. 이렇게 하면 연속하는 배럴볼트의 횡압이 서로 상쇄되므로 네이브 맨 처음과 끝에서만 횡압을 지지하면 된다. 네이브 벽 방향, 즉 아일 방향으로는 횡압이 작용하지 않으니 배럴볼트 단부에 천측창을 크게 내서 채광을 충분히 확보할 수 있다. 배럴볼트를 지지하는 네이브 횡단 아치는 네이브와 아일 사이의 기둥으로 연직하중만 전달한다. 물론 네이브 횡단 아치로 인한 횡압이 발생하지만 이는 천측장보다 아래에 있는 아일 천장의 아치로 받아 외벽 부축벽으로 지지하면 별 문제가 없다. 프랑스 동부 투르뉘의 생 필리베르 성당(11세기)이 이러한 방식으로 건축된 사례다.•

이는 구조 면에서나 채광 문제 해소 면에서 매우 합리적인 방법이지만 실제로 채용된 사례는 많지 않다. 주된 이유는 아마도 공간 형태의 문제였을 것이다. 배럴볼트를 지지하기 위해 네이브를 가로지르는 횡단 아치가 연속되면서 네이브 공간의 연속성과 일체감을 크게 훼손하기 때문이다. 이

• 생 필리베르 성당은 당초 목조 천장틀로 건축되었다가(1019) 네이브 방향인 종방향 배럴볼트로 개축되었으나(1050) 붕괴되어 1070~80년에 배럴볼트 방향을 횡으로 바꾸어 다시 지어졌다.

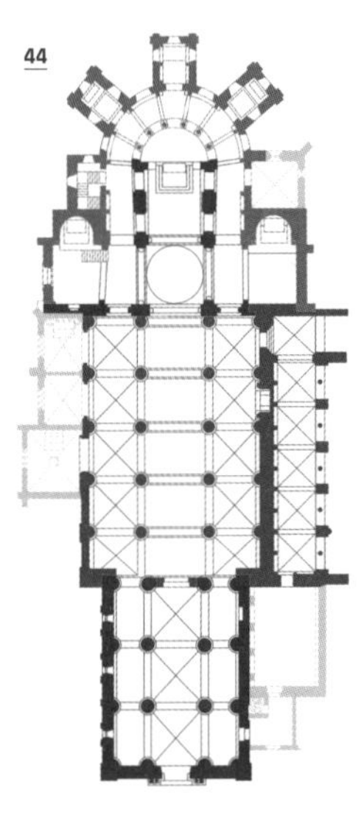

43 생 필리베르 성당, 프랑스 투르뉘, 11세기

44 생 필리베르 성당 평면도

45 생 필리베르 성당 네이브의 횡 방향 배럴볼트 천장

는 예배의식의 장중한 분위기에 어울리는 공간 연출을 방해한다. 또한 사제나 성가대의 소리가 울려 퍼지는 효과도 떨어졌을 확률이 높다. 네이브의 볼트 횡압과 채광 문제를 처리하는 다른 방법이 마땅치 않았다면 이런 난점에도 불구하고 횡 방향 배럴볼트 사용이 많아졌을 것이다. 그러나 11세기에는 이미 리브볼트라는 다른 해결책이 등장했고, 더욱이 12세기 이후 지역 간 교류가 증가하면서 리브볼트 구법이 보편화되었다. 결국 횡 방향 배럴볼트는 천장 구법의 주인공 자리를 넘보지 못한 채 소수 사례에 그치고 말았다.

교차볼트 (그로인볼트) 천장

로마네스크 교회당에는 두 개의 배럴볼트가 교차하는 형상인 교차볼트 구법도 많이 사용되었다. 그러나 교차하는 부위에 아치 형상 뼈대, 즉 리브가 없는 그로인볼트(groin vault) 형태는 네이브 천장보다는 주로 아일이나 부속공간의 천장을 덮는 데에 사용되었다. 물론 아일 천장을 덮는 방식도 지역과 교회당에 따라 서로 다른 방식이 사용되었다. 토르네 수도원 성당은 아일에도 네이브의 배럴볼트와 같은 방향의 배럴볼트를 사용한 반면, 퐁트네 수도원 성당은 네이브 배럴볼트와 직교하는 횡 방향의 배럴볼트를 연속시켜서 아일 천장을 덮었다.

아일에 그로인볼트를 사용하는 방식은 여러 가지였다. 가장 많이 사용된 방식은 아일의 그로인볼트 모듈마다 횡단 아치로 지지하는 것이었다. 생트 푸아, 생 세르냉, 생테티엔, 파레르모니알, 생 필리베르 성당 등은 모두 이 방식을 사용했다. 한편, 피사 대성당은 2열의 아일을 모두 횡단 아치 없이 일련의 그로인볼트를 연속해 덮었다. 대신에 아일과 아일 사이에 종 방향 지지용 아치를 두었다.

네이브 천장을 그로인볼트로 덮는 사례는 많지 않았다.

46 네이브와 아일 배럴볼트 직교 방향 설치: 퐁트네 수도원 성당

47 아일 그로인볼트: 생트 푸아 성당

48 2열 아일 그로인볼트: 피사 대성당

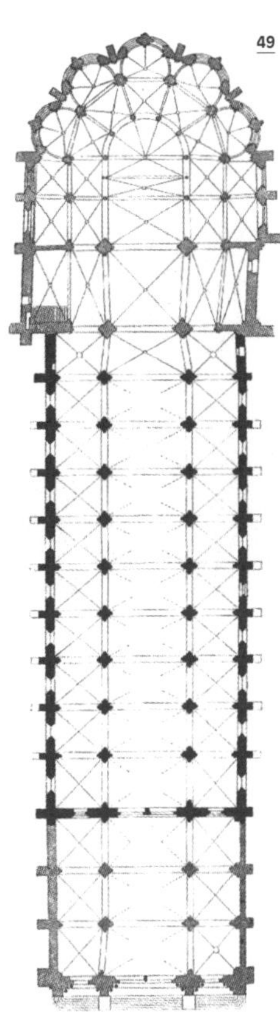

49 생트 마리 마들렌 성당 평면도

50 생트 마리 마들렌 성당, 프랑스 베즐레, 1120~32

51 생트 마리 마들렌 성당 내부

52

53

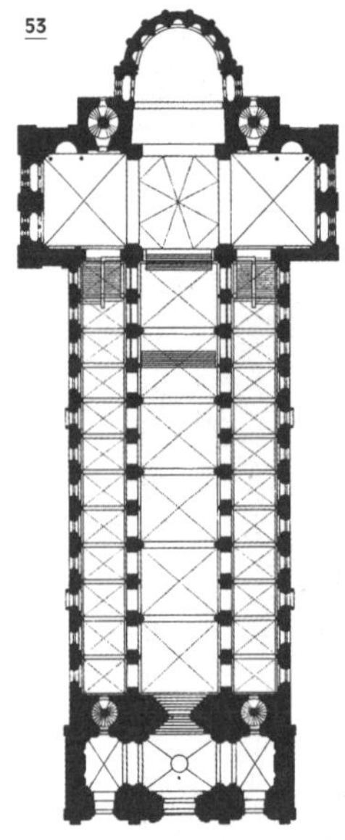

54

52 슈파이어 성당, 독일 슈파이어, 1030~61/ 천장 개축 1090~1103

53 슈파이어 성당 평면도

54 슈파이어 성당 내부, 그로인볼트 모듈마다 횡단 아치로 지지한 네이브 천장

프랑스 동북부의 생트 마리 마들렌(1120~32), 독일 서부 슈파이어 성당(1030~61 목조 천장, 1090~1103 그로인볼트 천장으로 개축) 등이 대표적인데 그로인볼트를 모듈마다 횡단 아치로 지지하고 있다. 횡압이 기둥에 집중되므로 네이브 기둥 사이에 천측창을 낼 수 있다는 점이 횡 방향 배럴볼트와 유사하다. 그러나 그로인볼트의 형상이 뚜렷하지 않고 연속되는 횡단 아치 형태가 두드러져 횡 방향 배럴볼트 방식과 비슷한 형태적 특징을 갖는다. 그로인볼트 시공을 위한 거푸집 지지를 위해서는 횡단 아치가 꽤 두꺼워져야 했기 때문이다. 아일에 그로인볼트가 사용된 사례는 많은데 네이브에 사용된 사례가 적은 것은 횡 방향 배럴볼트 사례가 적은 것과 같은 이유, 즉 네이브 장축 방향의 연속감을 저해하는 문제 때문이었을 것임을 짐작할 수 있다.

리브볼트 천장

리브볼트는 볼트가 교차하여 생기는 그로인볼트의 모서리 부위에 아치 형상으로 장식적 벽돌을 덧댄 것처럼 보인다. 그러나 구조 형식과 시공 방식에서 리브볼트는 그로인볼트와 전혀 다른 구법이다. 그로인볼트는 횡단 아치를 지지대 삼아 네 개 기둥 모듈 단위로 그로인볼트 형상의 거푸집을 설치하고 그 위에 벽돌을 올려 덮는 방식으로 시공된다. 그러나 리브볼트는 네이브 긴 방향으로 연속하고, 짧은 방향으로 가로지르고, 대각 방향으로 건너가며 기둥을 연결하는 아치들을 먼저 시공한다. 당연히 거푸집도 아치용 거푸집만을 설치한다. 그 후에 아치들로 분할된 볼트의 각 면들을 하나씩 거푸집을 설치하고 벽돌을 쌓는 방식으로 시공된다. 이때 볼트 각 면의 거푸집은 먼저 시공된 아치로 지지하며 설치한다. 즉, 그로인볼트가 볼트 면 전체를 구조체로 하는 데에 비해 리브볼트는 주 구조체는 아치(리브)이고 볼트 면은 보조

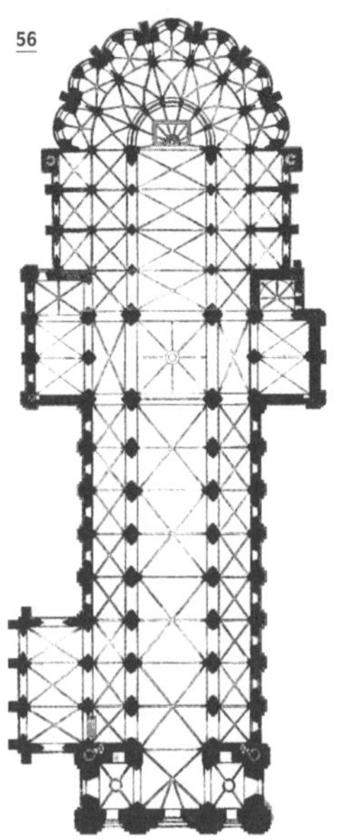

55 생테티엔 수도원 성당, 프랑스 캉, 1066~1120

56 생테티엔 수도원 성당 평면

57 생테티엔 수도원 성당 내부

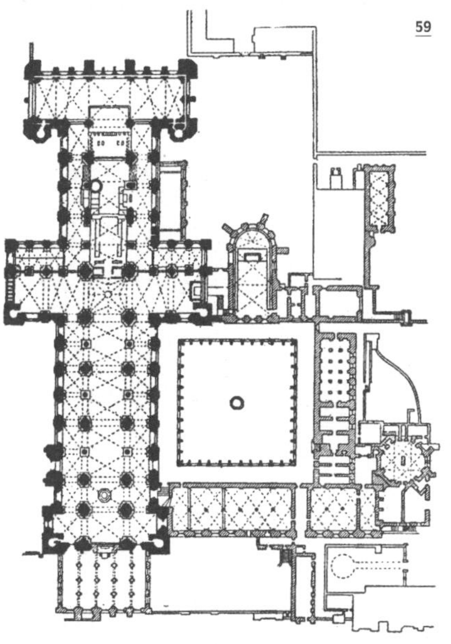

58 더럼 성당, 영국 더럼, 1093~1133

59 더럼 성당 평면도

60 더럼 성당 내부

61 글로스터 성당, 영국 글로스터, 1089~1499

62 글로스터 성당 내부

역할만을 하는 구조 형식이다. 이 때문에 볼트 두께를 줄일 수 있어서 재료의 양도 줄어들고 발생하는 횡압의 크기도 작아진다. 또한 그로인볼트에 비해 거푸집을 설치하는 부담을 크게 낮출 수 있다는 결정적인 장점이 있다.

이슬람 건축에서는 10세기부터 리브 돔 건축 사례들이 있었으며• 서유럽에서는 11세기 중반부터 프랑스 노르망디와 영국 잉글랜드 지방에서 리브볼트 기술이 발전했다. 11세기에 건축된 리브는 구조체로서 불완전한 것이 많았으나 점차 그 구조적 기능이 분명해졌다. 노르망디의 리브볼트 구법은 잉글랜드에서도 쓰였고 12세기 초에 프랑스 중북부 일드프랑스 지역으로 전파되어 본격적으로 발전되면서 고딕 건축으로 이어졌다.

리브볼트로 네이브 천장을 덮은 사례로 노르망디 지역에 생테티엔(1066~1120)과 생트리니티(1062~1130) 등이 있고 잉글랜드에는 더럼 성당(1093~1133)과 글로스터 성당(1089~1499, 네이브는 12세기 초) 등이 있다.•• 리브볼트로 네이브 천장을 덮는 방법의 또 다른 장점은 볼트의 횡압이 기둥에 집중되므로 볼트를 받치는 기둥들 사이에 천측창을 두는 것이 수월하다는 데에 있다. 앞서 언급한 곳 모두에서 리브볼트 아래 기둥 사이에 큰 천측창을 두고 있음을 확인할 수 있다.

• 코르도바 대모스크 상부에 건축된 비야비시오사 예배당(962~965), 톨레도의 크리스토 데 라 루즈 모스크(10세기), 사라고사의 알하페리아궁(11세기) 등이 있다.

•• 더럼 성당의 동쪽 단부 성가대석의 천장 리브볼트가 리브볼트의 최초 사례라는 주장이 퍼져 있다. 그러나 이는 영국 건축학계의 일방적인 주장일 뿐 근거가 부족하다는 반론도 많다. 더럼 성당의 리브볼트는 구조적으로 완전하지 않으며 이 정도 수준이라면 노르망디 지역에서 더 앞선 시기의 사례들이 적지 않다는 것이다.

로마네스크 건축의 지역적 전개

이탈리아에서는 북부 롬바르디아를 중심으로 로마네스크 교회당 건축이 성행했다. 롬바르디아왕국의 수도(572~774)였고 이탈리아왕국의 수도(962~1024)였던 파비아의 산 피에트로 인 시엘도로(1132)와 산 미켈레 마조레(1100~60)는 모두 그로인볼트로 네이브 천장을 덮은 교회당이다. 피렌체의 산 미니아토 알 몬테(1018)는 네이브를 횡단 아치로 분할한 목조 천장틀 구법의 전형적 사례다. 피사 대성당(1063)과 베로나의 산 제노(1123~35) 역시 목조 천장틀을 사용하고 있어 당시 목조 천장틀 사용이 일반적이었음을 알 수 있다. 석조 돔 천장을 사용한 베네치아의 산 마르코 성당은 서유럽보다는 비잔틴의 영향이 강하여 통상 비잔틴 건축으로 분류하기도 한다.

독일 지역의 교회당 건축에서는 늦게까지 목조 천장틀이 일반적으로 사용되다가 12세기쯤부터 볼트 천장이 적용되었다. 라인강 중류 일대인 라인란트의 주요 도시들에 건축된 슈파이어 대성당, 마인츠 성당(975~1009/1081~1200), 보름스 대성당(1130~81) 등은 모두 목조 천장틀로 건축했다가 나중에 석조 그로인볼트나 리브볼트 천장으로 개축되었다.

이에 비해 프랑스 노르망디 지역에서는 일찍부터 볼트 천장 구법이 사용되었다. 노르망디공국의 주요 거점이었던 캉•에 지어진 생테티엔과 생트리니티 성당은 초기적인 리브볼트 구법이 사용된 사례다.

잉글랜드 지역에서는 독자적인 소박한 건축 양식을 지켜왔으나 1066년 노르만족의 통치와 더불어 대륙의 건축기

• 노르망디공국의 수도는 루앙이었지만, 정복왕 윌리엄 1세가 노르망디공 재위 시절(1035~87)에 자신의 거처를 캉으로 옮기면서 캉이 주요 거점 도시로 발전했다.

63 산 피에트로 인 시엘도로 성당, 이탈리아 파비아, 1132 준공

64 산 피에트로 인 시엘도로 성당 평면도

65 산 피에트로 인 시엘도로 성당 단면도

63

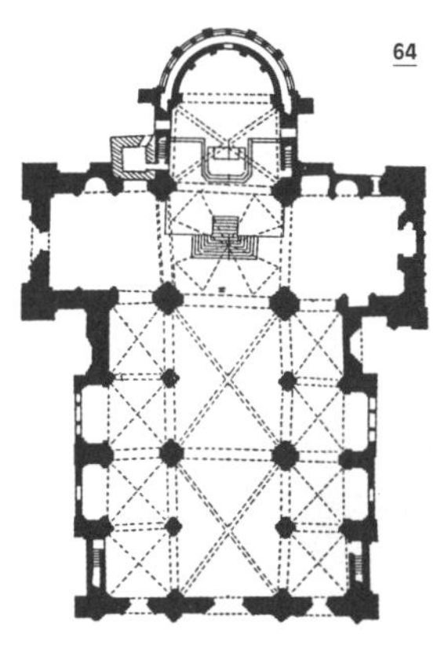

64

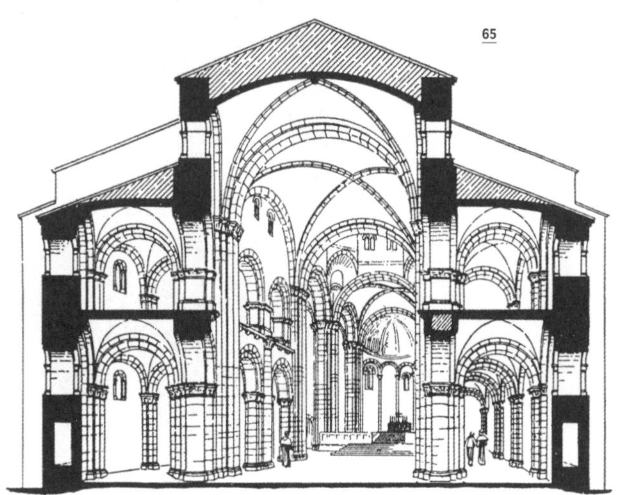

65

66 산 미니아토 알 몬테 성당, 이탈리아 피렌체, 1018

67 산 미니아토 알 몬테 성당 내부

68 마인츠 성당, 독일 마인츠, 975~1009/1081~1200

69 마인츠 성당 내부

70

71

70 세인트 올번스 성당, 영국 세인트 올번스, 1077~13세기

71 세인트 올번스 성당 내부

술이 이식되면서 이를 활용한 교회당 건축이 진행되었다. 노르망디 지역에서 발달한 초기 볼트 천장 구법이 널리 사용되었을 것이나 나중에 대부분 고딕 양식으로 변형되어 원형을 알기 어렵다. 세인트 올번스 성당(1077~13세기)이 목조 천장틀과 육중한 버트레스 외벽을 유지하고 있는 대표적 사례다. 더럼 성당, 글로스터 성당은 초기적 리브볼트와 첨두아치가 쓰인 당시의 구법을 남기고 있다.

로마네스크 건축이 횡압을 견디는 '로마스러운' 방법

로마네스크 건축을 두고 흔히 '대지에 뿌리박은 듯한 견실한 건축'이라고 한다. 개구부가 많지 않고 두꺼운 외부 벽체가 특징인 로마네스크 건축물의 겉모습 때문에 나온 말이다. 사실 이러한 겉모습은 당시의 건축구법이 필연적으로 야기한 것이었다. 고대 로마인들이 판테온에서 두께 6미터에 이르는 두꺼운 벽체를 사용한 이유와 동일하다.

석재로 축조한 아치나 볼트, 또는 돔에서는 밖으로 터져 나가려는 횡압이 발생하며, 이들 구조물을 받치는 벽체(혹은 기둥)에 이 횡압이 작용하면 벽체 안쪽 면에 인장력이 발생한다. 이로 인해 벽체에 균열이 발생하거나 무너지지 않도록 벽체를 두껍게 쌓는 것이 고대 로마의 방법이었다. 벽체의 무게로 연직하중, 즉 압축력을 늘려서 횡압으로 발생하는 인장력을 상쇄시키는 것이다. 로마네스크인들 역시 이 방법을 사용했다. 로마네스크 건축이 두껍고 육중한 벽체를 갖는 이유이자, '로마스럽다'(로마네스크)고 불릴 만한 까닭이기도 하다.

앞에서 보았듯이 로마네스크 건축은 벽체 구법에서 이보다 한 걸음 더 나아가긴 했다. 예배공간의 장중하고 신비스러운 분위기 연출을 위해 네이브의 폭과 높이는 점점 커지고 높아졌으며 화재로부터의 안전을 위해 천장도 무거운 석재 볼트로 덮기 시작했다. 당연히 볼트 천장에서 발생하는 횡압이 커지면서 이를 지지하는 벽체의 구조가 복잡해졌다. 배럴볼트로 천장을 덮는 경우 네이브 공간의 채광 부족도 문제였으므로 점차 네이브 벽에 천측창을 설치하는 자유도가 높은 교차볼트(그로인볼트, 리브볼트)로 진전했다.

그러나 어떤 경우든 횡압을 지지해야 하는 과제는 남았다. 배럴볼트라면 벽체 전체에 작용하는 횡압을 지지해야 했다. 로마네스크 건축은 이를 아일 천장 볼트로, 혹은 아일 위에 갤러리를 두어 갤러리 천장 볼트로 지지했다. 그러나 아일이나 갤러리의 천장 볼트로 전달된 횡압은 결국 외벽에서 지지해야 했다. 갤러리와 아일의 외벽이 두꺼워지고 이는 '대지에 뿌리박은 듯한 견실한' 모습으로 귀결된다. 배럴볼트가 아니라 교차볼트로 네이브를 덮는다면 네이브 기둥들에 집중되는 횡압을 지지해야 했다. 이 기둥들에는 교차볼트를 지지하기 위해 네이브를 가로질러 설치하는 횡단 아치의 횡압까지 작용한다. 이 횡압을 아일이나 갤러리를 가로지르는 아치들로 받고 이를 다시 외벽의 부축벽으로 지지한다. 이 역시 '육중하고 견고한' 모습일 수밖에 없다. 때로는 클뤼니 수도원 제3 교회당처럼, 높은 네이브의 벽을 아일 위에 갤러리 없이 직접 외기에 노출한 경우도 있다. 네이브에 천측창을 내기 위한 것이다. 이 경우에는 볼트의 횡압을 네이브 구조체로 직접 지지해야 하므로 네이브 벽체나 기둥이 매우 두꺼워질 수밖에 없다. 역시 육중한 외관으로 귀결된다. 이 모든 시도가 횡압으로 발생하는 인장력을 벽체 무게로 압축력을 늘려서 상쇄해야 했던 필요에서 비롯된 것이다.

로마네스크 건축의 성격

서유럽은 서로마제국 소멸 이후 게르만족들이 할거하던 분란의 시기를 5백 년 가까이 지속했다. 10세기 후반에 이르러 비로소 게르만 왕권과 영주들, 그리고 교회라는 강력한 지배 세력에 의해 정치적·문화적으로 통일된 사회를 이루어냈다. 각 지역에서 지배력을 장악한 게르만 왕과 영주, 교회에 의해 대규모 건축 생산활동이 시작되었고, 그것이 바로 11~12세기 서유럽 건축 양식인 로마네스크 건축이다.

10세기의 서유럽은 영주 세력이 관할 지역의 군사권·조세권·사법권을 틀어쥔 채 통치하는 지방분권적인 사회였다. 서프랑크왕국의 왕이건 신성로마제국의 황제이건 영토 전체를 직접 통치하지 않았다. 자신의 영지만을 직접 통치할 뿐이었다. 나머지 영토는 지역별로 세력권을 구축한 수십 명의 영주가 통치했다. 서프랑크왕국의 경우만 해도 10세기 말에 50개 이상의 독립된 영주 세력이 분포해 있었다.

게다가 서유럽 지역은 외부세계와 교역도 거의 없었다. 서쪽은 대서양이, 남쪽과 동쪽은 이슬람 세력이 막고 있었고 북쪽은 서유럽보다 낙후된 지역이었다. 외부세계와의 연결은 베네치아를 비롯한 몇몇 항구도시•를 통한 동방 및 아프리카 도시들과의 교역이 전부였다. 십자군 운동으로 안전한 해상 무역로가 확보되는 12세기 전까지 서유럽은 도시와 상업이 아직 미미했던 농촌 중심 사회였다. 자연히 지역 간 교류도 적어 영주들이 통치하는 지역들은 나름대로 자족적인 정치·경제·문화체제를 이루었다. 건축 생산에 사용하는 재료나 기술적 전통에서 차이가 나는 것은 자연스러운 일이었다.

그렇다고 정보 교류가 전혀 없었던 것은 아니다. 로마

• 10~13세기 이탈리아 해안에서 발달한 해상공화국이라고 불리는 도시들이다. 베네치아, 피사, 제노바, 아말피 등이 대표적이다. 지중해에서 해적을 소탕하며 안정된 해상 교역로를 확보하며 교역의 거점으로 발전했다. 지배적인 상업 세력이 함대를 운용하며 통치하는 독립적인 도시국가로서의 지위를 누렸다.

교황을 정점으로 하는 위계적 조직인 가톨릭교회는 도시를 넘나들며 정보를 나누는 매개체였다. 또한 도시에 교회당을 건축하는 것은 매우 중차대한 일이었으므로 교회와 수도원끼리 교회당 건축 형식에 대한 정보를 주고받았을 것이다. 어떤 도시에서 선진적인 형식으로 교회당이 건축되었다면 그리 오래지 않아 다른 도시로 정보가 공유되었을 것이다. 그러나 이와 별개로 선진 건축 형식을 따라가기 위해서는 생산력이 뒷받침되어야 했다. 건축 재료와 건축기술, 그리고 그 재료와 기술을 이용할 수 있는 전문가와 숙련 기능 인력 등 생산력이 받쳐주지 않고서는 한계가 있을 수밖에 없다.

교회당처럼 중요한 건축물의 생산은 대부분 수도사 중에서 건축을 연구하고 전해 배운 자들이 주도했다. 지역을 이동하며 주요한 건축물 생산을 수행하는 순회석공단(itinerant band of masons)도 있었다. 건축물 공사에 필수적인 숙련된 기술과 노하우를 갖고 있었던 이런 조직은 오래전부터 존재했다.* 그러나 이들이 대규모 공사를 계획부터 시공까지 전적으로 담당하는 전문조직으로 성장하는 것은 도시가 발전하고 대규모 건축물 생산이 증가하는 13세기쯤부터였다.** 아직은 숙련 기능공 약간과 보조 인력으로 구성된 집단일 뿐이었다. 이들을 고용하여 교회당 건축 전체를 계획하

* 교회당 등 주요한 건축물 시공을 담당한 석공 집단은 로마제국시대부터 지역마다 있었다. 로마의 기술병 훈련소에서 양성된 기술자들이 로마 군대와 함께 속주로 보내져서 건축 생산을 수행했다. 이들은 지역의 석공들을 고용해 작업했고 이를 통해 로마의 건축기술이 속주의 석공들에게 전수되었다. 서로마가 몰락한 후 소멸되거나 간헐적으로 존속하던 석공 집단은 8세기 무렵 북부 이탈리아 롬바르디아에서 교회당 건축을 담당하는 석공 집단이 형성되며 명맥을 이어갔다. 이들은 11세기경부터 교황의 후원 아래 서유럽 각지를 이동하며 교회당을 지었으며, 이들의 영향 아래 지역별로 석공조직이 형성되었다. 이들 역시 자신들의 지역 일대를 이동하며 작업했다.

는 책임자는 주교나 수도원장이었고 작업팀을 지휘하며 실행에 옮기는 일은 수도사 등 몇몇 건축 지식 보유자에게 맡겨졌다. 이 같은 여건과 각 지방 지배층의 세력 크기 및 재정 능력의 차이가 지역별로 건축 생산의 양상이 달라지는 주요 요인이었을 터이다.

요약하면, 중세 로마네스크 건축은 로마제국의 전통이 단절된 이후 5백여 년(5세기 말~10세기)에 걸쳐 형성되고 진전된, 지역별 조건 차이에 따라 서로 다르게 전개된 건축 생산활동이었다. 건축의 역사를 건축구법과 형태상 공통점을 추출하여 양식(style)이 변화해간 역사로 파악하고 서술하려는 입장에서는 10~12세기 서유럽 건축을 '로마네스크 양식'이라고 이름 붙이고 있지만 이는 적절치 않다. 우선, 이 시기 서유럽 건축을 구법이나 형태 면에서 공통적인 형식을 갖는 하나의 양식으로 보기 어렵다. 천장 구법이나 공간 형식에서 지역별로 차이가 크기 때문이다. 또한 '로마스럽다'는 뜻의 '로마네스크'라는 명칭 역시 논란의 소지가 있다. 지역에 따라서 고대 로마의 특징만이 아니라 게르만, 비잔틴, 이슬람의 요소들이 서로 다르게 나타나기 때문이다. 요컨대 '로마네스크'라는 명칭은 양식이라고 할 만한 공통적 특징이 뚜렷해서 붙은 이름이 아니다. 그보다는 진정한 양식이라 할 만한 고딕 건축이 정립되기 이전에 서유럽에서 진행된 대규모 건축 생산활동에 대해 무언가 이름을 부여해야 했기 때문에 붙인 이름이라고 하는 편이 적절하다. 로마네스크라는 용어는 19세기에 처음 쓰였다.•••

로마네스크 교회당 건축에서 보이는 노력과 시도는 모

•• 이들은 12~13세기에 건축 장인 길드로 발전했다. 이 시기에도 이들은 다른 길드 조직과는 달리 여러 지역을 이동하며 작업했다. 한 도시에서 장기간 머물며 일할 수 있을 만큼 건축물 수요가 많지 않았기 때문이다.

두 고딕 건축에 이르러 완성되었다. 합리적인 볼트 천장 구법이 그랬고 네이브 공간의 채광 문제 해결이 그랬다. 이 때문에 로마네스크 건축은 고딕 건축의 완성을 위한 과도기이자 실험의 시기였다는 평가가 있다. 그러나 이는 한 시대, 한 사회의 건축 생산을 형태나 기술 측면에 국한해서 보는 태도에서 비롯된 것이다. 로마네스크 건축과 고딕 건축은 이를 생산해낸 사회와 생산 주체의 성격에서 본다면 '전혀 다른' 건축이었다.

로마네스크 건축은 농촌 사회의 건축이었다. 장원을 단위로 하는 자족적 농촌 경제를 토대로 지역의 지배층이었던 영주와 교회·수도원이 건축 생산을 위한 재정이나 기술의 주체가 되었다. 반면 고딕 건축은 도시의 건축이었다. 12세기부터 도시를 중심으로 상업과 수공업이 발전하며 상공업 계층이 경제적·정치적 영향력을 키워가고 있었다. 왕과 영주, 교회의 틈바구니에서 상공업 계층이 주도하는 자치도시들이 성장하고 있었다. 대규모 교회당 건축을 위한 재정 출자에도 이들 상공업 계층이 참여하기 시작했다. 주요 도시마다 석공조합 등 전문적인 건축 기술자 집단도 출현했다. 고딕 건축은 역사상 처음으로 '전문' 건축 생산자들, 즉 건축 생산을 업으로 삼는 직업인들이 생산한 건축이었다.

••• 건축적인 의미에서 로마네스크(Romanesque)라는 용어가 처음 사용된 것은 1818년이었다. 중세 유럽 건축을 로마시대 건축이 저급화한 것으로 묘사하려는 취지로 프랑스 고고학자가 'romane'이라는 표현을 사용했다. 저작물에서 '로마네스크'라는 용어가 처음 사용된 것은 1819년 런던에서 출판된 윌리엄 건의 『고딕 건축의 기원과 영향에 관한 물음』에서였다. 그는 고딕 건축의 특징은 첨두 아치를 직접 주두 위에 얹는 형식이라며 그 기원을 고대 로마 건축에서 찾았다. 즉, 원형 아치를 엔타블러처 아래 기둥 사이에 배치하는 규칙을 벗어나 직접 기둥 위에 올리는 사례가 로마 건축에서 발견된다는 것이다. 이 형식이 로마 시대 이후에 계속 사용되었는데 이를 '로마스럽다'는 뜻으로 '로마네스크'라 이름 붙인다고 했다.

5

봉건제 성숙기의 건축 생산

(고딕, 12~13세기)

정치권력과 대결한 교회권력

11세기 로마네스크에서 13세기 고딕까지 서유럽 건축의 최대 과제는 대규모 교회당을 짓는 것이었다. 고딕 건축은 고대 그리스·로마 건축 이후 7백여 년 만에 서유럽 대부분의 지역에서 공통적인 형태 규범, 즉 '양식'(style)이 성립한 사건이었다. 그리고 이 사건 또한 교회당 건축에서 완성되었다. 이는 당시 교회가 가장 강하고 중심적인 사회 세력이었음을 뜻한다. 이후에도 교회당 건축은 중요한 건축 생산 과제라는 지위를 오랫동안 누렸으나, 이 시기 이후 유럽은 교황령이었던 로마 일대를 제외하고는 더 이상 교회가 지배하는 세계가 아니었다. 한편으로는 왕권이 영주 세력을 누르며 서서히 절대왕권체제를 향해 나아가고 있었고, 다른 한편에서는 상인 계층이 만만치 않은 세력으로 커가고 있었다. 교회가 정치적 권력까지 차지했던 성직제후(prince-bishop) 지배 도시들 중 여럿은 상인 계층이 자치권을 획득한 자유제국도시(free imperial city)•로 발전하며 교회의 통치에서 벗어났다. 당연히 이들 세력이 필요로 하는 궁전과 상업용 건물을 생산하는 일이 새로운 과제로 등장한다. 14세기 이후 교회당은 서서히 세속적인 정치·경제권력에서 멀어지며 종

• 도시 상인 계층이 재정 지원의 대가로 황제로부터 자치권을 부여받은 제국도시(imperial city)와 도시 상인 계층이 영주나 성직제후로부터 자치권을 획득한 자유도시(free city)를 합하여 부르는 명칭이다.

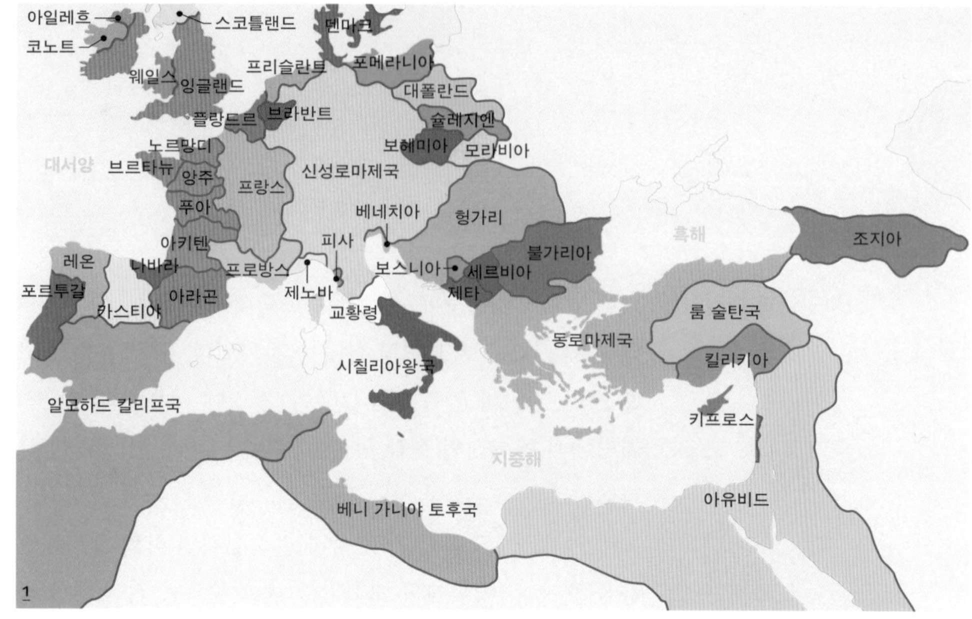

1 1200년경 유럽

교적 중요성만을 갖는 과제로 변해갔다. 역사상 어떤 시대도 11~13세기만큼 교회 세력이 종교뿐 아니라 정치·경제까지 지배한 적이 없었고 교회당 건축이 이만큼 독보적인 지위를 차지한 시대도 없었다. 우선 교회 세력이 부침하는 과정을 간략히 살펴보자.

서로마제국 몰락 이후 뚜렷한 강대 세력이 없이 크고 작은 게르만족들이 대치하던 서유럽 지역에서 교회는 옛 로마제국의 문화 전달자로서, 정치·군사 세력들과 연대하고 견제하며 그 존재를 유지해갔다. 동로마제국의 보호 아래 있던 교황과 교회 세력은 8세기 무렵 강성해진 프랑크 왕과 제휴해 안정적인 위상을 갖추었다. 800년에 교황이 샤를마뉴에게 황제의 관을 수여한 이후 계속된 황제 대관은 프랑크 왕국이 분열되어 절대 강자가 불분명해지자 924년 중단되었다. 그러나 동프랑크 왕인 오토 1세가 동부 유럽과 이탈리아를 평정하며 최대 강자로 부상하자 962년 교황에 의한 황제 대관이 재개되었고 1530년까지 지속되었다. 이는 적어도 15세기쯤까지는 교황의 세속적 권력이 황제나 왕, 영주 등의 권력에 견줄 만한 정도로 컸다는 말이다.

교회가 막강한 군사력을 갖고 있는 정치권력과 제휴하거나 대립할 수 있었던 것은 서유럽 특유의 분권적 봉건제 때문이었다. 서유럽 봉건제는 크고 작은 영주 사이의 계약 관계로 이루어져 있었다. 왕은 주변의 영주들을 복속시킨 가장 세력이 큰 영주이고, 황제는 왕 중에서 가장 세력이 큰 왕이라 할 수 있다. 왕과 영주들 사이는 주군에게 봉신이 군사적 충성을 '맹세'하는 일종의 계약 관계였다. 독자적 군사력과 영토를 갖는 왕과 영주들이 아슬아슬한 세력 균형을 이루는 가운데 어떤 영주가 세력이 강해지면 언제라도 왕위에 도전할 수 있었다. 이런 상황에서 교황 및 교회와의 적대는 세력 균형을 교란하고 다른 영주들에게 왕위 위협의 빌미를 제공하는 요인으로 작용할 수 있으니 왕은 가급적 교회와 유화적인 관계를 유지하려 했다. 교회권력이 왕권과 대등한 지위를 갖고, 정치권력으로부터 자율적인 교회제도가 성립된 것은 서유럽 특유의 이러한 사회체제 때문이다. 황제와 교황의 권력 균형은 시기와 국면에 따라 한쪽으로 기울기도 했다. 그러나 11~13세기를 전체적으로 조망하면 대체로 교황이 우위에 있었다고 볼 수 있다. 이 시기 유럽 세계의 문화적 질서는 교황과 교회가 좌우했다.

십자군전쟁과 그 여파

점점 커져가던 교황의 영향력은 11세기 중반부터 절정에 달했고 십자군전쟁이라는 형태로 뿜어져 나왔다. 당시 서유럽은 여전히 이슬람 세력에 의해 포위된 형국이었다. 지중해 남안 일대는 7세기 중반부터 이슬람 세력이 점령하고 있었고 8세기 초에는 이베리아반도 역시 북부 일부 지역을 제외하고는 모두 이슬람의 지배하에 있었다. 동쪽에서는 11세기 중반부터 또 다른 이슬람 세력인 셀주크 튀르크가 흥기하여 튀르키예 지역을 점령하며 비잔티움제국을 압박하고 있었다. 농촌 경제 발전과 더불어 점차 강성해지고 있던 서유럽 군주들은 1064년 교황의 교시에 응답하여 이베리아 탈환 운동을 시작했다.• 사실상 십자군전쟁의 시작이라 할 수 있다. 이어서 1095년에는 셀주크 튀르크의 압박에 몰린 비잔티움제국 황제로부터 지원 요청을 받은 교황 우르바노 2세가 십자군 소집을 요청함으로써 1차 십자군 운동이 시작된다. 당시 교황 우르바노 2세가 동로마 황제를 지원한 직접적 동기는 1054년 상호 파문으로 갈라진 동로마교회를 서로마교회와 다시 통합하여 관장하려는 것이었다. 그러나 서유럽의 수많은 영주 세력의 세속적 야망이 결합되어 십자군 참여가 의외로 확산되면서 십자군 운동은 대대적이고 장기적인 전쟁이 되었다.

십자군 운동은 이교도들로부터 기독교 세계를 되찾을

• 이슬람이 점령한 이베리아 지역을 기독교가 완전히 재정복하는 1492년까지의 과정을 '레콩키스타'(Reconquista)라고 부른다. 이베리아에서는 8세기 말경부터 프랑크왕국, 그리고 이베리아 북부에 잔존했던 아스투리아스왕국(718~924)과 이를 이은 소왕국들이 이슬람의 영토를 잠식해 들어가는 전쟁을 계속했다. 당시 이베리아 북부와 이베리아-프랑크왕국 경계에는 레온(910~1230), 포르투갈(1035~1162), 카스티야(961~1230), 나바르(824~1620), 아라곤(1035~1162) 등 기독교 세력의 소왕국들이 있었다. 11세기 중반 서유럽에서 교회 세력이 강해지면서 교황과 클뤼니 수도회 등을 중심으로 이베리아반도에서 이슬람을 몰아내는 전쟁을 종교적 정의를 실현하는 일로 선동하기 시작했다. 1064년 교황 알렉산데르 2세가 이슬람 독립왕국이었던 사라고사의 거점인 바르바스트로를 함락할 것을 요구하는 교서를 반포하며 전쟁을 시작했다. 교황은 이 전쟁에 참여하는 자들에게 면죄부를 발급했다.

2 십자군이 설립한 국가, 1135

것을 요청한 교황의 교지에 유럽 각지 제후들이 응답하여 출병하는 형태로 이루어졌다. 이베리아 탈환 전쟁 역시 마찬가지였다. 그래서 단순히 '전쟁'이라 하지 않고 십자군 '운동'이라고 부르기도 한다. 1차 십자군전쟁(1095~99)이 예루살렘을 정복하고 동방에 기독교 왕국들••을 세우는 성과를 거두면서 십자군 운동은 더욱 확산되었다. 이후 1290년경까지 200년에 걸쳐서 8회의 원정 전쟁을 포함한 크고 작은 전쟁이 계속되었다. 여러 영주 세력의 연합군인 서유럽 십자군과 이슬람 세력, 그리고 동로마제국 사이에 몇몇 지역을 뺏고 빼앗기는 전투가 계속되다가 1291년 팔레스타인에 마지막 남은 십자군 점령지가 함락되면서 십자군전쟁은 막을 내렸다.

십자군전쟁이 사실상 실패로 끝나자 교황의 권위는 추락했고 전쟁에 참여했던 유력 영주 세력들도 힘을 잃기 시작했다. 프랑스 왕이 교회권력을 좌지우지하며 교황청을 강제로 프랑스로 옮긴 아비뇽 유수(1309~77)•••는 이러한 지형

•• 1차 십자군에 참여한 영주 몇몇은 아예 동방 도시에 터를 잡고 자신의 왕국을 설립했다. 에데사백국(1098~1144), 안티오키아공국(1098~1268), 예루살렘왕국(1099~1291, 1187년 예루살렘을 빼앗기고 1191년 아크레로 거점을 옮겨 다시 건국), 트리폴리백국(1102~1289) 등이다. 이후 3차 십자군은 키프로스왕국(1192~1489)을 남겼고, 4차 십자군은 라틴제국(1204~61), 테살로니카왕국(1204~24), 모레아공국(1205~1432), 아테네공국(1205~1458), 낙소스공국(1207~1597)을 남겼다.

변화를 상징하는 사건이었다. 이는 또한 왕권과 대립하고 견제하는 다른 영주들의 세력 역시 약해졌음을 의미했다. 자연히 왕의 권력이 강해지고 영지가 확장되었다. 이는 14세기 이후 서유럽에서 왕권에 의한 중앙 집권체제가 형성되고 있음을 알리는 신호이기도 했다.

한편, 십자군의 동방 원정은 지중해에서 해적들로부터 안전한 항로와 기착 항구들을 확보하는 효과를 낳았다. 이들 항로를 통하는 동방 무역로를 중심으로 지중해 무역권이 형성되었으며 북이탈리아 여러 도시에서 상인 세력이 성장했다. 지중해 무역의 발전은 같은 시기에 북유럽 지역에서 일어난 발트해와 내륙 육로를 통한 무역의 발전과 함께 서유럽 경제에 활력을 가져다주었다. 유럽 각 지역에서 도시가 발달하고 상인 계층이 성장하며 농촌 중심의 봉건적 사회질서가 변화하기 시작했다.

서유럽이 이베리아반도와 동방에서 이슬람 세력과 치른 전쟁은 두 사회의 문화적 접촉을 수반했다. 십자군이 이슬람 지역 곳곳을 점령하고 지배하면서 비잔틴 문화와 이슬람 문화가 서유럽에 본격적으로 유입되었고 이는 서유럽 사회의 지적 세계에 큰 영향을 미쳤다. 십자군이 콘스탄티노플

••• 왕권 강화를 위해 여러 전쟁을 벌였던 프랑스 왕 필리프 4세(재위 1285~1314)가 전쟁 비용을 마련하기 위해 1296년 프랑스 교회와 성직자에게 세금을 부과하면서 이에 반대한 교황 보니파시오 8세(재위 1294~1303)와 대립했다. 성직자 구금과 파문을 주고받으며 대립하다가 1303년 아나니 별장에 있던 교황을 왕이 기습하여 생포하고 수하 귀족이 교황의 뺨을 때리는 사건이 일어났다. 충격을 받은 교황이 한 달 후 사망했다. 이후 필리프 4세에게 유화적인 인물이 교황 자리에 앉았으나 8개월 만에 사망하고, 다음 교황으로 프랑스 출신인 클레멘스 5세(재위 1305~14)가 선출되었다. 새 교황은 즉위식도 필리프 4세의 참관 아래 프랑스 리옹에서 치루었고 로마 교황청으로 돌아가지 못한 채 프랑스에 머물다가 필리프 4세의 요구로 아예 교황청을 아비뇽으로 옮겼다. 클레멘스 5세 이후 여섯 명의 교황이 아비뇽 교황청에서 지냈다.

에 입성하면서 도시의 위용에 압도당했다는 이야기는 서유럽이 받은 문화적 충격을 잘 말해준다. 특히 이슬람 지역에서 그리스를 계승하며 발달한 철학·의학·화학·수학·천문학 등이 서유럽으로 전파되면서 르네상스 인문주의가 태동하는 발판이 되었다. 절정기에 오른 교회세력이 교회 중심 체제의 유지와 확산을 위해 시작한 십자군 운동이 오히려 기존 체제를 근본적으로 바꿀 요인들을 성숙시키는 계기로 작동한 셈이다.

분권적 봉건제가 가져온 것들

교회가 정치권력과 균형을 이룰 만큼 자율적인 제도로 자리 잡을 수 있었던 것은 중세 서유럽의 분권적 봉건제 때문이었다. 그러나 분권적 봉건제가 가능케 한 것은 이것만이 아니다. 분권제는 상인 계층의 자치도시가 성립할 수 있는 권력의 중립지대를 생성했다. 이 자치도시의 상인 계층이 바로 근대 서양 사회를 지배할 부르주아 계급의 원류였다.

흔히 유럽의 중세를 합리적 이성이 종교에 억눌리고 현실 사회의 변화를 추동하는 신분 상승 노력이나 경쟁이 부재했던 '암흑시대'라고 한다. 또는 절대적인 신의 섭리에 입각한 기독교 윤리에 의해 현실의 물질적 세계와 정신적 세계관이 일치했던 시대라고도 한다. 고딕 건축은 이 같은 '위대한 세기'의 물질-정신 합일이 직접적으로 표상된 건축으로 평가된다. 그러나 이는 모두 객관적이지 못하고 부정확한 이야기이다. 중세를 '암흑시대'라고 보는 것은 근대 서구문명의 기초인 합리적 이성을 역사의 발전 동력으로 간주하는 세계관에서 비롯된 평가일 뿐이다. 이런 시각에서는 중세는 그저 비합리적이고 신비주의적인 종교적 세계관에 묶인 정체된 시기이며, 진정한 인류 역사의 발전은 르네상스시대에 시작한다고 평가된다. '암흑시대'라는 용어가 그런 중세를 부정적으로 평가하는 것인 반면, '위대한 세기'는 긍정적 측면을 강조한 것이다. 비록 이성의 발전은 지체되었을지언정(혹은 그랬기 때문에 가능했을지도 모르는) 물질적 체제와 정신적 체제의 합일이라는 이상적 상태를 구현했으니 위대하다는 것이다.

그러나 중세 유럽은 정체나 합일과는 거리가 멀다. 오히려 지역 분권체제라는 특수한 조건 속에서 정치권력끼리, 혹은 정치권력과 종교권력이 대치하는 사회였고 그 틈바구니에서 전혀 새로운 상인 계층이 성장해 나아갔던 역사상 유례없이 역동적이고 복잡다단한 시대였다. 즉, 유럽 중세 사회는 특유의 정치·종교 이원의 권력체제가 성립했는가 하면, 전통적인 권력 계층과는 전혀 다른 부르주아 계급의 탄생을 가능케 했던 특수한 조건이 작동했던 사회다.•

자치도시와 상인 계층

10세기 무렵 서유럽에는 농업 생산량 증대로 상당한 부를 축적한 지역들이 늘어나기 시작했다. 이와 함께 크고 작은 도시들이 형성되었다.•• 특히 상품 거래 시장, 수공업 생산 및 원거리 무역활동이 집중되는 장소에 규모가 큰 도시가 형성되었다. 대부분 로마제국시대 속주의 중심 도시였던 곳이었다. 고대국가들의 도시가 군사·행정·종교 중심지였던 것과는 달리 이들 도시는 상업과 수공업 활동의 중심지로 발전했다. 초기에는 이들 도시 역시 당연히 영주의 지배 아래 있

• '아시아적 생산 양식' 등 동양 사회의 중세 역사를 봉건체제가 명확치 않았던 특수한 현상으로 이해하려는 태도는 서구의 역사를 보편으로 간주하는 서구 중심적 시각의 발로일 뿐이다. 세계사적으로 본다면 오히려 중세 유럽의 분권적 봉건제가 다른 곳에서 유례를 볼 수 없는 특수한 사례라고 해야 한다.

•• 1000년경 독일 지역에는 대략 150개의 도시 혹은 도시와 유사한 모습을 지녔던 거주지들이 있었고, 1200년경에는 그 수가 약 천 개로 늘어났다.

었다. 영주들은 상품을 매점하거나 원거리 교역활동을 장악함으로써 이익을 획득하려 했다. 대리인을 파견하거나 그 도시에 상주하는 귀족을 통해 일을 처리했다. 이는 한편으로는 영주가 상인들의 이익을 착취하는 것이었지만 다른 한편으로는 다른 세력들로부터 군사적 보호를 제공하는 것이기도 했다.

도시의 상인 인구가 증가하고 상업의 규모가 커지면서 유력한 대(大)상인 가문들이 형성되었고 점차 이들에 의한 자율적인 공동체가 운영되었다. 상인 공동체는 해당 지역의 정치권력을 쥐고 있던 성직제후나 봉건귀족을 지배자로 추대했다. 경우에 따라서는 봉건귀족 출신 상공업자가 대표자로 추대되는 경우도 있었다. 자신의 봉토 안에서는 왕이나 다름없는 권력을 휘두르던 영주의 지배 아래에서 이런 일이 어떻게 가능했을까? 당시 유럽 사회가 비슷한 세력을 갖는 영주들의 분권 구도였기에 가능한 일이었다. 예컨대 고려나 조선처럼 단일한 정치권력이 지배하는 사회였다면 절대 불가능했을 것이다.

상업활동이 지역 경계를 넘으면서 도시의 대상인들은 주변의 다른 영주들과도 거래 관계를 맺었다. 상품 거래뿐 아니라 군사 자금 등을 대부해주었고 때로는 가문의 혼인으로 연결되기도 했다. 도시에 대한 지배 권한을 갖고 있는 영주나 성직제후라 해도 여러 영주와 이해관계를 맺고 있는 대상인 세력에게 일방적으로 영향력을 행사하기가 점차 힘들어졌다. 이런 상황에서 도시 상인들이 대상인 세력을 중심으로 공동체를 형성하고 자율적인 도시 경영을 시도했던 것이다. 영주와 갈등이 없었을 리 없다. 축적된 경제력으로 군사력까지 갖춘 상인공동체는 영주와 싸워서 자율권을 획득하거나 돈을 주고 자율권을 사들였다. 주변의 다른 영주들은 상인들이 지배 영주로부터 벗어나기를 바랐을 것이고 이런 복잡한 구도는 도시 상인 세력에게는 도움이 되기도 했다. 때로는 다른 영주가 도시에 대한 지배권을 노리고, 혹은 이해관계 갈등 끝에 침략하는 경우도 있었다. 이런 과정에서 도시 상인 세력은 자신들을 외부 약탈자로부터 보호하기 위해 도시를 둘러싸는 성벽을 건설했다. 도시 상인들을 가리키는 용어인 '부르주아'(bourgeois)는 '성채(bourg) 안에 사는 자'라는 뜻이다. 유럽의 여러 도시 이름에 붙어 있는 'burg', 'bourg', 'borg'는 모두 성(城)을 뜻한다. 가령 스트라스부르(Strasbourg), 함부르크(Hamburg), 아우구스부르크(Augusburg) 등은 모두 상인들의 성채도시였다.

7세기부터 동로마제국으로부터 상당한 자치권을 획득했던 베네치아를 예외로 하면 다른 자치도시 대부분은 11세기부터 형성되기 시작했다. 당시 가장 번성했던 이탈리아 중북부 지역을 필두로 12세기에는 프랑스·독일·플랑드르·스페인 등지에서도 자치도시들이 발달했다. 특히 이탈리아 중북부 지역과 벨기에에서 북부 독일에 이르는 북해-발트해 연안에서 자치도시들이 흥기했다.

일찍부터 상업 거점이었던 이탈리아 도시들은 10세기부터 이미 서부 지중해에서 이슬람 해적을 소탕하고 해상 패권을 장악했으며, 11세기엔 십자군 진출에 따라 동부 지중해 무역항로를 확보하면서 지중해-도버해협을 잇는 무역으로 활동량을 늘려갔다. 이탈리아 중북부는 교황과 황제·영주의 힘겨루기가 특히 심했기에 특정 세력이 일방적으로 영향력을 행사할 수 없었던 점도 자치도시가 성장할 수 있었던 주요한 요인이었다. 피사·제노바·아말피·밀라노·피렌체 등 이탈리아 자치도시들은 11~12세기에 신성로마제국 영주 세력으로부터 벗어나 주교나 도시 귀족들을 지배자로 추대했다. 페루자·폴리뇨·오르비에토 등 교황령에 속했던 도시들은 주교 세력이나 도시 귀족이 교황으로부터 통치권을 위임받는 형식으로 운영되었다. 주요 시정을 논의하고 결정하는 위원회(consul) 등에 참여하는 권한은 대부분 유력 상인들이 차지했다. 피렌체처럼 아예 상인 계층이 도시 귀족화되어 지배자가 된 경우도 있었다.•

여러 공국으로 나뉜 채 위태롭게 세력 균형을 유지하던 신성로마제국에서도 자치도시들이 생겨났다. 특히 9세기쯤부터 기독교로 개종한 북유럽인들이 유럽 내륙과 거래하며 자리 잡은 북해-발트해 무역 거점들이 11세기 무렵에 본격적인 중세도시로 발달하기 시작했다. 브레멘·쾰른·보름스·마인츠·함부르크·뤼베크 등 북유럽 도시들은 황제에게 재정을 지원하는 대가로 지방 영주들의 영향력에서 벗어나 황제에게만 복속된 제국도시(imperial city)로서 자치권을 늘려가거나 봉건영주로부터 구입한 자치특허장 아래 자유도시(free city)가 되었다.••

프랑스 지역에서도 자치도시의 싹이 보였으나 12세기 중반부터 강력해진 중앙 왕권의 영향력 아래 대부분이 자치도시로 발전하지 못한 채 왕권에 복속되어 귀족관료들에 의해 통치되었다. 그러나 왕권의 지배 아래에서도 상인 계층의

• 아말피는 958년에 독자적 통치를 시작하여 1096년 자치를 선언했다. 제노바는 1005년부터 공화국이 되었으며 1096년에 자치를 선언했다. 시에나의 경우 1125년 공화국이 되었으나 주교가 통치하다가 1167년에 자치를 선언했으며 1179년 성문헌법을 제정했다. 피렌체는 1115년 신성로마제국 황제 가문의 귀족이 지배하던 토스카나 지역 안에서 코무네(commune)로 독자적 통치를 시작했으며 귀족 지배에 대항하던 상인 계층이 1293년 시민들의 권리를 인정하는 법률(Ordinances of Justice) 제정에 성공했다. 자치도시로 발전하던 밀라노는 황제에게 점령되었다가 상인공동체의 투쟁 끝에 1183년 황제와 평화조약이 체결되었다.

지위와 영향력은 무시할 수 없는 정도로 성장해갔다. 예를 들어 파리에서는 13세기쯤부터 유력한 상인 가문들에는 귀족에 버금가는 특권과 의무가 부여된 파리 부르주아(Bourgeois of Paris) 지위가 보장되었다. 이들 중에서 상인 대표가 추대되었으며 왕에 의해 파리의 관리와 경영을 책임지는 감독관(alderman)으로 임명되기도 했다.

11세기 노르만족의 정복 이래 왕권이 강했던 잉글랜드에서는 자치도시는 아니지만 상업 중심 도시들이 발전했다. 비록 왕과 봉건영주의 통치 아래 있었지만 상인 계층의 영향력은 점차 커져갔으며 12세기쯤부터는 봉건영주들, 특히 중소 지주 계급인 젠트리(gentry)•••들도 상공업에 뛰어드는 사례가 증가했다. 잉글랜드에서는 중세 초기부터 왕이 봉건영주들을 통치하고 각종 세금을 징수하기 위한 수단으로 봉건영주들의 회의체를 두었는데 이 회의체는 봉건영주들이 왕

•• 브레멘의 경우, 9세기 말부터 왕이 자체적인 시장 설치를 허용하는 등 상업이 발달하면서 1032년 성벽을 쌓기 시작했다. 1186년에 귀족이자 대주교였던 도시 지배자로부터 자치특허장을 받았으나 영주의 간섭이 지속되었다. 1260년 한자동맹에 가입하는 등 자치권을 확보했으나 14세기까지 군사적 충돌과 재정 지원을 왔다 갔다 하며 영주와 갈등했다. 쾰른은 1288년 영주 세력 간의 전쟁(보링겐 전투)에서 지배 영주였던 대주교의 반대편에 가세해 승리함으로써 자치권을 획득했다. 아우구스부르크의 경우, 모직물 생산 및 판매활동으로 성장한 상인들이 1276년 주교의 통치로부터 벗어나 자유도시 지위를 얻었다. 이 밖에 보름스는 1184년에 황제로부터 자치권을 받아 제국도시가 되었고, 마인츠는 1244년에 대주교로부터 자치특허장을 받으며 자유도시가 되는 등 많은 도시가 유사한 과정을 거쳐 자치도시가 되었다. 한편, 자유제국도시는 제국도시와 자유도시를 합하여 부르는 명칭이다.

••• 잉글랜드 귀족은 대부분 1066년 윌리엄 1세가 잉글랜드를 정복한 후 잉글랜드 각지에 봉한 노르만족을 기원으로 한다. 이들 귀족 계급보다 아래 계급인 젠트리는 그 이전부터 토지를 소유한 부유층이었다. 14세기에서 15세기에 걸쳐 젠트리는 귀족의 가신이 되는 경우가 많았지만, 장미전쟁(1455~85)으로 귀족 세력이 급감하면서 그 그늘을 벗어나는 경우도 많았다.

으로부터 자신들의 권리를 보장받기 위한 수단으로도 기능했다. 1215년 공포된 마그나 카르타가 그 대표적인 예로, 이후 이 회의체는 왕이 봉건영주들의 동의 아래 징세를 결정할 수 있도록 하는 의회기구로 정착되어갔다. 1295년 모범의회부터는 봉건영주뿐 아니라 젠트리 계층도 참여하는 의회제도로 진전했다.

상인 계층이 주도한 사회

중세도시는 11~13세기 말까지 프랑스에 약 3백 개, 잉글랜드에 120여 개 등 유럽 각지에서 속속 성립했다. 물론 이들이 모두 자치권을 갖는 도시는 아니었다. 왕이나 영주에 의해 지배되는 도시가 더 많았다. 도시의 인구는 보통 5천 명 내외였지만 베네치아·밀라노·런던·파리 등 큰 도시들도 있었다. 인구 3~4만 도시가 여덟 개였다. 북부 이탈리아에는 인구 1만 명 이상의 도시의 수가 나머지 전체 유럽과 비슷할 만큼 밀집해 있었다. 말이나 마차를 위한 몇몇 큰길 이외에는 보행자 스케일의 좁은 길이 대부분이었고, 좁은 길을 따라 직인들의 작업장 겸 주거 건물들이 이어졌다.

이들 도시의 주인공인 상인들의 가장 중요한 수입원은 원격지 무역이었다. 내륙의 도시들에서는 모직물을 중심으로 한 제조업도 상업과 함께 성행했다. 무역으로 축적한 부를 이용한 대부업 역시 주요한 사업이었다. 대부업의 고객은 왕·영주·교회 등이었고 이들과의 거래는 대상인들의 정치적 역량을 키우는 데에 중요한 역할을 했다.

자치도시에서는 주로 원거리 무역상과 하위 귀족 출신 관리들이 자치정부 구성원으로 참여하면서 일찍부터 '시민적' 사회가 형성되기 시작했다. 물론 이때의 '시민'은 유력한 큰손 상인 혹은 귀족 출신 관리를 의미한다. 즉, 부르주아 계급이다. 애초에 영주와 대립하기 시작할 때부터 도시공동체

운영에 참여했으며 영주와의 계약 또는 투쟁을 통해 자치권 획득을 주도한 세력이었다. 이들은 자치도시 안에서 특권적 지위를 누리는 생활을 영위하며 점차 도시귀족이라는 신분을 갖게 되었다. 도시귀족들은 도시 주변에 거주하는 농민들에 대해 봉건영주와 유사한 지배력을 행사했다. 자치도시가 발전하면서 자치정부에 세금을 납부할 능력이 있는 상인과 수공업자 들에게 시민권이 주어지며 시민 계층이 늘어갔다. 이들은 시민으로서의 권리, 즉 경제권과 자치정부 의사결정 과정에 참여할 권리(정치권)를 보장받았다. 그러나 12세기 무렵 도시 안 거주자의 3분의 1 이상은 '시민'이 아니었다. 이들은 도시귀족에게 예속된 예속민이거나 상공업에 종사하는 임금 노동자들이었다.

상인과 수공업자 들은 중세 도시의 주요한 경제활동 주체였다. 이들이 상권의 배타적 독점과 타 지역 상인들로부터의 상권 보호, 상호 협력 등을 목적으로 만든 조직이 길드(guild)다. 초기의 길드는 무역 상인들의 동업자조합 형태로서, 한 도시를 거점으로 특정 품목의 거래를 독점적으로 관장했다. 독점 상인조합인 셈인 길드는 종종 왕이나 영주 또는 해당 지역의 통치자가 사업을 허가하는 특허장을 받아 설립되었다. 품목별 상인 길드가 늘어나면서 수공업 장인들의 길드도 결성되기 시작하여 12세기쯤부터는 업종별 길드 조직이 일반화했다. 상인 길드는 상인이라면 누구나 조합원이 될 수 있었지만 수공업공동체들의 조합인 장인 길드의 구성 방식은 달랐다. 수공업공동체는 장인(master)을 정점으로 직인(journeyman)-도제(apprentice)로 이어지는 엄격한 직급제였으며 장인만이 길드의 조합원 자격을 가졌다.

고딕 성당 등 주요한 건축물들의 생산을 담당한 건축장인 길드, 즉 석공 길드 역시 장인-직인-도제의 엄격한 계급

질서를 갖는 조직이었다. 그러나 도시 단위로 조직된 다른 업종의 길드와는 달리 여러 도시를 무대로 이동하면서 작업하는 자유석공단(freemasonry)이었다. 다른 수공업 분야와 달리 엄청난 자금이 소요되는 건축 일거리를 한 도시 안에서 지속적으로 조달할 수 없었기 때문이다.

어쨌든 경제활동의 독점적 지위가 확보되고 정치적 발언권도 강해지면서 길드 조직은 일종의 권력 집단이 되어갔다. 심지어 법률인 길드나 종교인 길드처럼 상공업과 관련 없는 분야에서도 길드가 결성되었다. 결국 길드는 상인과 수공업자 대표들뿐 아니라 각 분야의 실력자들로 구성된 조합이었고, 중세 자치도시들은 길드를 중심으로 도시 지배 계층 구조를 형성했다고 할 수 있다.•

새로운 계급인 상인 계층은 본질적으로 봉건제 지배 세력, 즉 봉건영주 및 교회 세력과 대립할 운명이었다. 도시에서 상공업이 발달하고 임금 노동자 수요가 늘어남에 따라 주

• 피렌체의 사례에서 길드체제의 구체적 모습을 살펴볼 수 있다. 13세기 피렌체에 있었던 21개 길드는 도시정부의 운영 사안에 대한 발언권을 보유하고 있었다. 21개 길드 중에는 7개의 큰 길드와 14개의 작은 길드가 있었다. 7개 큰 길드에는 법률인 길드, 모직실크 의류상 길드 3개, 은행가 길드, 의사·약종상·향신료 상인·물감구입예술가·장인 길드, 동물가죽·모피 상인·기술자 길드가 있었고, 14개 작은 길드는 도축업자, 제혁업자, 피혁공, 대장장이, 요리사, 석공, 가구 목수, 포도주상, 여관업자, 재단사, 무기제조자 등 상대적으로 비천한 업종의 길드였다. 21개 길드의 조합원은 피렌체 전체 인구의 4분의 1 정도였고 나머지는 일반 노동자, 행상인 등으로 길드에 속하지 않았다. 1293년 도시정부는 피렌체를 독립공화국으로 정의한 사법 조례를 제정하면서 길드들에게 정부 조정권을 부여했다. '시뇨리아'라고 불리는 정부회의는 30세 이상 길드 회원에 의해 선출된 대표 9인으로 구성되었으며 그중 한 명이 최고 지위인 행정관 직위에 올랐다. 시뇨리아 이외에는 법률 제정 및 외교 정책 자문기구인 복수의 시민위원회가 있었고 기타 법원장, 재판관 등 영구직 관리들이 임명되었다. 위원회 구성이나 영구직 관리 임명 과정은 당연히 도시 정부 안에서 영향력을 쥐고 있던 부유층 상인들의 영향력 아래에서 이루어졌다.

변 농촌 지역에서 도시로 탈주·이주하는 농노나 자유농민이 증가했다. 상인 계층은 도시 내에 토지를 점유해야 할 필요성이 커지면서 영주나 교회로부터 토지를 양도받거나 구매하려 했다. 이 모든 것이 농촌 경제를 기초로 하는 영주로서는 달갑지 않은 일이었다. 영주 세력의 일원이면서 중세 도덕률의 중심 주체였던 교회 역시 상업에 의한 부의 축적에 호의적이지 않았다. 영주나 교회는 자신의 영향권 아래 있는 지역에서 활동을 허용하는 대가를 요구하거나 일정 규모 이상의 상업활동을 규제하며 상인들의 자유로운 거래를 방해하곤 했다.

그러나 상인층과 연합하여 경제적 이익을 꾀하는 영주나 교회 세력도 적지 않았다. 상업이 발달하면서 이런 경향은 더욱 강해졌다. 13세기 말쯤에는 농촌 장원에 거주하던 제후들이 도시로 이주하여 상업 경영에 나서는 사례가 증가했다. 교회 세력 역시 마찬가지였다. 대부분 영주 가문 출신으로 정치·군사적 권력에 종교적 권력을 더한 주교들이 상업 경쟁에도 뛰어들면서 상인 계층과 이해관계를 같이하는 세력으로 변해갔다. 이 모든 것이 봉건체제의 동요가 커지는 요인으로 작동했다.

봉건제의 동요는 길드체제 안에서도 일어났다. 상공업이 발달하면서 상공업자의 수가 증가하자 기존의 길드 세력은 자신들의 기득권 유지를 위해 장인의 수를 통제하려 했다. 길드제도가 상업의 발전, 즉 상인 세력이 성장하는 것을 막는 질곡으로 작용하기 시작한 것이다. 이로 인해 장인이 되지 못해 길드에 소속될 수 없게 된 직인의 수가 늘어났고 14세기에는 직인들의 조합이 출현했다. 상공업 계층이 다층화하면서 기득권 길드체제에 균열이 생긴 것이다.

신의 세계와 인간 이성의 영역

13세기 자치도시의 상인 계층은 14~15세기를 거치면서 르네상스 인문주의를 낳는 시민 계급으로 이어진다. 교회 세력이 주도하던 중세 서유럽의 지적 규범의 중심은 단연 기독교 신학이었다. 모든 세계관과 가치관, 윤리관은 기독교 교리를 따랐고 교리를 논리적으로 설명하고 보증하는 것이 신학이었다. 모든 것이 신의 섭리로 간주되었던 시기에 어떻게 인간적 문화활동인 인문주의(humanism)가 싹틀 수 있었을까? 중세 서유럽의 지적 세계의 원류와 흐름을 이해하는 것은 르네상스 인문주의가 태동한 배경을 이해하는 중요한 단서가 된다.

중세 사회의 중추적 지적 규범은 스콜라 철학이었다. 중세 초기 기독교 신학은 그리스 플라톤 철학의 종교적 판본이라 할 만한 것이었으며, 플라톤 철학이 완전한 이데아의 세계를 이성을 통해 인식할 수 있다고 보았듯이, 신의 존재와 섭리를 이성적으로 설명하는 것이 스콜라 철학의 중심 주제였다. 스콜라 철학은 고대 그리스·로마의 스토아철학에 기독교가 결합한 것이다. 기원전 4~2세기 그리스 알렉산드로스의 대제국시대는 도시국가 체제가 무너지는 혼란의 시대였다. 한편에서는, 에피쿠로스나 디오게네스같이 현세의 고통과 정념에서 벗어난 삶을 추구하는 개인적 도덕주의나 회의주의에 빠져들었고, 한편에서는 세상 만물과 만사는 원칙과 섭리에 따라 작동하는 것이라는 믿음 아래 그 원리를 이해하고 그 속에서 인간의 삶을 영위해갈 논리를 찾으려는 소위 '스토아주의'가 성립했다.

이러한 철학적 태도는 로마로 전해져 기원전 150년경 라틴어 스토아 철학으로 발전하며 키케로, 세네카, 황제 철학자 아우렐리우스 등 로마 귀족의 철학으로 성행했다. 스토아 철학자들은 우주가 이성적인 목적에 의해 형성되어 있고 세상 만물도 예지적인 계획 속에 포함되어 있다고 생각했다. 플라톤의 '이데아'와 아리스토텔레스의 '사물에 내재된 형상'이 상정했던 '완전한 실체로서의 본질'이 '신의 목적과 계획'이라는 모습으로 구체화했던 것이다. 현실세계를 합목적적이고 긍정적인 것으로 보면서 그 원리를 탐구하고, 그것에 순응하는 현세적 삶의 논리를 찾으려 했던 로마 귀족 계급에 걸맞은 세계관이었다.

로마제국 쇠퇴기인 300년경부터는 플라톤 사상을 스토아 철학의 틀로 번안한 플로티노스의 신플라톤주의 철학을 황제들이 추종했다. 로마 말기의 혼란과 쇠퇴 속에 완전한 '이데아 세계'에 대한 강한 동경이 일었다. 플로티노스는 자연의 생성과 변화를 이끄는 완전한 존재인 절대자, 즉 '일자'(一者)를 상정했고 이는 자연스럽게 유일신 종교인 로마 기독교와 결합했다.

완전한 이데아의 세계를 이성을 통해 인식할 수 있다고 보는 플라톤주의와 결합한 기독교는 신의 존재와 섭리를 이성적으로 설명하고 논증해야 하는 과제와 씨름해야 했다. 신을 '증명할 수 없는 불확실한 것'으로 경시하려는 세력을 제압하기 위해서도 피할 수 없는 과제였다. 바로 이것이 중세 초기 교부 철학의 주제였지만 이 과제는 중세 내내 해소되지 못했다.

9세기에 학자들의 사설 학원처럼 시작된 스콜라(schola)는 11세기 무렵 여러 도시에 중세 대학의 형태로 발전하며 스콜라 철학의 시대를 열었다. 스콜라 철학을 특별하게 만든 것은 이슬람으로부터 유입된 아리스토텔레스의 저술과 이에 바탕을 둔 철학서들이었다. 서유럽이 신플라톤주의와 기독교 윤리관에 묶여 있는 동안 이슬람 지역에서는 그리스 철학 문헌에 대한 연구가 진행되었다. 특히 아리스토텔레스 철학의 대가이자 의학자로서 이름을 날린 이븐 시나 이래로 플라톤보다는 아리스토텔레스의 철학이 이슬람 철학의 주류를 이루고 있었다. 이슬람의 아리스토텔레스 철학은, 이슬람 세력으로부터 이베리아 지역을 회복하려 한 전쟁을 통해 서유럽으로 전파되어 당시 학자들에게 널리 읽혀졌다. 신이 실제로 존재한다는 것, 신의 말씀이 절대 진리라는 것을 단순히 '믿음'이 아니라 이성으로 이해 가능하게 논증하려 했던 서유럽 학자들에게, 현실세계에서 완전한 본질을 찾고 구현하기 위해 필요한 인간의 이성적 능력을 조목조목 설파한 아리스토텔레스 철학은 절대적으로 참조해야 할 대상이 되었다.* 12~13세기에 아리스토텔레스의 저작은 거의 전부 라틴어로 번역되었다.

그러나 신의 존재와 섭리를 논증하려 했던 스콜라 철학의 도정은 오히려 신학은 이성으로 다룰 수 없는 영역임을 확인하며 신학과 철학이 분리되는 쪽으로 귀결되었다. 이슬람 철학에서는 이미 신학적 진리와 철학적 진리를 별개로 보아야 한다는 '이중 진리론'이 등장하고 있었다. 스콜라 철학을 집대성한 토마스 아퀴나스 역시 신학의 영역을 이성으로

* 신플라톤주의가 지배적이었던 중세 기독교 서유럽에 아리스토텔레스 철학이 미친 영향은 심대한 것이었다. 아리스토텔레스의 관심은 불완전한 현실과 사물이 만들어지는 원인과 구조를 탐구하는 것이었고 그 속에서 완전한 본질을 구현해야 한다고 주장했다는 점에서 플라톤과 달랐다. 더욱 중요한 점은 아리스토텔레스가 현실세계의 구조를 탐구하고 본질을 지향하는 인간의 이성적 능력을 조목조목 정리하여 제시했다는 점이다. 그는 『니코마코스 윤리학』에서 인간이 진리에 도달할 수 있는 지적인 덕성을 에피스테메, 테크네, 프로네시스, 누스, 소피아 등 다섯 가지로 구분해 설명했다. 에피스테메(episteme)는 영원하고 필연적인 원리 및 원인에 대한 보편적 지식, 테크네(techne)는 이성적으로 제작할 수 있는 노하우나 기술이고, 프로네시스(phronesis)는 공익을 위해 최선의 행동을 선택하는 능력이다. 누스(nous)는 논증이 불가능한 제1 원리를 파악할 수 있는 직관적인 이해 능력이고, 소피아(sophia)는 누스와 에피스테메가 합쳐져서 가장 소중한 진리를 인식하는 최고의 지혜이다.

증명될 수 있는 자연신학과 신앙에 의지하는 영역인 계시신학으로 구분했다. 그러면서도 아퀴나스는 신의 존재를 논증하려 했지만 대세는 이마저 신앙의 영역으로 넘기는 것이었다.• 이는 중대한 변화였다. 세상의 모든 일은 신의 섭리에 따른다던 중세의 세계관이 신의 영역과 별개로 인간 이성의 영역을 인정하기 시작한 것이다. 15세기의 인문주의는 이러한 변화로 인해 가능했다. '신앙의 영역으로부터 이성 영역의 독립'이라는 지적 흐름은 성장하던 도시 상인 계층의 지적·문화적 욕구와 맞물리며 새로운 이성적 활동의 생성으로 이어진다.

시민 계급의 문화활동

무역과 상업의 부흥에 힘입어 자치도시의 '시민 계급', 즉 상인 계층은 점차 정치적 역량이 커졌다. 일부는 군사력을 보유한 유력 계층으로 성장했다. 당시 사회질서를 지배하던 기독교 윤리관은 계급을 세 개로 구분하고 있었다. 제1 계급은 '신을 섬기는 자', 즉 성직자 계급이었고, 제2 계급은 '신의 세계를 지키는 자', 즉 왕·영주·기사 등 귀족 계급이었다. 제3 계급은 '일하는 자', 즉 자유농민·농노·상인·수공업자 등 자영업이나 자신의 노동으로 생업을 유지하는 계층을 모두 포함했다. 교회는 신의 입을 빌어 말했다. "각각의 천분을 안고 있는 세 개 계급은 직분에 충실하며 형제처럼 살지어다", "너희들은 열심히 기도하고, 너희들은 수호하고, 너희들은

• 대표적인 것이 '오컴의 면도날'로 유명한 윌리엄 오컴(1285~1349)의 비판이다. 오컴은 보편자는 실재하지 않고 개념만 존재할 뿐임을 주장하는 유명론자였다. 존재하는 것은 오직 구체적인 개체들일 뿐이고 지식은 개별적 대상을 경험하는 데서 나온다. 그런데 신에 대한 경험은 존재하지 않으므로 신에 대한 고유한 지식 역시 불가능하며, 따라서 신학은 합리적 이성의 영역에서 다룰 수 없고 오직 계시로 주어질 뿐이라고 주장했다.

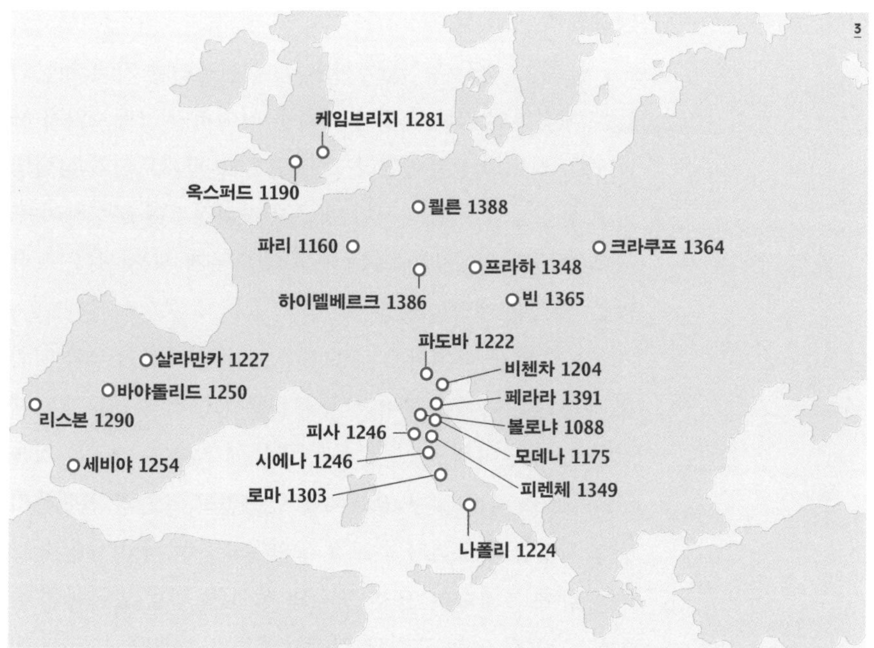

3 유럽의 주요 대학, 12~14세기

4 조토가 그린 단테, 포데스타 예배당 벽화 「천국」 부분, 이탈리아 피렌체, 14세기

5 조토, 「산 프란체스코의 전설: 보통 사람에 대한 오마주」,
이탈리아 아시시, 산 프란체스코, 1300

일하라.”

물론 ‘일하는 자’ 중에서도 상당한 재력을 가진 대상인들은 예전부터 다른 대접을 받았을 터이지만 그래보았자 하급 귀족 정도의 신분이었다. 그러던 것이 자치도시가 성립되면서 상업에 종사하는 시민 계급이 자치정부를 구성하여 도시와 주변 농민을 지배하는 지위에 오르게 된 것이다. 그야말로 ‘새로운 계급’이었다.

시민 계급 중에서도 상층 부류는 점차 자신의 부와 지위를 세습하는 귀족이 되어갔다. 이들은 계급적 자긍심과 정체감을 높이기 위해 종교 및 문화 활동에 지대한 관심을 기울였다. 교황, 혹은 교구 교회에게 인정받고 그들과 연대하기 위해 자신들의 도시가 종교적 삶의 중심지로서 위상을 확보하는 데에 투자했다. 또한 도시의 성인(聖人)을 발굴하여 숭상하고, 규모 있는 교회당 건축사업을 지원했다. 12세기 이후 여러 도시들에서 경쟁적으로 고딕 대성당을 지었던 현상에는 이들 상인 계급의 헌신도 한몫했다.

도시 상인 계급은 법률 지식의 체계화와 확산에도 열심이었다. 중세 윤리관에서 벗어난 새로운 계급으로서, 자신들의 권리를 유지하고 정당성을 확보하기 위해서는 법률에 의한 권리 보장이 긴요했다. 또한 상업과 수공업의 경영은 사유재산에 기초한 시장관계를 바탕으로 작동한다. 분명한 이해관계를 따지기 위해서도 법률은 필수적이었다. 사실상 신학만 가르치던 대성당과 수도원의 교육 기능과는 차원이 다른, 법률 등 세속적 교육을 목적으로 한 대학 설립을 상인 계층이 지원하기 시작했다. 1088년 볼로냐대학, 1150년경 파리대학, 옥스퍼드대학을 시작으로 이탈리아·프랑스·영국 여러 도시에 중세 대학이 설립되었다.*

고대 로마제국의 로마법은 중요한 참조 대상이자 연구

대상이었다. 광대한 제국이었던 로마는 여러 지역의 다양한 사회체제를 통치하고 광범위한 무역까지 관리해야 했다. 군사적 강압을 중심으로 유지되던 소규모 왕국들과는 달리 체계적인 질서 유지 수단이 필요했다. 개인 간 권리관계와 분쟁 해결을 위한 소송 절차 등의 규정이 있는 로마법은 중세 상인 계급의 필요에 정확히 부합했다. 이후 르네상스 시대 인문주의자들이 고대 로마를 전범으로 삼았던 것도 고대 로마의 윤리 체계가 자신들의 계급적 정당성을 확보해주는 유력한 근거였다는 점과 무관하지 않았다.

이런 가운데 13세기 말쯤부터 시민 계급 안에서 초기적인 인문주의활동이 출현하기 시작했다. 대표적인 인물이 단테 알리기에리(1265~1321)와 조토 디 본도네(1267~1337)였다. 피렌체 출신 시인인 단테는 의사·약제상 길드에 가입한 전형적인 시민 계급의 일원이었다. 교황파와 황제파가 대립하는 당파 싸움에서 교황파에 가담했으며 도시정부의 장관(priorat)직을 맡아 정치무대에서 활동하다가 추방당하기도 했다. 그의 작품 중에는 라틴어로 쓰인 것도 있으나 『신생』, 『신곡』 등은 토스카나 방언으로 쓰였다. 이는 이들 작품이 라틴어를 사용하는 상류 계층이 아니라 일반 대중을 겨냥해 쓰인 것임을 뜻한다.

화가인 조토는 피렌체에서 수공업자(대장장이)의 아들로 태어났다. 당대 유명한 화가인 치마부에의 공방에 도제로

• 중세 대학은 대부분 설립 시점과 주체가 분명치 않으나 상인들이 법률을 공부하기 위해 만든 사설학원 성격의 조직에서 발전한 것으로 추정된다. 예컨대 볼로냐 대학은 외국 출신 상인들이 차별적인 벌칙 부과에 법률적으로 대응하기 위해 공제조합적 목적으로 만든 학습조직에서 출발한 것으로 추정된다. 이러한 성격의 학교를 교회나 수도원에 만드는 사례도 많았다. 파리대학은 1150년경 파리 노트르담 성당 신학대학의 부설학교로 설립되었다.

들어가 그림을 배웠다. 비잔틴 양식에서 벗어나 생기 있는 묘사로 종교예술의 새로운 경지를 개척했고 투시법에 의해 공간을 묘사하는 등 이탈리아 르네상스 미술을 이끈 선구자로 평가된다.

상인 계급의 건축 생산과 건축 전문기술자의 성장

건축 생산의 중심 과제는 여전히 교회당 건축이었다. 건축 자금을 출자하는 주체는 최대 영주 세력인 교회였지만, 도시 상인 계급의 보조 출자가 늘어났다. 이들의 교회 건축 자금 출자는 신앙심의 발로이기도 했겠지만 교회 세력과의 연대가 좀 더 절실하고 직접적인 동기였다.

세속적 건축 생산활동도 증가했다. 요새·성채 등 군사용 시설과 봉건영주들의 장원 저택(manor house)은 이전 시기와 다름없이 꾸준히 지어졌다. 이 시기에 출현한 새로운 건축 과제는 바로 '새로운 계급', 즉 이제 유력한 사회 세력의 하나가 된 상인 계급을 위한 건축이었다. 길드 관리와 거래활동을 지원하는 조합 건물인 길드홀(guildhall, 타운홀로도 불린다)이나 자치도시 운영을 위한 시청사 등이 새로운 건축 유형으로 자리 잡았다. 길드홀은 13세기부터 여러 도시들의 상업활동 중심지에 건축되기 시작했다. 런던 길드홀(1128, 1411~40), 이프르 모직회관(1230~1304), 뤼베크 타운홀(1240/ 개축 1350, 1570~72), 안트베르펜 길드홀(1250/ 재축 1501~4), 브뤼헤 모직회관(1240/ 재축 1291~96/ 증축 1483~87) 등이 12~13세기에 지어졌다. 공화국으로 발전한 자치도시에서는 장대한 시청사를 지어 도시의 세력과 번영을 상징하려는 의도를 감추지 않았다. 시에나 푸블리코궁(1297~1348), 피렌체 베키오궁(1299~1314)이 대표적 사례다.

13세기의 건축 생산은 건축 장인 길드가 담당했다. 건축장인 길드는 11~12세기부터 성립한 길드체제에서 예외적인 존재였다. 상권 독점을 가장 중요한 목적으로 하는 길드는 고정적 상권과 고객 확보를 전제로 하는 제도다. 따라서 도시 단위로 길드 조합이 결성되고 이들은 공동으로 자신들의 도시 상권을 지켰다. 그러나 건축 장인 길드는 다른 길드들과는 달리 어느 한 도시에서만 활동을 하는 것이 아니라 공사 수주에 따라 여러 도시의 현장으로 이동하면서 작업했다. 전문 인력 수십 명으로 구성된 일종의 '이동 작업 조직'이었다.• 공사가 클 경우에는 여러 건축 장인 길드가 고용되어 함께 일하기도 했다. 예컨대 파리 노트르담 성당(1163~1345)은 건축 장인 길드 아홉 곳이 교대하며 계약해 점진적으로 설계를 해나가며 시공했다. 전체 건물에 대한 개괄적인 구상만 있을 뿐 완성된 설계는 없는 상태에서 공사가 시작되고 이후 설계를 구체화하며 공사를 진행했다. 3백여 명의 아홉 개 작업 팀이 각기 다른 방식으로 공사비를 지급받으며 공사 중단과 재개를 반복했다. 공사비 지급이 중단되거나 늦어지면 작업 팀은 현장을 떠나 교회가 공사비를 조달하는 동안 다른 일거리를 물색하기도 했다. 얼마 후 공사비가 다시 조달되더라도 기존 작업 팀은 이미 다른 작업을 계약해 일하고 있기 일쑤여서 다른 장인 길드가 공사 계약을 하고 작업을 이어받아 수행했다. 결국 한 건축물에서도 여러 장인이 번갈아 작업을 담당하는 것이 일반적이었으므로 각 장인의 솜씨에 따라 시공과 설계 수준이 다른 부분들이 발생

• 도시별로 배타적인 길드체제의 구속을 받지 않는다는 의미에서 이들을 자유석공단(freemasonry, 프리메이슨)이라고 불렀으며, 비장의 건축 기술과 노하우를 비밀리에 전수하는 특수한 조직으로 인식되었다. 건축 장인 조직의 필요성이 줄어드는 17세기경부터는 석공기술자 이외에 지식인들이 조합원으로 참여하기 시작했고 결국 사회 유력인사들의 조직으로 변모해 오늘날까지 이어진다.

6 이프르 모직회관, 벨기에 이프르, 1230~1304

6

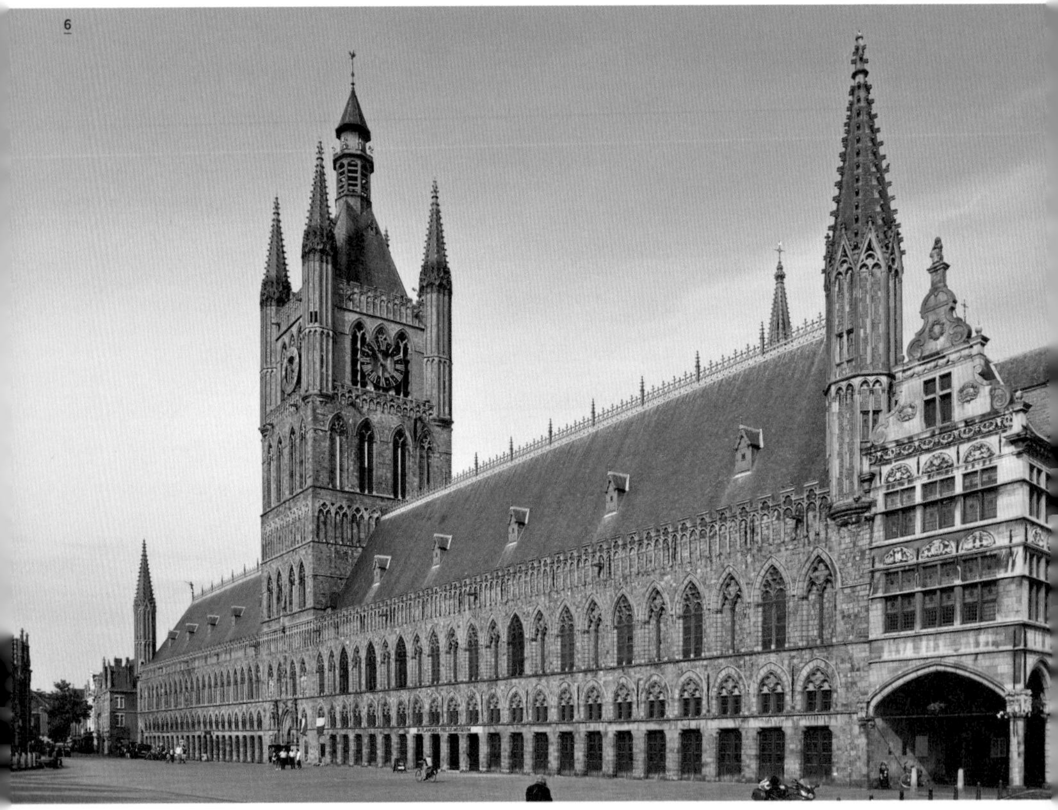

7 뤼베크 타운홀, 독일 뤼베크, 1240/ 개축 1350, 1570~72

8 안트베르펜 길드홀, 네덜란드 안트베르펜, 1250/ 재축 1501~4

9 브뤼헤 모직회관, 벨기에 브뤼헤, 1240/ 재축 1291~96/ 증축 1483~87

10 푸블리코궁, 이탈리아 시에나, 1297~1348

11 베키오궁, 이탈리아 피렌체, 1299~1314

12 베키오궁 내부 중정

했다.•

전문가 조직에 의해 건축이 이루어졌다는 것은 건축 생산기술이 한 사회 집단의 경제수단이 되었음을 의미한다. 이는 역사상 초유의 일이었으며 전 시대 로마네스크 건축과 비교할 때 고딕 건축이 갖는 가장 큰 차이 중 하나다. 로마네스크 교회당 건축은 건축 생산을 직업으로 삼지 않는 성직자들이 기획하고 지휘했다. 교회와 수도원의 권위가 이러한 현상의 한 요인이었지만, 기술적인 면에서 본다면 당시 사용되던 건축 재료의 종류가 많지 않고 구법이 정형화되어 있었기에 가능한 일이었다. 조선시대 양반들이 자신의 집이나 별서 건축을 직접 기획하고 시공을 지휘한 것과 비슷하다. 목구조 구법이 정형화되어 있어서 간잡이그림 정도만 그리면 직업 목수 중 누가 하더라도 동일한 구법으로 시공될 수 있었던 것이다. 그러나 12세기 후반쯤부터는 교회당을 비롯해 건물이 커지고 구법도 복잡하고 다양해져 건축 생산은 점차 전문적인 건축 기술자의 영역이 되어갔다.

전문 장인 조직에 의한 건축 생산은 건축 생산기술의 전승과 급속한 진보를 가능케 했다. 비록 아직 구술에 의존했지만 건축 생산기술이 조직적으로 전수되고 축적되었다. 무역 발달로 도시 간 교류가 늘어나면서 기술 교류 및 확산 속도 또한 빨라졌다. 어느 건축 현장에서 새롭고 합리적인 건축 기술이 실현되었다는 소식은 금세 서유럽 전체에 퍼졌다. 장인 조직이 비밀에 부치려 애썼지만 새로운 기술은 얼마 되지 않아 다른 건축 생산 조직들에 공유되었다. 그리고

• 주교나 수도원장 등의 개입과 감독이 있었지만 11세기와는 달리 이를 기술적으로 지휘할 전문 지식을 갖춘 수도사는 존재하지 않아 석공장에게 전적으로 의존하는 생산체제였다. 건축물 전체를 일관되게 설계하고 지휘하는 개인 전문가, 즉 건축가가 등장하는 것은 15세기 이후의 일이다.

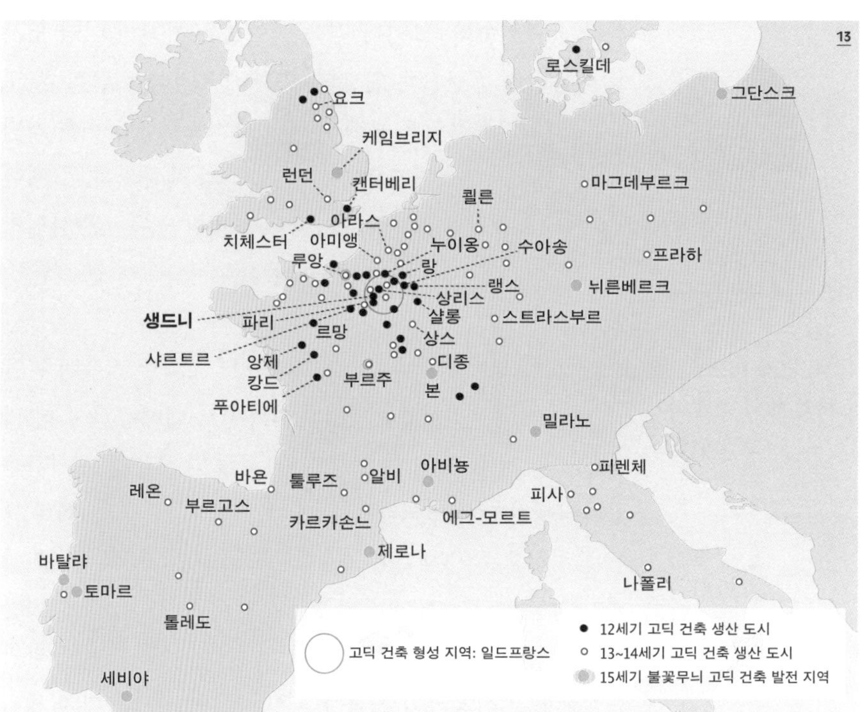

13 12~15세기 유럽의 주요 고딕 건축 생산 도시 분포

모든 도시에서 점점 더 큰 건축과 복잡한 구조기술이 구사되고 실현되었다. 고딕 교회당 건축의 놀라운 높이와 이를 뒷받침하는 구조기술은 이러한 과정을 통해 가능해진 것이다.

괄목할 만한 건축적 성취가 경쟁적으로 요청되고 실현되면서 석공장을 비롯하여 건축 장인 길드에 속한 회화·조각 등 조형 직능 장인들의 사회적 지위가 점차 높아졌다. 능력을 인정받은 자들은 소속 길드의 변경도 자유로워졌다. 도시 시민 계급 인구가 늘어나고 그들의 구매력이 커지면서 14세기 무렵에는 개인 자격으로 미술품을 구매하는 고정 고객층이 형성되었다. 이러한 수요층을 기반으로 건축 장인 길드에서 독립하여 특정 도시에 자리를 잡고 일하는 화가나 조각가가 출현했다. 그러나 건축 장인들은 여전히 여러 도시를 이동하며 집단으로 일했다. 회화나 조각과는 달리 한 도시 안에서 지속적인 건축주 역할을 할 정도로 자금력을 지닌 대상인 계급은 15세기 말에야 등장하기 때문이다. 그제야 석공 장인들은 석공 집단의 규율에서 벗어난 독립된 사업자(또는 건축가)의 지위에 오르게 된다.

더 높게 더 크게: 도시의 세력 경쟁과 고딕 성당

12~13세기는 유럽 각 도시마다 대규모 교회당 건축이 붐을 이룬 시기였다. 도시 인구가 늘어나면서 예배공간이 더 많이 필요해졌다는 실용적 이유에 도시들 간 세력 경쟁이라는 정치경제적 이유가 더해졌다. 1065년 이베리아반도 회복 운동을 시작으로 13세기까지 십자군 운동이 진행되면서 교황권이 절정에 달한 이 시기에 도시 세력의 표상으로서 교회당 건축 경쟁이 벌어졌던 것이다. 유력한 교회당의 존재는 왕과 교회로부터 신앙심이 신실한 도시라는 인정을 받기 위해서도 필요했고, 이들을 고객으로 한 자금 대부업은 물론 각종 상업활동을 보장받기 위해서도 필요했다. 교회당 건축은 도시 상업활동의 이해관계에 직결되는 일이기도 했던 것이다.

'더 높고 더 큰' 교회당을 경쟁하듯이 지으며 성취한 고딕 건축 기술은 인류 역사상 최초의 전문 건축 집단이 달성한 합리성의 결과였다. 그리고 그 기술적 과제와 성취의 핵심은 역시 석조 천장을 건축하는 구법에 있었다.

리브볼트 (rib vault)

리브볼트 구법은 노르만족이 지배하던 프랑스 노르망디와 잉글랜드 지역의 로마네스크 교회당 건축에서 11세기 중반부터 발전했다. 리브는 볼트 면 시공을 위한 거푸집을 지지하는 역할을 한다. 교차볼트에 비해 설치해야 하는 거푸집과 거푸집 지지용 가설재의 양이 크게 줄어들 뿐 아니라 리브로

14 리브볼트: 파리 노트르담 성당 아일 천장

분할된 볼트 면을 따로따로 시공할 수 있어 효율이 매우 높은 획기적인 기술이었다. 또한 마감이 거칠어지기 마련인 볼트 교차 부분의 접합부인 그로인(groin)을 리브로 감싸주는 장식적인 효과까지 있어서 급속히 확산되었다.

노르만 건축에서 다소 불완전한 형태로 구사되던 리브볼트 기술은 1120~30년에 일드프랑스 지역에 전파되면서 본격적으로 발전했다. 리브볼트는 원리적으로 볼트 하중은 리브가 지지하고 나머지 볼트 면은 하중을 받지 않는 구조다. 그러나 노르만의 리브볼트는 볼트 면을 30~40센티미터 두껍게 하여 리브와 볼트 면이 하중을 분담하는 구조였다. 아마도 리브를 먼저 설치하지 않고 리브와 볼트 면을 동시에 축조했을 것으로 추측된다. 제1차 세계대전 당시 리브가 파괴되었음에도 볼트 일부가 건재한 사례가 있었던 것도 이 때문에 가능한 일이었다. 12세기 일드프랑스 지역에서는 리브가 볼트 하중을 지지하며 기둥으로 전달하는 구조 체계가 분명해지면서 볼트 면의 두께가 절반 가까이 얇아지는 진전이 이루어졌다. 이는 다시 리브가 부담하는 하중을 감소시켜 리브와 기둥 두께가 더 가늘어지는 효과로 이어졌다.

첨두아치 (pointed arch)

리브볼트는 교차볼트의 모듈에서 네 변과 두 대각선 부위에 아치 구조의 리브를 먼저 시공하고 이후에 이 리브를 지지대 삼아 볼트 면 거푸집을 설치하여 시공하는 방식으로 축조된다. 이때 부위별로 서로 다른 리브아치의 직경 길이로 인해 몇 가지 문제가 발생한다. 대각선 리브는 네 변 리브보다 아치 직경이 길기 때문에 아치를 정확한 반원 형태로 한다면 대각선 리브가 네 변 리브보다 높이가 높아진다. 리브볼트의 모듈이 정사각형이 아니라면 네 변 리브 역시 긴 변과 짧은 변의 아치 직경이 다르므로 리브 높이에 차이가 생긴다. 리브의 높이에 차이가 생기면 볼트 면 시공이 까다로워질 뿐 아니라 대각선 리브보다 네이브 횡단 리브들의 높이가 낮아지면서 네이브 장축 방향 공간의 일체감을 훼손하는 문제가 발생한다. 이 문제를 해소하기 위해서 그로인볼트의 형상처럼 대각선 리브의 높이를 낮추어 모든 리브의 높이를 맞추려 하면, 대각선 리브아치의 횡압이 증가하는 등 구조적으로 불리한 문제가 발생한다. 그로인볼트의 경우는 볼트 면 전체가 구조체로 거동하므로 그로인의 형상과 곡률은 구조적 효율에 큰 영향을 끼치지 않지만, 리브볼트는 리브가 구조체이므로 그 형상이 중요해지는 것이다.

이 문제를 해소하기 위해 고안된 것이 첨두아치다. 직경이 가장 큰 대각선 리브를 구조적으로 문제가 없는 반원아치 형상으로 하고 네 변 리브는 대각선 리브 높이와 같아지도록 중앙부를 높인 뾰족 머리 아치, 즉 첨두아치 형태로

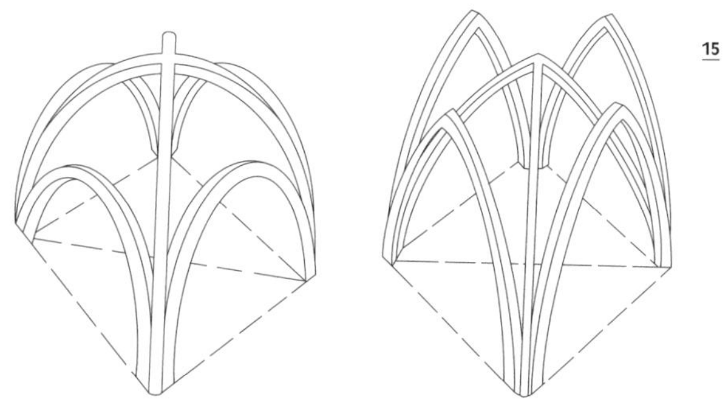

15 리브볼트와 첨두아치의 원리

만드는 것이다. 첨두아치는 반원 아치에 비해 길이가 길어지고 재료가 다소 많이 들지만 횡압이 감소하는 효과가 있어서 구조적으로 유리하다. 첨두아치 리브는 리브볼트 구법을 구조적으로 완성시킨 것이라고 할 수 있다. 또한 첨두아치를 사용하면 네이브 횡단 리브와 네이브 방향 리브의 직경이 다르더라도 높이를 맞출 수 있으므로 리브볼트 모듈의 규격을 자유롭게 설정할 수 있다. 예를 들어 네이브의 폭을 크게 하는 대신 구조적 안정성을 위해 네이브 기둥 간격을 좁게 하는 것이 가능하다. 이러한 사례를 대규모 교회당인 샤르트르 성당(1194~1225)이나 아미앵 성당(1220~88)에서 확인할 수 있다.

플라잉버트레스 (flying buttress)

플라잉버트레스는 리브볼트보다 반세기나 늦은 12세기 말에야 발전했다. 플라잉버트레스의 원리를 단편적으로 적용한 사례는 고대 로마부터 비잔틴 건축, 로마네스크 교회당 등에서도 찾아볼 수 있다. 그러나 이것이 교회당 건축의 주된 구법으로 사용된 때는 12세기 말이었다. 12세기 후반 무렵, 특히 일드프랑스 지역에서 교회당 건축의 높이 경쟁이 심해지면서 건물 높이가 외벽에 붙은 버트레스로는 감당하기 어려울 정도로 높아졌기 때문이다. 네이브가 높아지고 폭도 커지면서 지지해야 할 횡압도 커졌다. 아일과 갤러리 지붕보다 훌쩍 더 높아진 네이브 천장 볼트의 횡압을 갤러리 천장 볼트로 받아내기는 곤란했다. 그렇다고 네이브 외벽 버트레스를 크게 만들어 받아내려면 네이브와 아일 사이에 서야 하는 기둥의 부담이 너무 커진다. 이 문제를 해결하기 위한 벽체 설계 경쟁이 활발히 진행되었고 그 결실이 플라잉버트레스였다.

1163년 건축이 시작된 파리 노트르담 성당에서 고딕 대성당 중 가장 먼저 플라잉버트레스가 사용되었다. 당시 파리 교구 주교는 왕의 교회가 될 노트르담 성당을 프랑스에서 가장 높은 교회당으로 건축하기로 계획하고 그 자리에 있던 로마네스크 교회당을 철거한 후 건축을 시작했다. 계획한 대로 새 교회당의 네이브는 넓고 높게 건축되었다. 높게 솟은 네이브를 덮는 리브볼트의 횡압을 갤러리 천장 볼트로 지지하기는 무리였다. 네이브 천장 리브볼트의 횡압을 갤러리 지붕 위 공중으로 가로질러 외부 버트레스로 직접 전달하는 플라잉버트레스가 해결책이었다. 플라잉버트레스는 일종의 수평보이므로 당연히 (인장력 발생이 없는) 아치 형상으로 건축되었다.

16
플라잉버트레스:
영국 섀드슬리 코벗 성당

천장 볼트의 횡압을 지지하기 위해 로마네스크 교회당에서부터 사용되었던 방법은 아일 위에 갤러리를 두어 횡압을 외부 부축벽으로 전달하는 것이었다. 이에 비해 플라잉버트레스 방식은 갤러리 없이도 횡압 지지가 가능했다. 리브볼트는 천장과 지붕의 하중을 기둥으로 집중시켜서 기둥 사이 벽체를 하중에서 해방시켰고 플라잉버트레스는 기둥에 작용하는 횡압을 외부 버트레스로 전달하여 지지함으로써 내부기둥을 횡압으로부터 해방시켰다. 이로써 네이브와 아일

17

18

17 플라잉버트레스: 아미앵 성당 단면도

18 플라잉버트레스: 부르주 대성당, 프랑스 부르주, 1195~1230

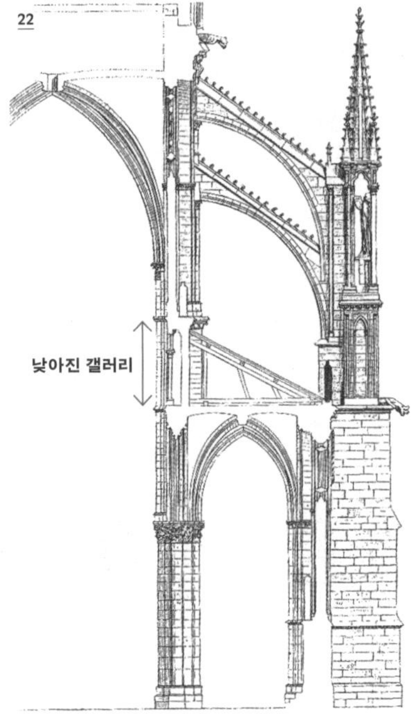

19 노트르담 성당 네이브, 프랑스 파리, 1163~1345

20 노트르담 성당 단면도

21 랭스 성당 네이브, 프랑스 랭스, 1211~1345

22 랭스 성당 단면도

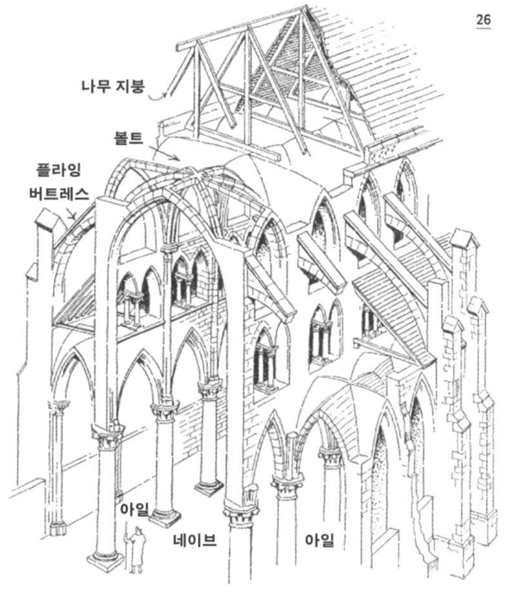

23 쾰른 대성당 네이브 벽, 독일 쾰른, 1248~1560

24 쾰른 대성당 단면도

25 랭스 성당의 소첨탑

26 고딕 성당의 기본 구축 원리

사이의 기둥은 버트레스 기능 없이 연직하중만 지지하면 되므로 두께가 줄어서 내부공간의 개방감이 커졌다. 기둥 사이 벽체는 하중에서 자유로우므로 큰 개구부를 둘 수도 있어 채광도 훨씬 좋아졌다.

노트르담 성당이나 샤르트르 성당 등 12세기 말 건축된 교회당은 아일 위에 갤러리를 두고 그 위에 솟은 네이브 벽체에 개구부를 두었지만, 13세기부터는 갤러리 높이를 낮추거나 아예 없애고 위로 높게 노출된 네이브 벽체에 길고 큰 개구부를 설치할 수 있게 되었다. 랭스 성당(1211~1345)은 갤러리의 높이를 낮추었고, 쾰른 대성당(1248~1560)은 갤러리를 없애고 아일 상부에 긴 개구부를 냈다. 높은 천장과 큰 개구부로 내부공간이 밝아지자 스테인드글라스와 장미창 등 개구부를 이용한 장식이 발전했다.

소첨탑(pinnacle)과 버트레스(buttress)

고딕 교회당 외관의 가장 큰 특징은 네이브를 따라 플라잉버트레스가 연속하고 이를 지지하는 외부 버트레스 상부에 소첨탑이 열 지어 서 있는 모습이다. 소첨탑들은 장식적 기능도 있지만 구조적으로도 의미가 있다. 플라잉버트레스를 통해 전달되는 횡압을 받는 외부 버트레스는 상부 안쪽 면에 인장력이 발생한다. 고대 로마와 로마네스크의 외부 벽체가 그랬듯이 이 인장력을 상쇄하기 위해서는 버트레스 자체의 하중을 늘려서 버트레스에 작용하는 압축력을 늘려야 한다. 버트레스 상부에 얹힌 소첨탑은 압축력을 늘리는 역할을 하는 것이다.

4분 볼트와 6분 볼트

고딕 건축의 주요 기술 요소들인 리브볼트, 첨두아치, 플라잉버트레스, 소첨탑 등은 구조 및 시공상 이유로 고안된 것들이다. 고딕 교회당 건축은 이러한 기술적 요소들이 그대로 건축 형태가 되고 장식의 역할도 한다. 고딕 건축이 갖는 이러한 특징은 19세기에 '구조와 재료의 솔직한 표현'이라는 덕목으로 평가되며 근대 건축 운동의 주요한 원류의 하나가 된다.

'기술적 필요성에 따른 형태'가 어떻게 성립해왔는지 잘 보여주는 것이 리브볼트가 6분 볼트를 거쳐서 4분 볼트로 진전하는 과정이다. 리브볼트가 사용되기 시작한 11세기 말에서 12세기 초까지는 4분 볼트가 많이 사용되었고 높고 큰 볼트는 6분 볼트로 건축하는 것이 통례였다. 가령 더럼 성당(1093~1133)의 성가대 회랑이나 생 드니 성당(1135~44/ 네이브 재축 1264)에는 4분 볼트가 사용되었다. 랑 성당(1150~1235)에서는 스팬이 큰 네이브에는 6분 볼트가, 스팬이 작은 트랜셉트에는 4분 볼트가 사용되었다. 누아용 성당(1145~1235)은 특별한 상황을 보여준다. 전체적으로 4분 볼트가 사용되었음에도 네이브 기둥들은 마치 6분 볼트 구조인 것처럼 굵은 기둥과 가는 기둥이 교대로 사용되고 있다. 초기에 6분 볼트 천장을 계획하고 기둥을 건축했다가 천장 볼트 시공 단계에서 4분 볼트로 계획이 바뀐 것으로 추정된다. 굵은 기둥과 가는 기둥을 그대로 둔 것은 아마도 건축 자금 문제였을 것으로 보인다. 굵은 기둥에 걸리는 네이브 횡단 리브를 두껍게 한 것은 구조적인 이유라기보다는 기둥 굵기와 시각적 균형을 맞추기 위한 것으로 짐작된다.

네이브 높이가 높아지는 12세기 후반에는 6분 볼트가 보편화되는데, 이는 높이가 높아짐에 따라 커지는 횡압에 대한 우려와 4분 볼트보다 6분 볼트가 리브 축조량이 절감되는 이점 등에서 비롯된 것으로 보인다. 6분 볼트의 대표적 사례는 상스 성당(1135~64/ 트랜셉트 1515), 파리 노트르담 성당, 부르주 성당(1195~1230) 등이 있다. 그러나 13세기에

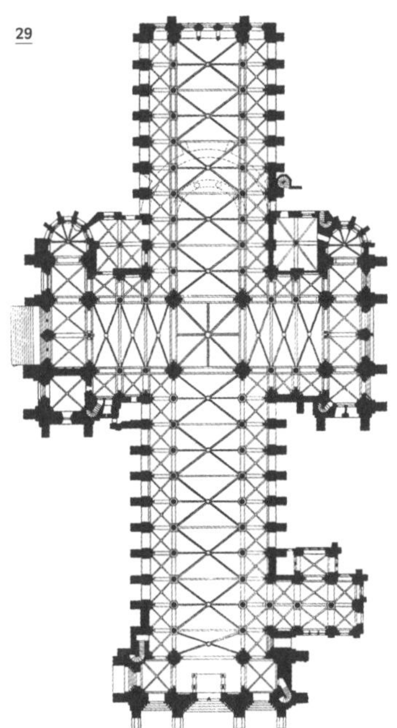

27 초기 4분 볼트: 더럼 성당 성가대 회랑, 영국 더럼, 1093~1133

28 초기 4분 볼트: 생 드니 성당, 프랑스 생 드니, 1135~44/ 네이브 재축 1264

29 4분 볼트와 6분 볼트의 혼합: 랑 성당 평면도

30 랑 성당의 네이브와 트랜셉트 교차부, 프랑스 랑, 1150~1235

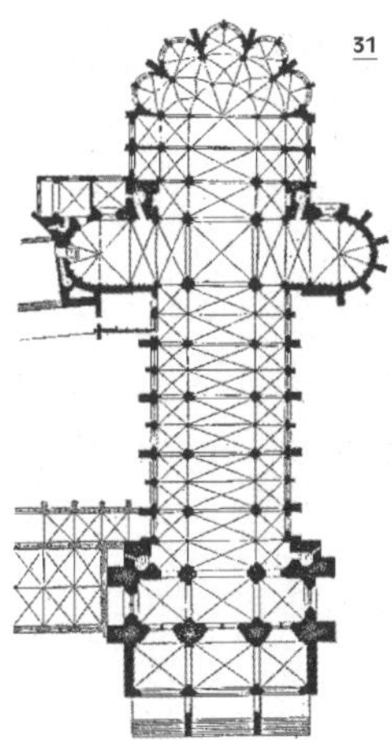

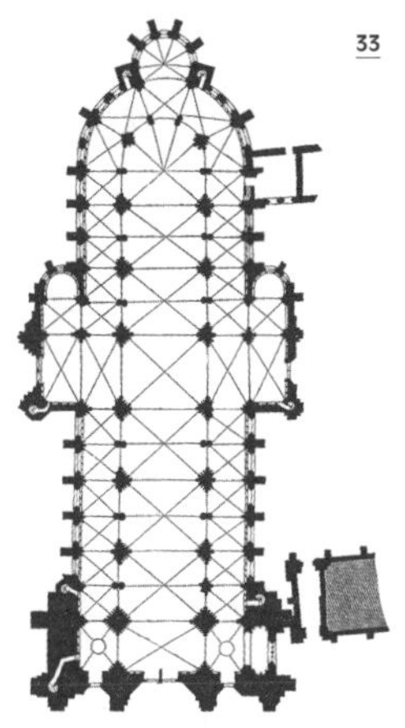

31 4분 볼트: 누아용 성당 평면도

32 누아용 성당 네이브 벽: 당초 6분 볼트로 계획하며 건축된 굵은 기둥과 가는 기둥이 4분 볼트로 계획을 바꿔 준공한 이후에도 그대로 남아 있다

33 6분 볼트: 상스 성당 평면도. 1515년 증축한 트랜셉트 부분만 4분 볼트로 변경

34 상스 성당, 프랑스 상스, 1135~64/ 트랜셉트 1515

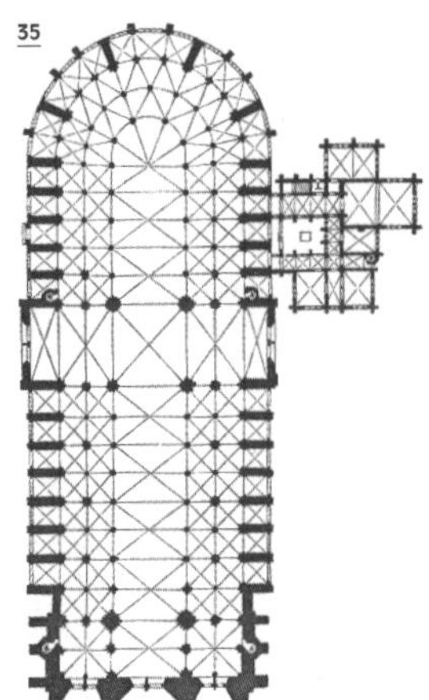

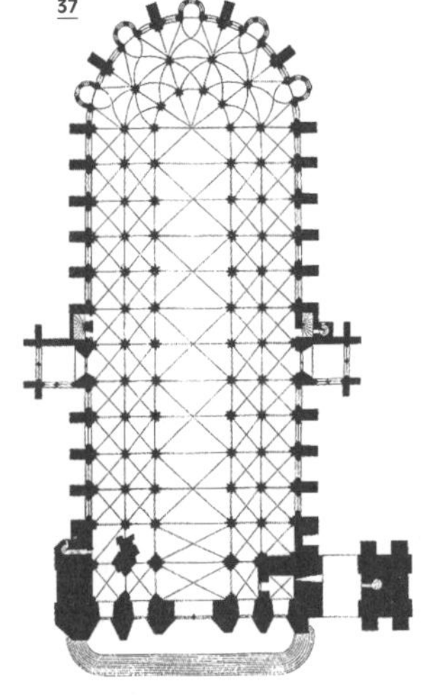

35 6분 볼트: 노트르담 성당 평면도

36 노트르담 성당, 프랑스 파리, 1163~1345

37 6분 볼트: 부르주 성당 평면도

38 부르주 성당, 프랑스 부르주, 1195~1230

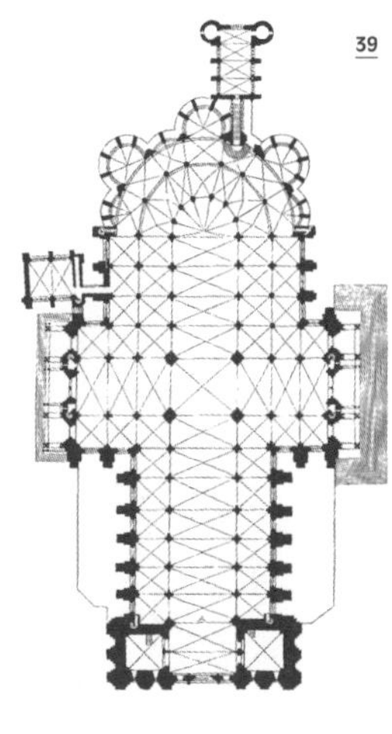

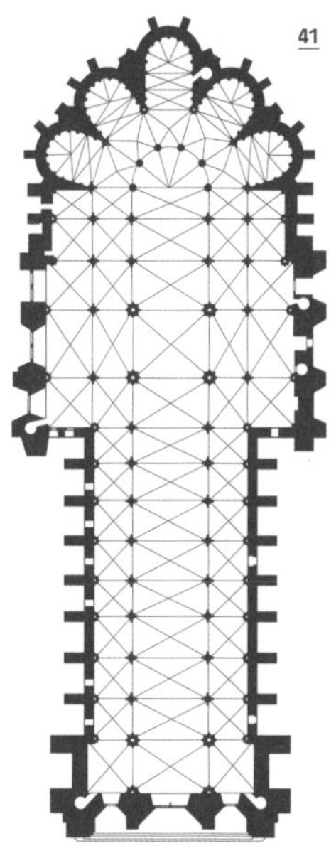

39 4분 볼트: 샤르트르 성당 평면도

40 샤르트르 성당, 프랑스 샤르트르, 1194~1225

41 4분 볼트: 랭스 성당 평면도

42 랭스 성당, 프랑스 랭스, 1211~1345

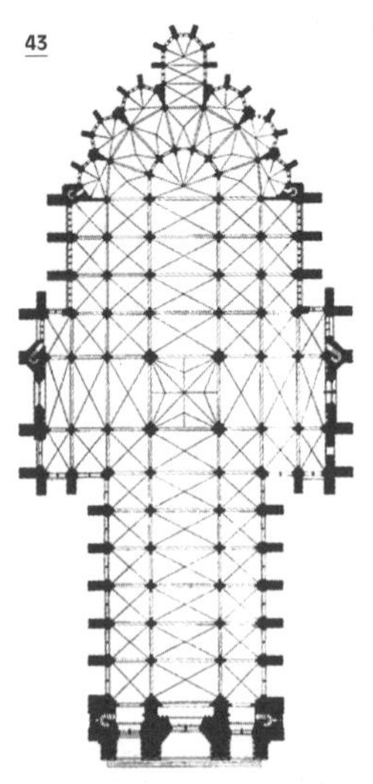

43 4분 볼트: 아미앵 성당 평면도

44 아미앵 성당, 프랑스 아미앵, 1220~88

45 6분 볼트 비대칭 볼트면 형상과 개구부 설치 문제: 생테티엔 수도원 성당, 프랑스 캉, 1065~83

들면서 6분 볼트는 거의 사라지고 4분 볼트로 통일된다. 샤르트르 성당, 랭스 성당, 아미앵 성당 등에서는 모두 4분 볼트가 채용되었다.

6분 볼트가 4분 볼트로 변화하여 정착한 이유는 무엇일까? 형태 효과를 이유로 드는 사람이 많다. 가령 6분 볼트는 대각선 리브가 모이는 지점을 받치는 기둥과 중간 리브만을 받치는 기둥이 받는 하중이 다르므로 굵은 기둥과 가는 기둥을 교대로 두게 된다. 초기에는 이 엇갈려 배치되는 방식을 사용하다가 후기에는 기둥 두께의 균일화를 더 중시하면서 4분 볼트를 선호하게 되었다는 것이 통상적인 설명이다. 또한 6분 볼트는 네이브 벽면과 만나는 부분의 볼트 면이 비대칭이어서 개구부 설치가 부자연스러워지는 약점이 있으므로(도판 42 참조) 이 문제를 해소하려는 것도 4분 볼트가 선호된 요인으로 거론된다. 그러나 교회당 시공 과정에서 가장 부담이 큰 볼트 구법을 형태적 필요만으로 이리저리 바꾸었다는 것은 설득력이 약하다. 게다가 파리 노트르담 성당에서 보듯이 6분 볼트라고 해서 기둥 굵기를 통일하지 못할 것도 없다.

이보다는 기술적 이유를 살펴보아야 한다. 우선 플라잉 버트레스의 사용과 첨두아치의 발전으로 높고 넓은 네이브에서도 4분 볼트 사용의 부담이 적어졌다. 리브와 기둥의 두께가 매우 줄어든 것도 4분 볼트를 축조하는 부담을 덜어주었다. 구조와 시공에 큰 무리가 없다면 정연한 기둥 배치가 가능하고 개구부 설치의 자유도도 높은 4분 볼트 쪽을 선택하는 것이 자연스러운 일이다.

더불어 시공 부담을 줄이는 것도 중요했다. 네이브 천장 볼트의 시공 과정을 떠올려보자. 네이브 벽체를 먼저 세우고 천장 볼트를 한 베이씩 차례차례 공사한다. 리브볼트이

46 6분 볼트가 4분 볼트에 비해 종 방향(네이브 방향) 횡압이 커지는 원리

47 리브볼트 시공 과정 중 종 방향 횡압 지지

46

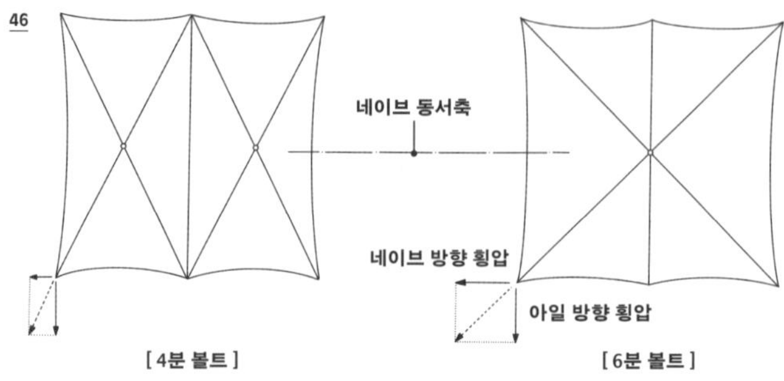

47

므로 리브아치부터 만들고 이 아치들로 구획된 볼트 면을 거푸집을 대고 시공해나갔다. 리브아치 단부에는 당연히 횡압이 작용하는데, 횡 방향 횡압은 플라잉버트레스가 지지하므로 문제없지만 종 방향 횡압이 문제다. 이미 시공된 리브아치들은 서로 맞닿아 종 방향 횡압이 상쇄되므로 별 문제가 없다. 그러나 시공 중인 리브아치는 다음 리브아치가 시공될 때까지는 가설재로 종 방향 횡압을 지지해두어야 한다. 리브아치 직경이 클수록 횡압이 커지고 지지 가설재 부담이 증가한다. 대규모 교회당을 건축하기 위해서는 네이브의 폭은 가급적 넓어야 하지만 네이브와 아일 사이의 기둥 간격은 굳이 넓어야 할 필요가 없다. 이 기둥 간격을 좁게 하면 그 위에 걸리는 리브아치를 시공하는 중에 지지해야 하는 횡압이 작아진다. 게다가 기둥 간격이 좁고 숫자가 늘어날수록 기둥마다 연결되는 플라잉버트레스 간격이 좁아지고 숫자가 늘어나서 '장엄한 외관'을 연출하는 효과가 생긴다. 그러나 6분 볼트는 기둥 간격을 좁게 하더라도 직경이 큰 대각선 리브 때문에 종 방향 횡압이 여전히 크다. 12세기 초 아직 로마네스크 건축구법 전통이 남아 있을 때까지는 두꺼운 부축벽이 볼트 높이까지 올라오므로 시공 과정 중에 횡압을 지지하는 일이 큰 문제가 아니었다. 따라서 4분 볼트든 6분 볼트든 선택이 자유로웠다. 그러나 교회당의 높이 경쟁이 진행되면서 천측창이 높아지고 개구부가 커진 13세기에는 시공 과정 중의 횡압 부담이 큰 문제가 되었을 것이다. 이 횡압을 줄이려면 4분 볼트를 사용해야 했을 것이다.

고딕 건축기술의 범유럽적 공유와 형태 규범화

13세기에는 상업활동이 확대되고 도시가 발달하면서 지역 간 거래의 양이 늘었을 뿐 아니라 속도도 빨라졌다. 더불어 건축기술이 도시 간 경계를 넘는 데 걸리는 시간도 줄어들었다. 기술이 나날이 빠르게 발전하는 한편, 여러 지역에서 동시에 최적화된 기술을 구사하게 됨으로써 유럽 전 지역에 걸쳐 기술과 형태가 엇비슷해지고 규범으로 자리 잡아감에 따라 건축의 양식화가 이루어졌다. 고딕 건축 양식은 이렇게 탄생했다.

고딕 건축구법은 파리를 중심으로 일드프랑스 지역에서 12세기 중엽에 성립하여 13세기에 완성되었다. 파리 근교에 위치한 생 드니 성당은 고딕 건축구법의 주요한 기술들을 종합적으로 구현한 최초의 사례로 알려져 있다. 1135~40년 재건축된 서쪽 입면에 장미창이 사용되었고, 1140~44년에 재축된 성가대 공간에서 리브볼트-첨두아치-플라잉버트레스와 이로 인해 가능해진 대형 스테인드글라스가 구현되었다. 생 드니 성당에서 시작된 프랑스의 고딕 교회당 건축구법은 12세기 중반부터 14세기 중반에 걸쳐 지어진 파리 노트르담 성당, 부르주 성당, 샤르트르 성당을 거쳐 아미앵 성당과 랭스 성당에서 정점을 이룬 것으로 평가된다.

그러나 더 중요한 것은 이 지역에서 성립한 고딕 건축구법이 유럽 각지로 급속히 전파되면서 공통된 기술적-형태적 규범을 갖는 '고딕 양식' 교회당이 유럽 전역에 건축되었다는 사실이다. 이런 점에서 고딕 건축은 지역별로 차이가 많아 '양식'이라고 하기 곤란했던 로마네스크 건축과는 전혀 다른 성격을 갖는다. 바로 이 변화가 고딕 건축에서 읽어야 할 가장 중요한 내용이다.

고딕 건축의 양식적 특징을 내외부 공간을 나눠 살펴보자. 우선 내부에서는, 플라잉버트레스에 횡압 부담을 넘김으로써 가늘고 긴 형태가 가능해진 내부 기둥들, 리브볼트로 가설재 설치를 최소화하여 높은 천장고에 따르는 비용 부담 역시 최소화한 네이브 공간, 보다 얇은 기둥으로 더 높은 천

48 생 드니 성당, 프랑스 생 드니, 1135~44

49 부르주 성당, 프랑스 부르주, 1195~1230

50, 51 노트르담 성당, 프랑스 파리, 1163~1345

51

52 샤르트르 성당, 프랑스 샤르트르, 1194~1225/ 북탑 1512

53 아미앵 성당, 프랑스 아미앵, 1220~88

54,55 랭스 성당, 프랑스 랭스, 1211~1345

52

53

54

55

장고를 구현하려는 기술적 야심에 사로잡힌 듯한 시도들이 이루어내는 수직적 공간감이 돋보인다. 외관에서는 소첨탑을 올려 태운 채 연속되는 플라잉버트레스들과 높이 경쟁의 선두 요소인 서쪽 파사드 첨탑의 조합이 고딕 교회당의 '규범적 형태'로 자리 잡았다.

더 높이 지으려는 경쟁은 물론이고 고딕 건축의 규범적 특징을 더욱 강렬하게 표현하려는 욕구들이 경쟁적으로 분출되었다. 기둥에 직접 버트레스를 부착하여 간단히 시공할 수 있는 경우에도 의도적으로 플라잉버트레스를 적용한다든가, 네이브 진행 방향의 기둥 간격을 좁혀서 리브볼트와 기둥 숫자를 늘림으로써 플라잉버트레스와 소첨탑이 빽빽이 들어선 장관을 연출하려는 시도가 곳곳에서 진행되었다.

고딕 건축 양식은 가장 활발했던 프랑스를 중심으로 유럽 각지로 확산되었다. 영국에서는 12세기 말부터 프랑스 노르망디 지역에서 리브볼트 등 고딕 건축구법이 수입되어 13세기 중엽부터 독자적으로 발전했다. 리브를 구조·시공 기술 요소보다는 장식 요소로 진전시킨 것이 가장 두드러진 특징이었다. 웨스트민스터 사원(1245~1745)은 13세기 영국 고딕 건축의 완성을 보여주는 대표 사례다. 이러한 경향은 14~15세기에 더욱 진전되면서 영국 특유의 화려한 부채볼트(fan vault) 구법을 특징으로 하는 후기고딕 건축으로 전개된다.

독일 지역(신성로마제국)에서는 고딕 건축이 다소 늦게 확산되었다. 이곳은 프랑스나 영국 지역과는 달리 황제의 중앙 권력이 강력하지 못해서 수많은 영주의 공국들로 분할 통치되고 있었다. 왕은 유력 영주들, 즉 선제후들이 선출하여 추대했으니, 왕권은 지역 영주 세력의 합의에 의해 성립하는 권력이었던 셈이다. 이러한 정치경제적 여건 속에서 13세기

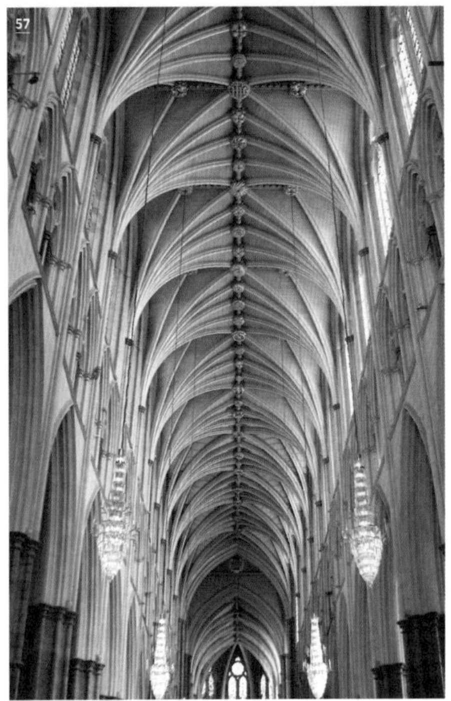

56 웨스트민스터 사원, 영국 런던, 1245~1745

57 웨스트민스터 사원 내부

58 웨스트민스터 사원 서쪽 입면

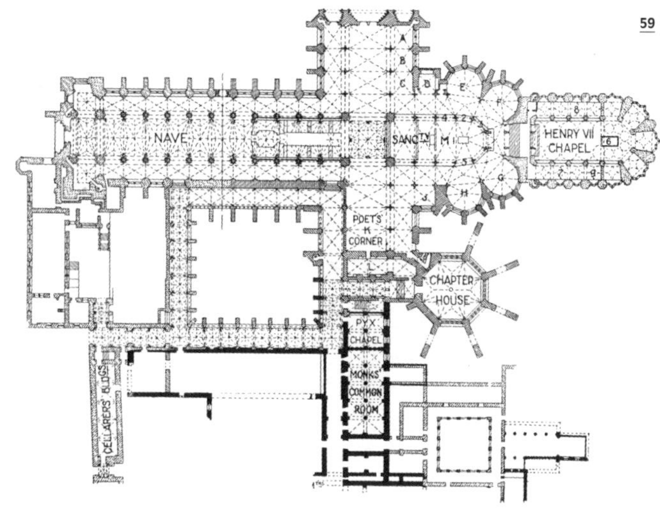

59 웨스트민스터 사원 평면도

초까지도 지역별로 로마네스크 건축구법이 성행하면서 두터운 벽체에 장식을 가미하는 경향이 우세했다. 12세기 말에 고딕 구법이 들어오기 시작했지만 기존 로마네스크 전통과 혼합되며 병존하는 양상으로 전개되었다. 프랑스에 가까운 지역에서 12세기에 건축된 로잔 성당(1170~1235)은 네이브 천장의 처음 두 베이는 6분 볼트인데 나머지는 4분 볼트로 건축하여 두 가지 방식이 섞여 있다. 또한 네이브 기둥에 독립 원기둥을 덧붙여서 리브를 지지하는 등 아직 정리되지 않은 구법을 보여준다. 리브볼트와 그로인볼트를 혼용하고 네이브 기둥이 4분 볼트 두 개마다 배열된 마그데부르크 성당(1209~1520), 기존 로마네스크 성당을 고딕 성당으로 리모델링하여 육중한 외벽과 네이브 벽기둥을 갖는 림부르크 성당(11세기/1190~1235) 등에서도 이러한 양상을 확인할 수 있다.

13세기 중반에서야 고딕 건축구법이 주류가 되었다. 트

60 로잔 성당, 스위스 로잔, 1170~1235

61 로잔 성당 내부. 네이브 기둥에 독립 원기둥이 덧붙여져 있다

62 마그데부르크 성당 평면도

63 마그데부르크 성당 내부, 독일 마그데부르크, 1209~1520

64 림부르크 성당 평면도

65 림부르크 성당 내부, 독일 림부르크, 11세기, 1190~1235

60

61

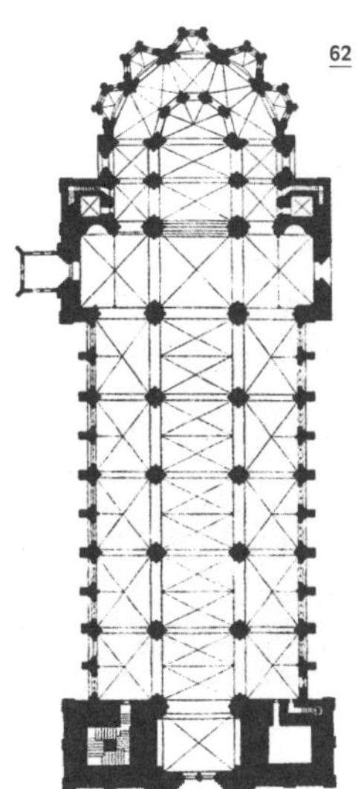
62

63

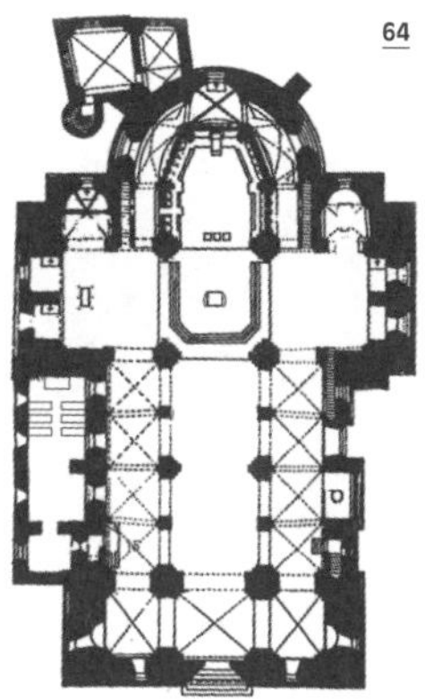
64

65

66

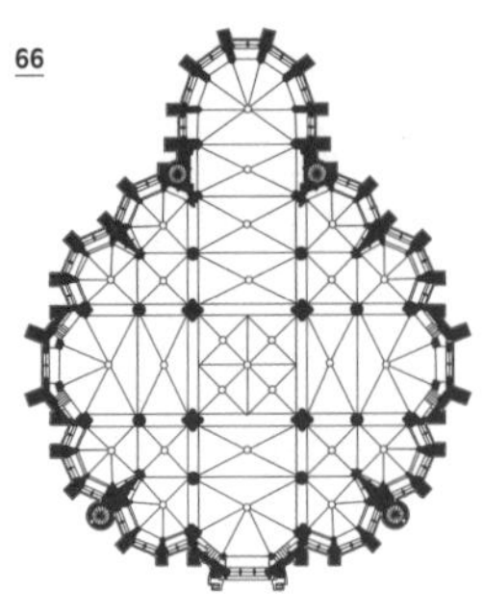

67

68

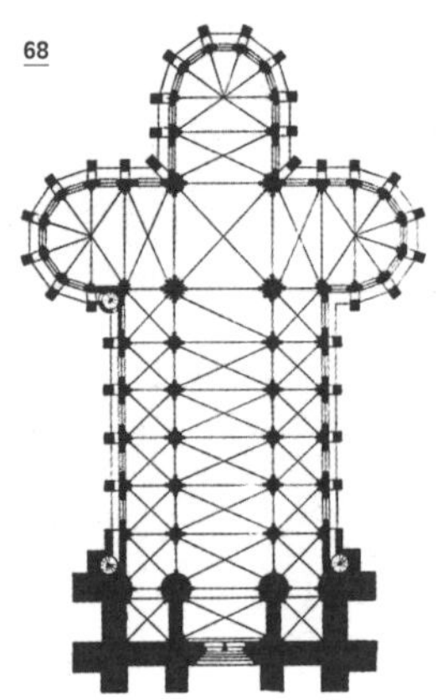

69

70

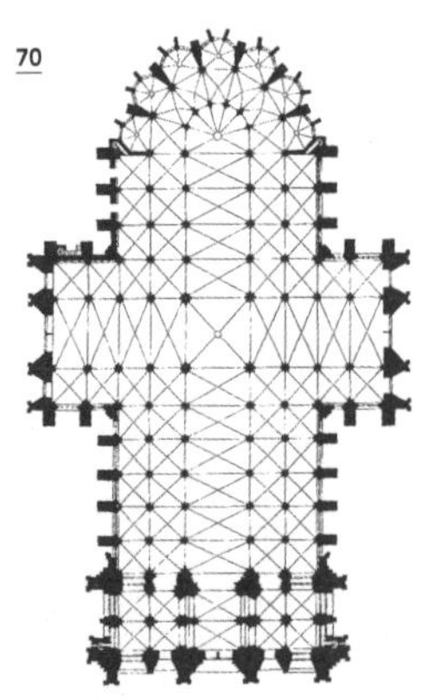

71

66 트리어 리프프라우엔 교회 평면도

67 트리어 리프프라우엔 교회, 독일 트리어, 1230~60

68 마르부르크 엘리자베트 성당 평면도

69 마르부르크 엘리자베트 성당, 독일 마르부르크, 1235~83/ 타워 1330

70 쾰른 대성당 평면도

71 쾰른 대성당, 독일 쾰른, 1248~1560

72 장크트 로렌츠 교회, 독일 뉘른베르크, 1250~1477

73 장크트 로렌츠 교회 내부

74 울름 성당, 독일 울름, 1377~1543/ 완공 1890

75 울름 성당 내부

76

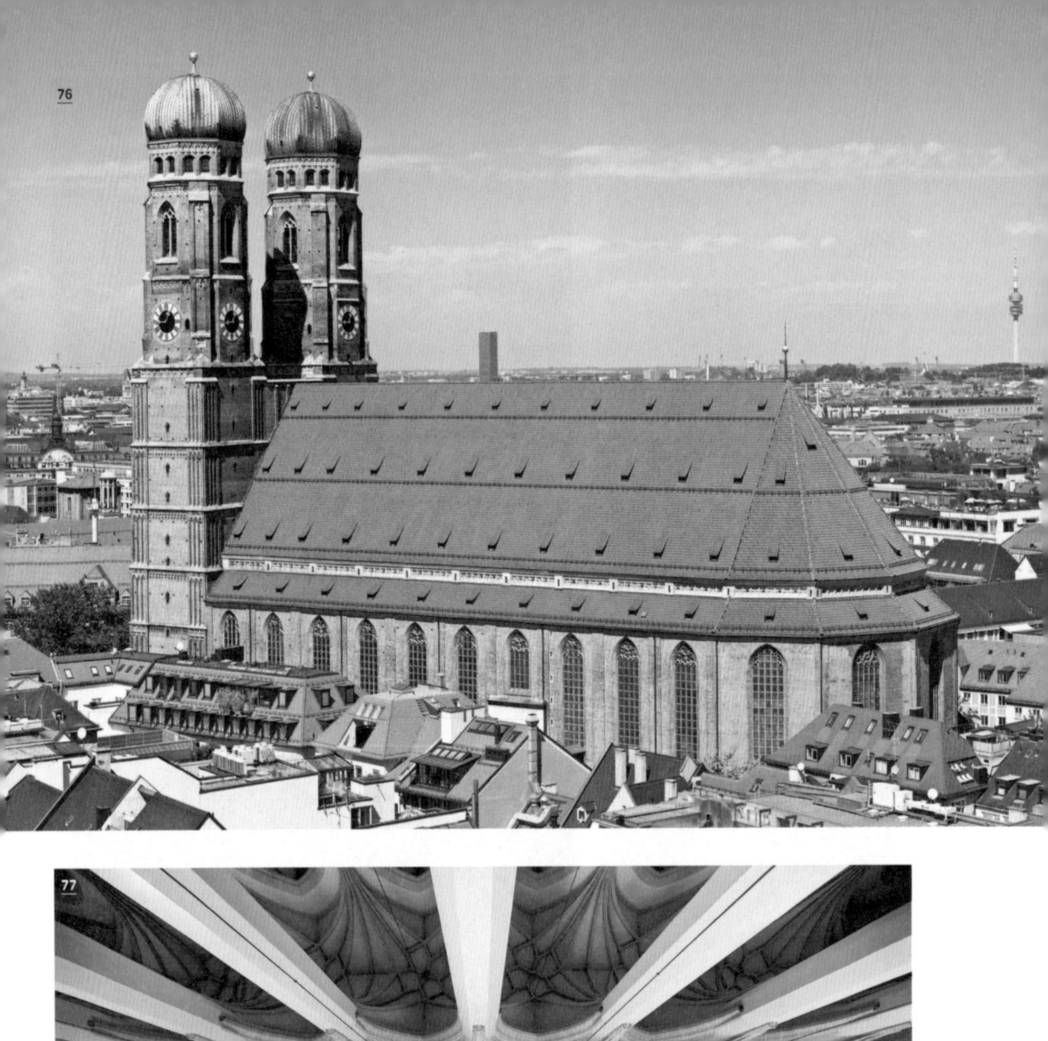

76 프라우엔 교회, 독일 뮌헨, 1468~88/ 서쪽 타워 돔 1524

77 프라우엔 교회 볼트

78 레온 성당, 스페인 레온, 1255~1302

79 레온 성당 볼트

80 산티아고 데 콤포스텔라 대성당, 스페인 산티아고 데 콤포스텔라, 1075~1211/ 입면 16~18세기

81 산티아고 데 콤포스텔라 성당 내부

78

79

80

81

리어 리프프라우엔 교회(1230~60), 마르부르크의 엘리자베트 성당(1235~83/ 타워 1330), 쾰른 대성당(1248~1560) 등이 독일식 고딕 교회당의 대표 사례다. 시작은 늦었지만 전개는 활발했다. 프랑스에서 퇴조하기 시작한 14세기쯤부터 고딕 성당 건축이 가장 성행한 지역이 독일이었다. 이 시기에는 후기고딕 양식이 확산되며 장식적인 리브볼트 건축이 보편화되었다. 뉘른베르크의 장크트 로렌츠(1250~1477), 슈베비슈 그뮌트의 하일리히크로이츠 성당(1325~1410/ 네이브 볼트 1504~21), 울름 성당(1377~1543/ 완공 1890), 뮌헨의 프라우엔 교회(1468~88/ 서쪽 타워 돔 1524) 등이 있다.

이슬람 세력과 겨루고 있던 이베리아 지역 역시 고딕 건축이 뒤늦게 확산되었다. 11세기 중반에는 기독교 세력이 이슬람 세력을 압박하며 이베리아반도 북부 대부분을 차지했고 13세기 초에는 중부까지, 13세기 말에는 그라나다왕국을 제외한 이베리아반도 전역이 기독교 세력의 수중에 들어갔다. 기독교 세력이 점령한 지역은 로마교회 교구제도에 편입되었고 각지에서 교회당 건축 생산이 이루어졌다. 가까운 프랑스 지역의 건축구법이 전파되면서 11~12세기 로마네스크 구법을 거쳐 13세기쯤부터 고딕 건축이라 할 만한 건축물이 생산되었다. 이베리아 북서 지역에 건축된 레온 성당(1255~1302)이 고딕 구법이 사용된 대표 사례이다. 이외에 로마네스크 배럴볼트 구법에 고딕 장식 요소가 첨가되고 나중에 이탈리아 바로크 양식 입면까지 혼합된 산티아고 데 콤포스텔라 대성당(1075~1211/ 입면 16~18세기)이 있다.

고딕 건축이 발달하지 않은 이탈리아

이탈리아에서는 고딕 건축의 확산과 발달이 불명확했다. 전형적인 고딕 건축구법을 종합적으로 채용한 건물은 거의 없었다. 고대 로마제국의 중심인 로마를 품고 있는 이탈리아에서는 로마의 전통이 강하게 지속되었고 여기에 로마식 비잔틴의 전통이 가미된 로마네스크 건축이 성행했다. 게다가 알프스산맥 너머 게르만족에 대한 반감이 강했다. 5세기 서고트족의 로마 약탈, 프랑크왕국과 신성로마제국의 침략 등에 대한 부정적인 정서가 일반화하면서 게르만족을 침략과 약탈을 일삼는 야만족으로 여기는 분위기였다. 마치 한반도에서 만주 이북의 족속을 '오랑캐'로 인식해오던 것과 유사하다. 고딕(Gothic)이라는 명칭 자체가 르네상스시대 이탈리아인들이 중세 건축을 야만족 고트(Goth)인의 조야한 건축이라는, 모멸을 섞어서 부르던 용어에서 유래한 것이다. 즉, 고딕 건축이란 알프스 이북 게르만족의 건축을 탐탁찮게 여기던 이탈리아인들이 '오랑캐 건축'이라는 뉘앙스로 붙인 명칭이다. 프랑스왕국, 동프랑크왕국(독일왕국, 신성로마제국)의 지배 세력들과 지속적으로 대립하던 로마 교황의 존재 역시 고딕 문화가 이탈리아 반도에 확산되기 어렵게 만든 요인 중 하나였을 것이다. 로마에서 라벤나에 이르는 지역이 교황령이었으므로 이탈리아 중북부는 사실상 게르만의 영향권에서 일정 정도 벗어나 있었다.

물론 이탈리아 지역에 고딕 건축이 전혀 없지는 않다. 이탈리아와 가까운 프랑스 남동부 부르군트(현 부르고뉴) 지역을 통해 고딕 건축구법이 이탈리아 북부로 전해졌다. 부르군트의 고딕 건축은 일드프랑스에서 발달한 고딕에 비해 높이에 대한 강조가 약한 것을 비롯해 로마네스크 건축의 성격이 남아 있었다. 이런 사정 속에서 이탈리아에서는 중북부 일부에서 로마네스크 건축 전통 속에 고딕 구법을 부분

82 산 프란체스코 수도원 성당, 이탈리아 아시시, 1228~53
83 산 프란체스코 수도원 성당 내부
84 산 프란체스코 성당, 이탈리아 볼로냐, 1236~63
85 산 프란체스코 성당 내부
86 시에나 성당, 이탈리아 시에나, 1196~1348
87 시에나 성당 내부

82

83

84

85

86

87

88 오르비에토 성당, 이탈리아 오르비에토, 1290~1591

89 오르비에토 성당 내부

90 산타 크로체 성당, 이탈리아 피렌체, 1294~1385/ 입면 1853~63

91 산타 크로체 성당 내부

92 산타 마리아 델 피오레 대성당, 이탈리아 피렌체, 1296~1471/ 입면 1887

93 산타 마리아 델 피오레 대성당 내부

88

89

90

91

92

93

적으로 채용하는 형태로 고딕 건축이 수용되었다. 12세기부터 고딕 건축구법이 섞인 수도원들이 건축되었다. 내부공간에 리브볼트 등 고딕의 기술을 사용했으나 외관은 여전히 로마네스크적 형태였다. 13세기 이탈리아 고딕 건축의 주요 사례로 꼽히는 아시시 산 프란체스코 수도원 성당(1228~53), 볼로냐 산 프란체스코 성당(1236~63) 등도 첨두아치와 리브볼트 등이 사용된 내부공간이 고딕 건축의 특성을 보여주지만 로마네스크적인 외관(두꺼운 벽체와 부축벽, 작은 개구부 등)을 유지하고 있다. 시에나 성당(1196~1348), 오르비에토 성당(1290~1591), 피렌체의 산타 크로체 성당(1294~1385/ 입면 1853~63)과 산타 마리아 델 피오레 대성당(1296~1471/ 입면 1887) 등도 입면과 내부공간의 구성이 고딕적이지만 고딕 건축이라기보다는 로마네스크와 고딕, 그리고 로마 고전주의가 혼합된 건축이라고 할 만하다.

이탈리아에서 고딕 건축의 특성을 온전히 갖춘 교회당은 밀라노 대성당(1387~1577/ 입면 1813)이 거의 유일한 사례이다. 밀라노는 8세기에 프랑크왕국 샤를마뉴에게 항복한 이래 프랑크왕국 및 서프랑크·동프랑크왕국의 영향을 많이 받았다. 고딕 스타일을 원했던 밀라노의 군주 잔 갈레아초 비스콘티는 프랑스에서 건축가를 초빙했다. 고딕 건축 양식의 절정기가 한참 지난 14세기 말에 시작된 밀라노 대성당 건축은 느리게 진행되어 고딕 건축구법을 주조로 많은 장식적 요소와 여러 양식이 혼합되면서 19세기 초에야 입면 공사가 완성되었다. 밀라노 지역에서는 밀라노 대성당 이외에도 파비아의 수도원인 체르토사(1396~1495), 1450년 밀라노를 차지한 프란체스코 스포르차가 민심을 얻을 목적으로 지은 마조레 병원(1456~1805)• 등 15세기까지도 고딕식 건축이 있었지만, 이때는 이미 이탈리아에 르네상스 고전주의가 자리 잡기 시작하던 시기였던 터라 이들 역시 모두 고전주의적 특성이 혼합된 것이었다.

이탈리아 지역에 고딕 건축 양식이 발달하지 않았다는 사실은, 흔히 고대 그리스·로마 건축에서 시작하여 '로마네스크-고딕-르네상스-바로크'로 이어지는 것으로 정리되는 건축 양식의 전개가 유럽 안에서도 보편적이지 않으며 지역적 차이가 컸다는 사실을 새삼 일깨운다. 지역별로 다양한 차이를 보이며 전개되었던 로마네스크 건축과는 달리 고딕 건축은 유럽 지역에 공통된 기술과 형태로 확산되며 양식화되었지만 이 역시 어디까지나 상대적인 보편화였을 뿐이었다.

알프스 이북 지역과는 다르게 13세기까지 고딕 건축이 뚜렷하지 않은 채 로마네스크 전통을 계속 유지하던 이탈리아 지역은 이후 15~16세기에 르네상스 양식을 정립하면서 이를 인문주의와 함께 알프스 이북으로 전파한다. 고딕 건축 전통이 강하게 자리 잡고 있었던 당시 프랑스와 독일 지역에서, 새로이 유입된 르네상스 건축이 이탈리아 지역과 동일한 형태로 전개되었을 리 없다. 또한 르네상스 이후 바로크 건축 역시 이탈리아와 프랑스·독일 등 중부 유럽에서 큰 차이를 보인다.

• 스포르차는 당시 첨단 건축 양식(르네상스)을 구가하던 피렌체의 코시모 데 메디치로부터 피렌체 건축가 필라레테(1400~69년경)를 추천받아 일을 맡겼다. 피렌체에는 이미 1288년 설립하고 1420년대에 크게 증축한 공공병원이 있었으므로 이 병원이 모델로 제시되었다. 그러나 필라레테는 밀라노의 건축가들과 갈등하다 1465년에 피렌체로 돌아가고 밀라노 건축가들이 일을 맡으면서 당초 설계에 롬바르디아 구법과 고딕 구법이 혼합되었다. 전면의 첨두아치형 창문에서 그 흔적을 확인할 수 있다. 병원은 1472년 개원했으나 스포르차가 실권한 1499년 이후 공사가 중단되었다가 17세기부터 느리게 재개되어 1805년에야 완공되었다.

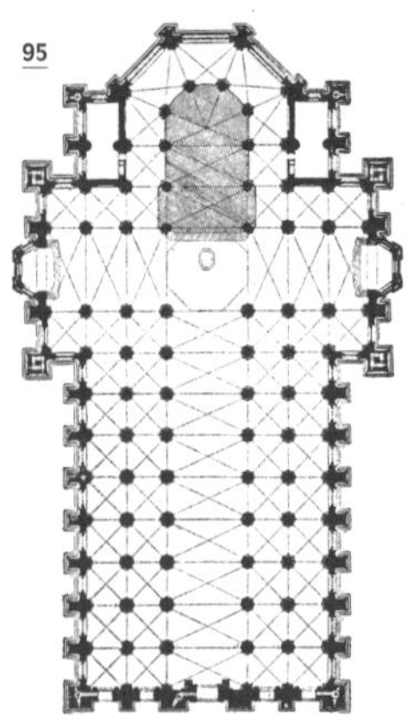

94 밀라노 대성당, 이탈리아 밀라노, 1387~1577/ 입면 1813

95 밀라노 대성당 평면도

96 밀라노 대성당 내부

97 체르토사 수도원, 이탈리아 파비아, 1396~1495

98 마조레 병원(현 밀라노 대학), 이탈리아 밀라노, 1456~1805

99 마조레 병원 가로변 입면

후기고딕 건축: 형태 규범의 상징화와 기술-형태 합일성의 쇠퇴

프랑스 북부에서 성행하던 대규모 고딕 성당 건축은 13세기 말, 혹은 14세기쯤부터 퇴조하기 시작했다. 보베 성당의 붕괴가 그 직접적인 이유로 종종 거론된다. 가장 높은 성당 건축을 목표로 건축했던 보베 성당이 1284년에 일부 붕괴하는 사건이 벌어졌다. 보베 성당은 교회당 높이 경쟁의 극단이었다. 유럽에서 가장 높은 성당을 목표로 1225년에 착공해 47년 후인 1272년에 완성된 성가대석 공간의 높이는 아미앵 성당보다 5미터나 높은 48미터에 이르렀다. 그러나 완성된 지 12년 만인 1284년에 강풍을 견디지 못하고 성가대석의 천장이 무너졌다. 16세기 중엽에 성당 공사가 재개되어 성가대석을 복구하고 트랜셉트를 건설했다. 그리고 야심 차게 153미터 높이의 중앙탑을 1569년에 건설했으나 1573년 다시 무너졌다. 이후 보베 성당은 재건되지 못했다. 네이브는 아예 건설되지 않은 채 지금에 이르고 있다.

이후 높이에 대한 기술적 자신감이 약해졌을 뿐 아니라 '바벨탑 건설'이라는 종교계의 반성이 나오면서 대규모 성당 건축이 사라졌다는 것이 일각의 평이다. 그러나 이러한 감성적인 이유만으로는 고딕 건축의 퇴조를 충분히 설명하지 못한다. 여기에 이 시기부터 침체에 접어든 지역경제와 백년전쟁(1337~1453)• 같은 환경의 변화를 추가해야 한다.

14세기 전후로 고딕 건축구법의 발흥지인 프랑스에서 대규모 고딕 건축이 감소한 것은 사실이지만 다른 지역들의 사정은 달랐다. 예를 들어 독일 등 동유럽 지역에서는 14세

• 백년전쟁은 1337년에서 1453년 사이에 잉글랜드왕국의 플랜태저넷가와 프랑스왕국의 발루아가 사이에 프랑스 왕위 계승 문제를 놓고 일어난 일련의 분쟁을 총칭하는 이름이다. 중간에 몇 차례 휴전을 거치면서 계속되었다. 1337~60년 에드워드전쟁, 1369~89년 캐럴라인전쟁, 1415~53년 랭커스터전쟁으로 세분된다.

100 보베 성당, 프랑스 보베, 1225~72

101 보베 성당 볼트 상세

102 보베 성당 평면도

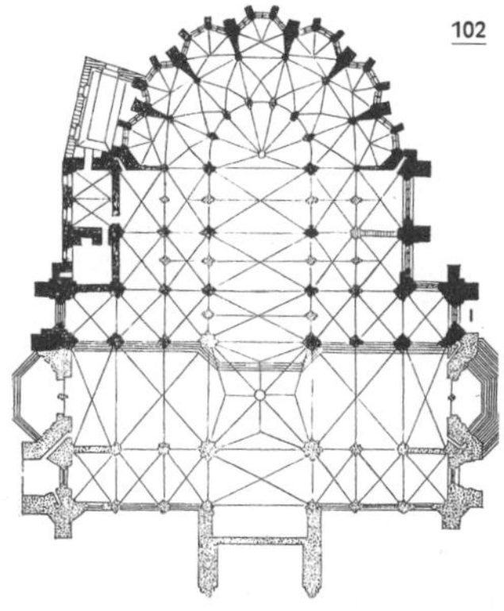

103

104

105

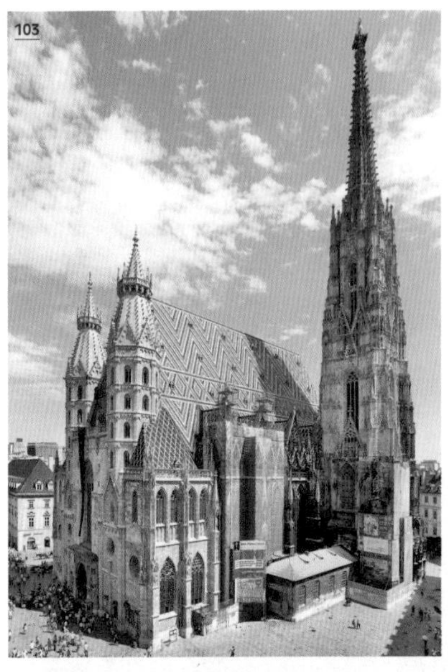

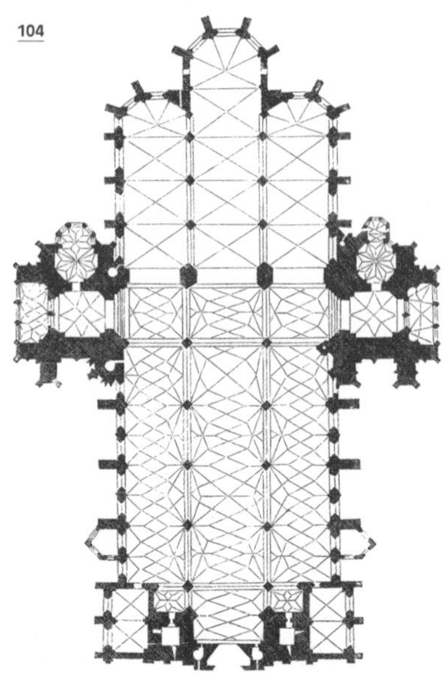

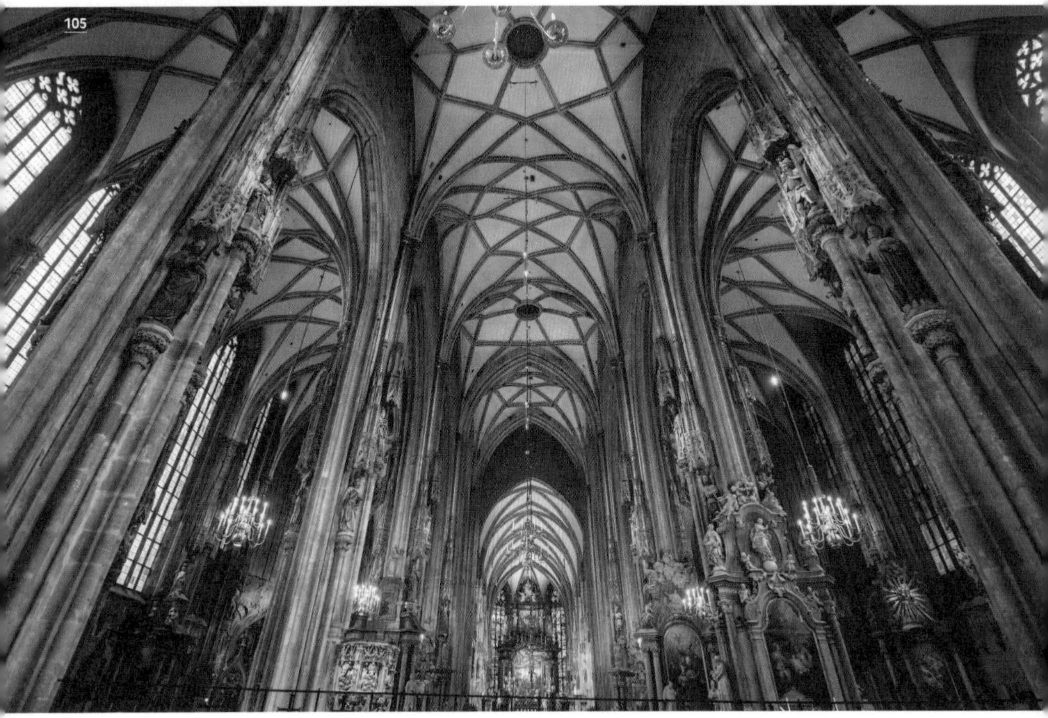

103 슈테판 대성당, 오스트리아 빈, 1137~60/ 재축 및 증축 1230~45, 1304~1511

104 슈테판 대성당 평면도

105 슈테판 대성당 내부

106

107

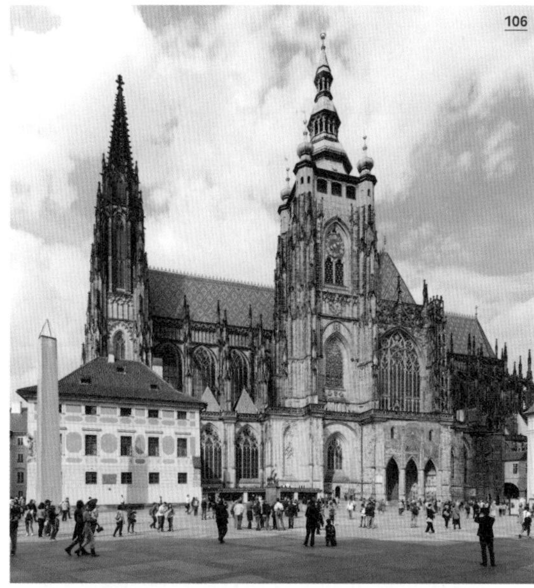

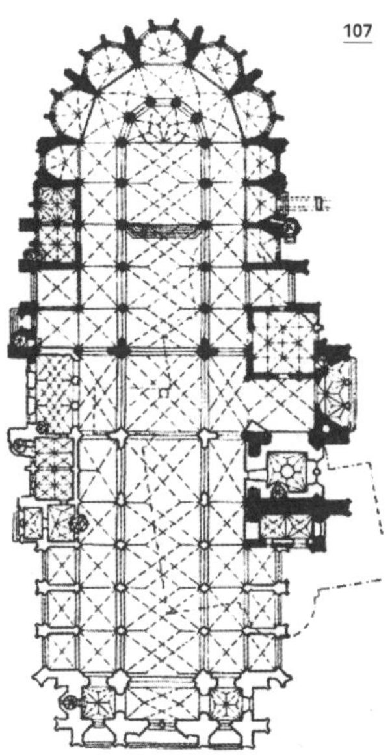

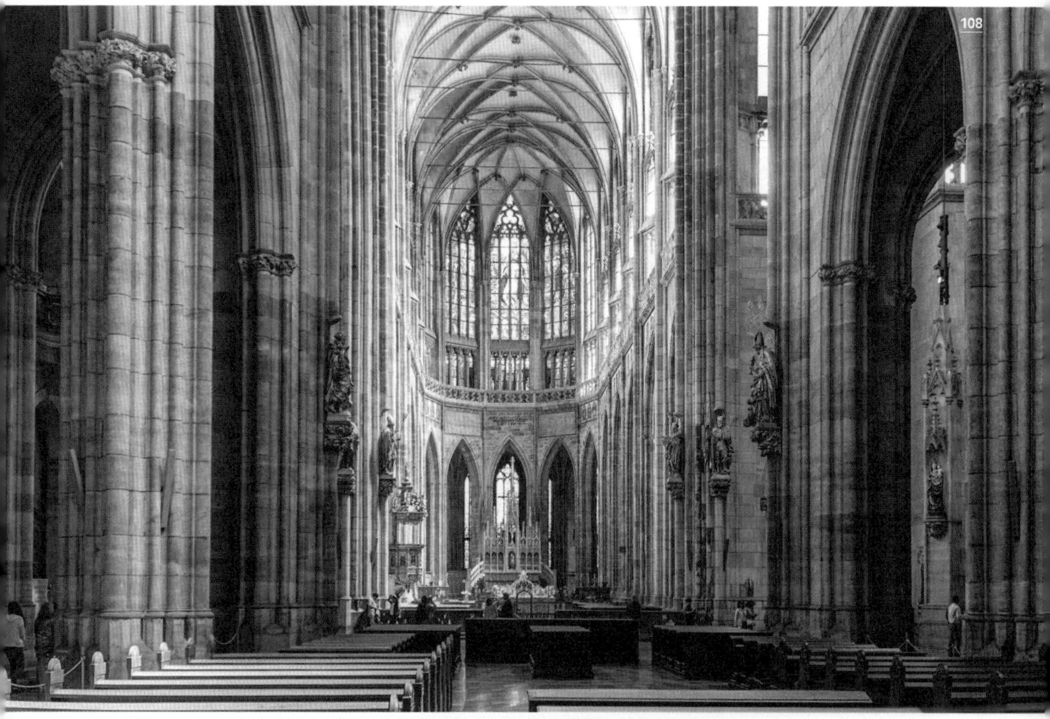

108

106 스바테호 비타 대성당, 체코 프라하, 1344~1419/ 재축 1870~1929

107 스바테호 비타 대성당 평면도

108 스바테호 비타 내부

기 이후에도 대규모 고딕 성당이 속속 건축되었다. 쾰른 대성당, 빈의 슈테판 대성당(1137~60/ 재축 및 증축 1230~45, 1304~1511), 프라하의 스바테호 비타 대성당(1344~1419/ 재축 1870~1929) 등 동유럽 최대 규모 고딕 성당은 모두 14세기에 건축되었다.

한편 14세기 강력한 왕권 아래 있었던 영국에서는 리브볼트 구법에 장식 요소가 증가하면서 소위 부채볼트로 대표되는 장식적인 고딕 건축이 전개되었다. 기둥에서 시작하는 리브 개수를 늘리고 여기에 다시 연결 리브를 부가하여 만들어내는 서까래볼트(lierne vault)나 부채볼트는 고딕 건축구법을 무효화할 정도로 장식화되어갔다. 볼트 천장은 무수한 리브로 그물망처럼 덮여 리브아치의 형태조차 불명확해졌다. 리브가 구조적 요소라기보다는 일종의 몰딩처럼 취급되고 표면 장식이 강조되면서 고딕 건축 특유의 수직적 공간감마저 사라졌다. 웨스트민스터 사원, 링컨 성당(1072~92/ 재축 1192~1311), 리치필드 성당(1195~1340) 등에서 초기적 발전을 보인 영국의 장식적 고딕 건축은 요크 성당(1220~1472), 액서터 성당(1133~1400), 글로스터 성당 증개축(1318~77), 캔터베리 성당 개축(1070~1126/ 네이브 개축 1377~1405) 등에서 절정을 이루었다. 부채볼트는 15세기 이후에도 성행했다. 케임브리지의 킹스 칼리지 예배당(1446~1515), 피터버러 성당 동쪽 앱스 후면 증축부(1118~1237, 앱스 후면 증축 1496~1580), 웨스트민스터 사원의 헨리 7세 예배당(1503~19) 등에서 화려한 부채볼트 천장을 볼 수 있다.

부채볼트는 일반적인 리브볼트에 비해 건축 비용이 60퍼센트 이상 더 드는 비싼 구법으로 건축주의 호화로운 취미와 과시적인 욕구에서 비롯한 것이다. 아직 절대왕권의 궁정문화가 성립하지 않았고 자치도시 발전도 더딘 봉건적 체제에서 이토록 값비싼 장식적 건축을 요구하고 실현한 건축 생산활동은 특별한 경우였다. 이는 영국 특유의 봉건체제를 배경으로 등장한 건축 양식이다. 봉건체제가 자생한 유럽 대륙과는 달리 영국 지역은 11세기에 노르만이라는 외부 침입자에게 정복당하면서 영주 세력에 비해 왕권이 강한 봉건체제가 성립되었던 것이다.

14세기 후반부터는 프랑스와 플랑드르 지역에서도 영국보다는 덜했지만 장식 요소가 증가한 후기고딕 양식이 성행했다. 불꽃무늬 양식(flamboyant)이라고 불리는 이 경향은 창문의 트레이서리(tracery)를 불꽃 모양의 이중곡선으로 복잡하게 구성하여 건축물의 입면을 화려하게 꾸미는 수법이 주로 사용되었다. 13세기 중반부터 교회당 실내공간을 장식적으로 조성하던 레요낭 양식•이 건물 입면 전체를 대상으로 한 단계 더 나아간 것이었다. 이러한 장식적 고딕 건축은 주로 북부 프랑스와 이베리아 지역 도시의 교회당, 플랑드르 자치도시의 시청사를 무대로 16세기 중반까지 지속되었다. 브뤼헤 시청사(1376~1421), 브뤼셀 시청사(1401~55), 루뱅 시청사(1439~69), 루앙 생 마클루 교회(1437~1517), 방돔 트리니티 수도원(11세기/ 재축 13~16세기/ 서쪽 입면 1507) 등에서 석재로 빚어낸 불꽃무늬 장식을 볼 수 있다. 재정이 풍족했던 부유한 도시 귀족과 시민 계층의 문화적 합작품이라 할 만한 건축물들이었다.

당초 실용성에 방점을 찍고 발전해온 건축기술이 건축

• 레요낭 양식(rayonnant[radiating] style)은 장식창으로 빛이 퍼져 들어오는 모습에서 따온 이름으로, 볼트의 리브 강조, 트레이서리로 장식된 창 벽면 구성, 입면 출입구 상부의 중첩적 반원 장식 등의 수법이 주로 사용되었다. 파리 생트 샤펠(1238~48)이 대표적인 예다.

109

110

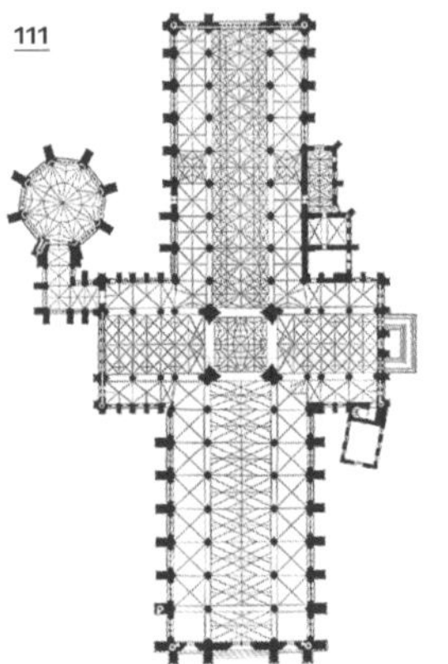
111

112

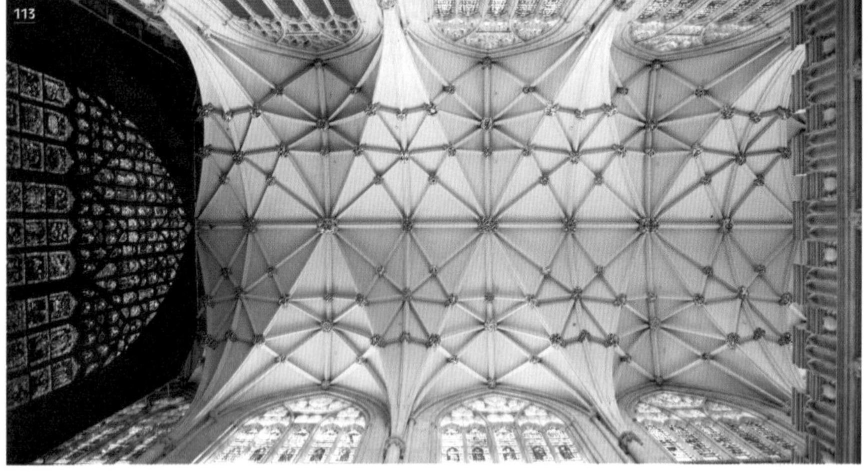
113

109 링컨 성당, 영국 링컨, 1072~92/ 재축 1192~1311

110 링컨 성당 내부

111 요크 성당 평면도

112 요크 성당, 영국 요크, 1220~1472

113 요크 성당 볼트

114 글로스터 성당 회랑, 영국 글로스터, 1089~1100/ 증개축 1318~77

115 액서터 성당, 영국 액서터, 1133~1400

116 캔터베리 성당, 영국 캔터베리, 1070~1498/ 네이브 개축 1377~1405

117 캔터베리 성당 네이브와 트랜셉트 교차부 천장

114

115

116

117

119

120

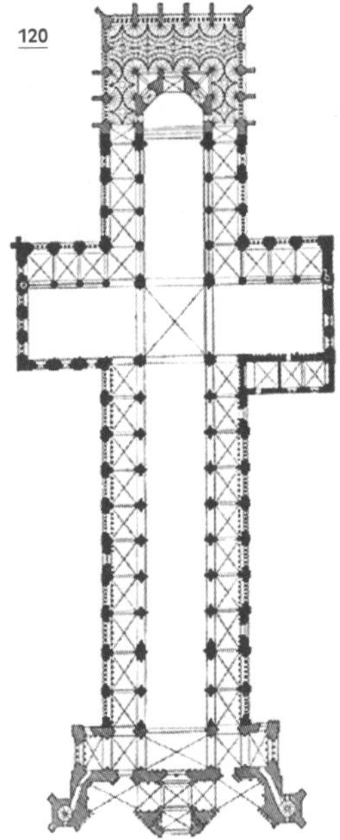

121

118 킹스 칼리지 평면도

119 킹스 칼리지 예배당, 영국 케임브리지, 1446~1515

120 피터버러 성당 평면도

121 피터버러 성당 증축부(동쪽 앱스 후면), 영국 피터버러, 1496~1580

122 생트 샤펠, 프랑스 파리, 1238~48

123 브뤼헤 시청사, 벨기에 브뤼헤, 1376~1421

124 브뤼셀 시청사, 벨기에 브뤼셀, 1401~55

125 루뱅 시청사, 벨기에 루뱅, 1439~69

126 생 마클루 교회, 프랑스 루앙, 1437~1517

127 트리니티 수도원, 프랑스 방돔, 11세기/ 재축 13~16세기/ 서쪽 입면 1507

124

125

126

127

형태가 규범화되면서 형식주의로 나아가는 현상은 이미 로마 건축에서 나타난 바 있다. '오더'라는 형태 규범 자체가 목적이 되면서 실제 구조기술이자 형태인 아치·볼트·돔과는 전혀 관계없는 기둥-보 규범이 권력 건축의 표상이 되었다. 고딕 건축은 애초에 상업적·종교적·정치적 욕망이 어우러진 필요에 의해 진전한 '기술과 형태가 합일하는' 건축이었다. 하지만 이후 고딕 건축이 양식화되면서 형태 자체가 규범이자 지배권력의 상징이 되면서 그 형태적 상징을 극대화해나가는 길을 걸은 것이다. 처음에는 건축물의 높이를 더욱 높이고 플라잉버트레스와 소첨탑을 늘리는 '기술-형태 합일성 안에서' 진행되었다. 그러나 곧 건축 기술과는 아무런 관계없는 '장식을 통한 화려함과 극적 효과'를 향해 나아갔다. 영국의 부채볼트 천장이 왕권의 호사스러운 취미를 드러냈다면, 플랑드르 지역의 불꽃무늬 입면은 상공업에 기반해 새롭게 부상한 도시귀족과 부르주아 계급의 과시 욕망을 표상하는 것이었다.

전환기의 징후, 그리고 공통 건축 규범의 형성이라는 쟁점

고딕 건축은 19세기에 들어 새롭게 주목을 받았다. 구조역학과 시공의 필요에 의해 발전한 요소기술들이 건축의 미적 표현에 그대로 적용된 고딕 건축이야말로 앞으로의 건축이 배워야 할 합리주의 건축으로 칭송되었다. 프랑스 구조합리주의자 외젠 비올레르뒤크(1814~79), 영국의 사회운동가이자 예술평론가였던 존 러스킨(1819~1900)이 특히 앞장서서 주장했다. 이들이 주목하고 칭송한 것은 고딕 건축의 양식적 형태보다는 기술-형태의 합리성, 재료와 구조의 솔직한 표현 등 고딕 건축의 원리와 정신이었다.* 당시 산업화의 모순이 격화되는 상황에서 사회 개혁에 고심하고, 철 건축의 확산으로 건축 규범의 위상을 잃어버린 신고전주의를 대체할 새로운 건축 원리를 탐색하던 사람들에게 중세 사회와 고딕 건축이 희망적인 담론의 대상으로 다가왔던 것이다. 이때 고딕 건축의 덕목으로 칭송된 '재료와 구조의 솔직한 표현'은 이후 근대 건축의 중요한 이념으로 편입된다.

중세 유럽 사회를 정신과 물질이 합일된 사회로 간주하는 사람들 사이에는 고딕 건축을 중세 스콜라 철학의 물질적 표현이라고 해석하는 태도도 퍼지고 있다.•• 스콜라 철학은 신의 존재를 비롯해서 현실적 상식으로는 확인하고 이해하기 곤란한 기독교 교리를 이성적 논리로 체계화하려 했던 담론이다. 이 담론에 따르면, 고딕 성당은 이러한 철학적 태도를 좇아 신의 존재와 기독교 교리를 실체로 표현하고 예증하려는 의도로 가득 찬 건축이다. 예컨대 성경에서 종종 그러하듯이 신을 빛으로 등치하여 '보고 느끼게' 하는 장치가 스테인드글라스다. 물질적인 빛을 통해서 진리의 빛, 즉 신에

• 이에 대한 반론도 만만치 않다. 고딕 건축은 구조적 현실감을 감추고 초자연적이고 비물질적인 감각을 이끌어내려 한 구법이라는 것이다. 예컨대 리브 아래를 몰딩으로 감싸서 무거운 볼트를 지지하는 구조로 인식되지 않도록 처리했다거나, 리브를 지지하는 기둥을 리브마다 가느다란 붙임기둥을 붙인 다발기둥으로 처리해 마치 각각의 리브가 가는 기둥으로 지지되는 듯이 표현함으로써 구조적 현실감을 감추었다는 것이다. 고딕 건축은 구조적 솔직성보다는 물질에 대한 정신의 승리를 표현하는 데에 주력한 건축으로 이해해야 한다는 것이 이들의 주장이다. 즉, 기둥 밑부터 천장 리브까지 이어진 가는 선들은 위에서 누르는 중력보다는 들어 올려지는, 솟아오르는 힘을 표현하며 구조적 현실과는 다른 착각을 유도한다는 것이다. 또한 이들은 상부 채광창의 확대로 로마네스크의 어두운 공간보다 훨씬 밝은 공간을 만들어내고도 스테인드글라스로 밝기를 약화시킨 것 역시 무중력의 비현실적 공간감을 더욱 강조하려는 의도라고 말한다.

•• "고딕 건축물은 12~13세기 스콜라 철학의 명료한 번역이었다"라고 한 독일 건축가 고트프리트 젬퍼나 "고딕은 돌로 이룩된 스콜라 철학이다"라고 한 미술사학자 게오르크 데히오가 대표적이다. 독일 출신의 미국 미술사학자 에르빈 파노프스키 역시 『고딕 건축과 스콜라 철학』(1951)에서 이러한 입장을 개진한 바 있다.

이르리라는 생각은 이성을 통해서 믿음에 이르리라는 스콜라 철학적 관념의 공간적 반영이다. 물질적 빛을 신으로 바꾸기 위해 동원된 스테인드글라스는 진리의 빛(신)은 자연의 빛과는 무언가 다르다는 것을 표현한 것이었다.•••

그러나 고딕 건축이 담지하고 있는 의미로서 이런 해석보다 더 중요한 것은 그 생산 과정이 드러낸 '전환기의 징후'였다. 13세기 유럽 사회는 바야흐로 시민 계급, 즉 부르주아 계급의 사회로 변화하고 있었다. 고딕 성당이라는 놀랄 만한 성취는 이 변화를 고스란히 담고 있다는 점에서 의미심장하다.

13세기에 들어서면서 대규모 건축활동에 자금을 출자하는 계층이 바뀌기 시작했다. 이제껏 왕을 위시한 봉건영주와 교회가 담당하던 도시 성곽이나 교회당의 건축 기금을 상인 계층이 분담하거나 대체했다. 14세기쯤에는 교황이 직할하는 대성당 공사는 대부분 중단되었다. 대신에 왕립 예배당, 신흥도시의 교구 교회당 등 왕과 상인 계급에 의한 건축 생산이 늘어났다. 신분 사회의 계급 구분이 신의 섭리라고 주장하던 교회가 자신의 도덕적 견해와 대립하는 신흥 상인 자본 계급에게 경제적으로 의존하기 시작한 것이다. 이는 적어도 일부 대상인들의 부가 전통적인 농업 지주 세력인 영주나 교회에 견줄 만한 수준으로 커졌음을 뜻한다.

고딕 교회당 건축이 세속적인 기술과 조직을 토대로 생

••• 스콜라 철학을 끌어들이지 않더라도 신도 대부분이 문맹이었던 사회에서 교회당은 시각적으로 신을 느끼게 해주고 성경의 내용을 전하는 중요한 수단이었다. 교회당 안팎이 성경의 한 대목을 장면화한 조각과 회화로 가득 차 있는 것은 이 때문이다. 고딕 성당의 건축적 처리 역시 이에 부응한다. 높은 네이브 천장은 성직자의 설교와 성가대의 노래를 천상의 소리로 느껴지도록 의도한 것이고 스테인드글라스 천측창을 통한 빛은 신의 깃듦을 표현하려는 것이었음은 익히 알려진 사실이다.

산되었다는 점도 새로운 시대로의 진입을 알리는 신호였다. 건축이 민간 전문가의 기술과 조직에 의해 생산되는 것은 현대 사회에서는 자연스러운 일이다. 그러나 적어도 11세기까지는 유럽 사회에서 주요한 건축 생산은 귀족이나 수도사 등 지배 계급에 속하는 지식인에 의해 주도되었다. 민간에서는 일부 기능 인력이나 단순노동을 위한 잡부를 조달할 뿐이었다. 고딕 건축은 달랐다. 교회나 수도원 외부에서 기술을 습득하고 전수하는 석공들이 등장했다. 역사상 처음으로 전문 조직이 생산 주체였다는 점에서 고딕 건축의 생산체제는 현대적 건축 생산체제의 시작점인 셈이다.

건축 자금 출자 계층이 달라진 만큼 건축물의 유형도 달라졌다. 전통적 지배 세력인 영주와 교회가 필요로 하는 성곽·궁정·저택·교회당 등이 여전히 중요했지만 여기에 도시 정부와 상공업 길드 조직이 필요로 하는 시청사·길드홀 등이 새로운 건축 과제로 더해졌다. 북부 독일과 플랑드르, 이탈리아 지역의 도시들을 중심으로 진행된 이 새로운 과정은 새로운 계급, 즉 상인 계급이 유럽 사회의 지배 세력으로 성장하고 있음을 의미했다.

한편, 고딕 건축이 유럽 전역에서 공통된 형태 규범을 완성하며 그야말로 전 유럽적인 건축 양식이 되었다는 사실은 서양 건축를 해석하고 서술하는 태도, 즉 고전주의 규범을 보편적이며 본질적인 가치를 갖는 '특별한 것'으로 간주하는 태도에 중요한 쟁점을 제기한다. 고딕 건축 양식은 고대 그리스·로마 건축, 즉 고전주의 양식이 단절된 이후 수백 년에 걸쳐서 새롭게 성립된 형태 규범이자 양식이다. 즉, 고딕 건축 양식은 사회의 내적·외적 조건에 따라 고전주의와는 전혀 다른 건축 규범이 성립할 수도 있음을 보여준 사건이었다. 이는 고전주의 건축 규범 역시 마찬가지로 사회적 산물임을 말해준다. 고전주의 건축 규범은 지고하고 진실된, 그러므로 필연적으로 추구해야 할 절대적 규범이 아니라 역사적인 과정 속에서 성립한, 즉 시대와 사회의 조건에 의해 만들어진 규범의 하나일 뿐이다.

참고문헌

강혁, 「고전주의의 건축사적 의의에 관한 연구」, 『논문집』 제8집 제3호(부산산업대학교, 1987), pp. 231~244

루빈스타인, 리처드, 『아리스토텔레스의 아이들』, 유원기 옮김(민음사, 2004)

모건, 모리스 히키 엮음, 『건축십서』, 오덕성 옮김(기문당, 1999)

버낼, 마틴, 『블랙 아테나 1: 날조된 고대 그리스 1785~1985, 서양 고전문명의 아프리카·아시아적 뿌리』, 오흥식 옮김(소나무, 2006)

_____, 『블랙 아테나의 반론: 마틴 버날이 비평가들에게 답하다』, 오흥식 옮김(소나무, 2017)

손세관, 『도시주거 형성의 역사』(열화당, 2004)

아리스토텔레스, 『니코마코스 윤리학』, 천병희 옮김(도서출판 숲, 2013)

앤더슨, 페리, 『고대에서 봉건제로의 이행』, 유재건·한정숙 옮김(현실문화, 2014)

임석재, 『땅과 인간: 그리스 로마 건축』(북하우스, 2003)

_____, 『기독교와 인간: 초기 기독교, 비잔틴 건축』(북하우스, 2003)

_____, 『하늘과 인간: 로마네스크, 고딕 건축』(북하우스, 2006)

자입트, 페르디난드, 『중세, 천년의 빛과 그림자』, 차용구 옮김(현실문화, 2013)

초니스, 알렉산더·리안 르페브르, 『고전 건축의 시학』, 조희철 옮김(동녘, 2007)

파노프스키, 에르빈, 『고딕 건축과 스콜라철학』, 김율 옮김(한길사, 2015)

하우저, 아르놀트, 『문학과 예술의 사회사 1: 선사시대부터 중세까지』, 반성완, 백낙청, 염무웅 옮김(창비, 2016)

히버트, 크리스토퍼, 『메디치 스토리; 부, 패션, 권력의 제국』, 한은경 옮김(생각의나무, 2010)

Dinsmoor, William Bell, “Structural Iron in Greek Architecture,” *American Journal of Archaeology*, Vol. 26, No. 2 (Archaeological Institute of America, 1922), pp. 148~158. https://www.jstor.org/

Edwards, Amelia B., “Egypt the Birthplace of Greek Decorative Art,” *Pharaohs, Fellahs and Explorers* (New York: Harper & Brothers, 1981), pp. 158~192. http://www.digital.library.upenn.edu/

Hersey, George L., “Vitruvius and the Origins of the Orders: Sacrifice and Taboo in Greek Architectural Myth,” *Perspecta* Vol. 23 (MIT Press, 1987), pp. 66~77. https://www.jstor.org/

Krinsky, Carol Herselle, “Seventy-Eight Vitruvius Manuscripts,” *Journal of the Warburg and Courtauld Institutes* Vol. 30 (The University of Chicago Press, 1967), pp. 36~70. https://www.jstor.org/

Levy, Matthys and Mario Salvadori, *Why Buildings Fall Down: How Structures Fail* (New York: W. W. Norton & Company, 1994)

Mackey, Albert Gallatin, *The History of Freemasonry* Vol. 1 (New York: Masonic History Company, 1898). https://www.academia.edu/

Mark, Robert (ed.), *Architectural Technology up to the Scientific Revolution: The Art and Structure of Large-Scale Buildings*

(Cambridge, Mass.: The MIT Press, 1994)

Marquand, Allan, "Reminiscences of Egypt in Doric Architecture," *The American Journal of Archaeology and of the History of the Fine Arts* Vol. 6, No. 1/2 (Archaeological Institute of America, 1890), pp. 47~58. https://www.jstor.org/

McComack, Kirk, "Who were the Gothic master builders really and how did they work...?," https://www.linkedin.com/pulse/who-were-gothic-master-builders-really-how-did-work-kirk-mccormack

Palladio, Andrea, *The Four Books of Architecture*, translated by Isaac Ware (London: Printed for R. Ware, at the Bible and Sun, on Ludgate-Hill, 1738). https://archive.org/

Roberts, David, *A Journey in Egypt* (Firenze: Casa Editrice Bonech, 1994)

Selfridge-Field, Eleanor, "Beethoven and Greek Classicism," *Journal of the History of Ideas* Vol. 33, No. 4 (University of Pennsylvania Press, 1972), pp. 577~595. https://www.jstor.org/

Vitruvius, *The Ten Books on Architecture*, translated by Morris Hicky Morgan, (Cambridge: Harvard University Press, 1914). https://archive.org/

William Gunn, *An Inquiry into the Origin and Influence of Gothic Architecture* (London: Richard and Arthur Taylor, 1819). https://books.google.co.kr/books?id=MLcaAAAAYAAJ&printsec=frontcover&source=gbs_ge_summary_r&cad=0#v=onepage&q&f=false

도판 저작권

각 숫자는 장과 도판 번호를 나타낸다. 별표(*)는 저작권자의 허락을 받기 위해 노력했으나 연락이 닿지 않은 도판들이다. 이후 연락이 닿으면 해당 도판 사용에 관한 적절한 조치를 취할 것을 약속한다.

Commons.Wikimedia.org: 1-2, 1-3, 1-4, 1-5, 1-6, 1-7, 1-8, 1-10, 1-11, 1-12, 1-13, 2-1, 2-2, 2-3, 2-4, 2-5, 2-6, 2-7, 2-8, 2-9, 2-10, 2-11, 2-15, 2-16, 2-17, 2-18, 2-19, 2-20, 2-21, 2-22, 2-23, 2-25, 2-26, 2-28, 2-30, 2-32, 2-33, 2-34, 2-36, 2-37, 2-38, 2-40, 2-41, 2-45, 2-46, 2-48, 2-49, 3-5, 3-6, 3-7, 3-8, 3-9, 3-10, 3-11, 3-12, 3-13, 3-14, 3-15, 3-16, 3-17, 3-18, 3-19, 3-20, 3-21, 3-22, 3-23, 3-24, 3-25, 3-26, 3-27, 3-29, 3-32, 3-33, 3-34, 3-35, 4-3, 4-4, 4-5, 4-7, 4-8, 4-9, 4-10, 4-11, 4-12, 4-13, 4-14, 4-15, 4-16, 4-17, 4-18, 4-19, 4-20, 4-21, 4-22, 4-23, 4-24, 4-25, 4-26, 4-27, 4-48, 4-29, 4-30, 4-31, 4-32, 4-33, 4-34, 4-35, 4-36, 4-37, 4-39, 4-40, 4-41, 4-42, 4-43, 4-44, 4-45, 4-46, 4-47, 4-48, 4-49, 4-50, 4-51, 4-52, 4-53, 4-54, 4-55, 4-56, 4-57, 4-59, 4-60, 4-61, 4-62, 4-63, 4-64, 4-65, 4-67, 6-69, 4-70, 4-71, 5-4, 5-5, 5-6, 5-10, 5-16, 5-17, 5-20, 5-22, 5-24, 5-26, 5-27, 5-28, 5-29, 5-30, 5-31, 5-32, 5-33, 5-34, 5-35, 5-36, 5-37, 5-40, 5-41, 5-42, 5-43, 5-44, 5-45, 5-48, 5-49, 5-50, 5-52, 5-53, 5-54, 5-55, 5-57, 5-58, 5-59, 5-61, 5-62, 5-63, 5-64, 5-65, 5-66, 5-67, 5-68, 5-70, 5-71, 5-73, 5-75, 5-76, 5-86, 5-88, 5-89, 5-90, 5-91, 5-92, 5-94, 5-95, 5-96, 5-100, 5-102, 5-103, 5-104, 5-106, 5-107, 5-110, 5-111, 5-114, 5-115, 5-116, 5-117, 5-118, 5-119, 5-120, 5-121, 5-122, 5-123, 5-127

Shutterstock: 2-12, 2-24, 4-6, 4-58, 4-66, 4-68, 5-7, 5-8, 5-9, 5-11, 5-12, 5-14, 5-18, 5-19, 5-21, 5-23, 5-25, 5-38, 5-39, 5-51, 5-56, 5-60, 5-72, 5-74, 5-77, 5-78, 5-79, 5-80, 5-81, 5-82, 5-83, 5-84, 5-85, 5-87, 5-93, 5-97, 5-98, 5-99, 5-101, 5-103, 5-108, 5-109, 5-112, 5-113, 5-124, 5-125, 5-126

Bill Risebero: 3-30*, 5-15* | Culton, J. J.: 13*, 14* | Lynne Lancaster: 2-47* | Mario Salvadori: 17* | Robert Mark: 2-31*, 2-42*, 2-43*, 3-36*, 5-46*, 5-49* | 박인석: 2-44 | 미상: 2-35, 2-39, 3-28, 4-38

찾아보기

〖ㅅ〗

〖 ㅇ 〗

〖 ㅈ 〗

〖 ㅊ 〗

〖 ㅋ 〗

〖 ㅌ 〗

〖 ㅍ 〗

박인석

서울대학교 건축학과를 졸업하고 동 대학원에서 석사학위와 박사학위를 받았다. 명지대학교 건축학부 교수로 재직 중이며, 제6기 대통령직속 국가건축정책위원회 위원장을 역임했다. 건축적 사고와 전략에 대한 이해 없이 표준 해법과 관행에서 벗어나지 못하는 도시 주택 정책을 비판하고 대안을 찾는 일에 관심을 두고 있다. 한편으로는 '건축 생산의 역사'라는 강의를 통해 서양 건축사를 다른 시각으로 조망하는 작업을 시도해왔다. 『건축이 바꾼다』, 『아파트 한국사회: 단지공화국에 갇힌 도시와 일상』 등을 비롯해 『아파트와 바꾼 집』, 『한국 공동주택계획의 역사』, 『주거단지계획』(이상 공저) 등을 썼다.

건축 생산 역사 1

고대의 단절과 고딕 전통의 형성

박인석 지음

초판 1쇄 인쇄 2022년 8월 30일
초판 1쇄 발행 2022년 9월 15일

ISBN 979-11-90853-32-3 (94540)
979-11-90853-31-6 (set)

발행처 도서출판 마티
출판등록 2005년 4월 13일
등록번호 제2005-22호
발행인 정희경
편집 박정현, 서성진, 전은재
디자인 조정은
일러스트 임지수

주소 서울시 마포구 잔다리로 127-1, 8층 (03997)
전화 02. 333. 3110
팩스 02. 333. 3169
이메일 matibook@naver.com
홈페이지 matibooks.com
인스타그램 matibooks
트위터 twitter.com/matibook
페이스북 facebook.com/matibooks